电路与信号系统实验

主编　周敏彤　蒋常炯

苏 州 大 学 出 版 社

图书在版编目(CIP)数据

电路与信号系统实验 / 周敏彤，蒋常炯主编.
苏州：苏州大学出版社，2024.12. -- ISBN 978-7
-5672-5077-2

Ⅰ. TM13-33;TN911.6-33

中国国家版本馆 CIP 数据核字第 2024PR5655 号

书　　名：电路与信号系统实验

主　　编：周敏彤　蒋常炯
责任编辑：周建兰
装帧设计：刘　俊

出版发行：苏州大学出版社(Soochow University Press)
社　　址：苏州市十梓街 1 号　**邮编**：215006
印　　装：苏州市越洋印刷有限公司
网　　址：www.sudapress.com
邮　　箱：sdcbs@suda.edu.cn
邮购热线：0512-67480030
销售热线：0512-67481020

开　　本：787 mm×1 092 mm　1/16　**印张**：12　**字数**：285 千
版　　次：2024 年 12 月第 1 版
印　　次：2024 年 12 月第 1 次印刷
书　　号：ISBN 978-7-5672-5077-2
定　　价：38.00 元

Preface........
前 言

“电路分析”“信号与系统”是电子信息类大学本科相关专业的两门专业基础课程,“电路分析”主要研究电路的基本组成、电路的分析方法、电路元件的特性等,“信号系统”则在“电路分析”的基础上,进一步研究信号的时域和频域特性,以及系统对信号的处理,需要“电路分析”中的概念和方法作为支撑。这两门课程都是专业理论课程,有很多的定理、数学公式和推导过程,很容易被学生当成数学课来学习,故为这两门课设计一些验证性实验和综合设计性实验,可以很好地帮助学生理解“电路分析”“信号与系统”课程中所学的理论知识,以及它们在实际工作中的应用。

学生通过在实验课程中的训练,可以进一步培养电路设计与特征分析能力,启发科学思维推理和分析运算的能力,树立严谨的科学研究态度,培养积极探究规律的钻研精神及迎难而上的科学勇气。能联系学到的“电路分析”“信号与系统”基础理论来分析并解决实际工程问题,为进一步学习数字信号处理、语音处理、现代通信系统等后续有关课程及从事与本专业有关的工程技术工作打下坚实的基础。

随着计算机技术的发展,使用电子线路计算机辅助设计与分析越来越成为常态,NI Multisim 软件是对“电路分析”“信号与系统”课程非常有帮助的辅助设计、分析和测试工具。作为专业基础教学的实验课程, NI Multisim 软件提供的仿真分析方法在实验预习和实验数据分析中被要求使用。

在多年的教学实践中发现,学生不能够熟练使用实验仪器是一个较为普遍的现象。为此,本书着重介绍了“实验室常用仪器”,它不是仪器的说明书,而是供学生在仪器使用方面遇到问题时查阅的参考书,目的是希望学生能够充分利用书中的内容来解决自己遇到的问题,培养学生独立思考,解决问题的能力。

另外,为了满足新工科人才培养和卓越工程师计划的要求,围绕“以教学科研为依托,以实验教学为平台,以信息技术为手段,以能力培养为目标”的实验教学总体改革思路,本书在验证性实验部分，不仅强调对理论知识的掌握，更强调动手能力，要求学生自己焊接实验用的电路板，提高动手操作的能力；在综合设计性实验部分，强调综合应用，学生在老师的指导之下开展一个较为完整的设计与分析流程，包括查阅资料、设计电路原理图、对电路进行仿真、制作与调试电路及对数据进行分析等。

本书的附录给出了一个验证性实验报告的样例和一个综合设计性实验的设计报告样例。报告样例的内容是本书中的某个实验，但并不是完整的报告，同学们通过模仿这样一份样例，把自己的实验报告、设计报告的框架搭起来，再通过样例中的说明文字，补充数据的采集、处理和对于现象的观察和分析，以及得到的结论，形成一份完整的、科学的、严谨的报告，从而提高撰写科技论文的能力。

本书适合作为电子信息类大学本科相关专业的“电路分析实验”“信号与系统实验”及其他近似实验课程的教材。

本书共分为 5 章，能够满足 50～60 学时的教学任务。第 1 章和第 2 章是工具介绍，包含 NI Multisim 软件的介绍及常用仪器的使用。第 3～5 章为实验部分，包含电路分析验证性实验、信号与系统验证性实验和综合设计性实验。

本书由周敏彤、蒋常炯、曹飞寒和郑君媛编写，最后全书由周敏彤统稿。在编写本书的过程中，也得到了任课班级的同学们的支持，在此表示诚挚的感谢。

限于作者水平，书中难免会有不妥甚至错误之处，恳请读者不吝赐教。

2024 年 11 月

Contents

目 录

◉ **第 1 章 EDA 软件 NI Multisim 的使用** / 1

1.1 NI Multisim 概述 / 1

1.2 NI Multisim 的仿真分析方法 / 24

◉ **第 2 章 实验室常用仪器** / 41

2.1 数字式多用表 / 41

2.2 直流稳压电源 / 56

2.3 函数信号发生器 / 60

2.4 数字示波器 / 70

2.5 频谱分析仪 / 84

◉ **第 3 章 电路分析实验** / 89

3.1 戴维南定理 / 89

3.2 叠加定理与置换定理 / 95

3.3 一阶电路的动态响应 / 99

3.4 二阶电路的动态响应 / 105

3.5 串联谐振电路 / 117

◉ **第 4 章 信号与系统实验** / 136

4.1 周期信号的频谱测量 / 136

4.2 连续时间系统的模拟 / 145

4.3 *RC* 低通滤波器的频率响应特性 / 153

4.4 有源二阶 *RC* 带通和带阻滤波器的传输特性 / 159

◉ **第5章　综合设计性实验**　/ 165

5.1　电压转换电路　/ 165

5.2　方波发生及低通滤波电路　/ 167

5.3　LED 亮度调节电路　/ 169

5.4　信号分离装置　/ 173

◉ **附录**　/ 178

◉ **参考文献**　/ 186

EDA 软件 NI Multisim 的使用

1.1　NI Multisim 概述

EDA 是电子设计自动化(Electronic Design Automation)的英文缩写。依靠 EDA 软件可以实现各类电子系统的设计、仿真、版图绘制,最终完成特定功能芯片或者电路板的设计。

NI Multisim 的前身是加拿大图像交互技术(Interactive Image Technologies,简称 IIT)公司推出的以图形化界面为基础的仿真工具 Electronics Workbench,简称 EWB,适用于板级的模拟/数字电路板的设计工作,它包含了电路原理图的图形输入、电路硬件描述语言输入方式,具有丰富的仿真分析能力,在被美国国家仪器有限公司(National Instruments,简称 NI)收购后,更名为 NI Multisim。为适应不同的应用场合,NI Multisim 推出了许多版本,用户可以根据自己的需要加以选择。

1.1.1　NI Multisim 的特点

NI Multisim 是一个用于设计原理电路、测试电路功能的虚拟仿真软件,该软件易学易用,便于电子信息、通信工程、自动化、电气控制类专业学生自学,也便于学生开展综合性设计和实验。NI Multisim 软件具有以下特点:

- NI Multisim 用软件的方法仿真电子与电工元器件,虚拟电子与电工仪器和仪表,实现了“软件即元器件”“软件即仪器”。
- NI Multisim 的元器件库提供了数千种电路元器件供实验选用,同时也可以新建或扩充已有的元器件库,而且建库所需的元器件参数可以从生产厂商的产品使用手册中查到,因此可很方便地在工程设计中使用。
- NI Multisim 的虚拟测试仪器仪表种类齐全,有一般实验用的通用仪器,如多用表、函数信号发生器、示波器、直流电源,还有一般实验室少有或没有的仪器,如波特图仪、数字信号发生器、逻辑分析仪、逻辑转换器、失真仪、频谱分析仪和网络分析仪等。
- NI Multisim 具有较为详细的电路分析功能,可以完成电路的瞬态分析和稳态分析、时域和频域分析、器件的线性和非线性分析、电路的噪声分析和失真分析、离散傅里叶

分析、电路零极点分析、交直流灵敏度分析等电路分析方法，从而帮助设计人员分析电路的性能。

• NI Multisim 可以设计、测试和演示各种电子电路，包括模拟电路、数字电路、射频电路及微控制器和接口电路等，可以对被仿真的电路中的元器件设置各种故障，如开路、短路和不同程度的漏电等，从而观察不同故障情况下的电路工作状况。在进行仿真的同时，软件还可以存储测试点的所有数据，列出被仿真电路的所有元器件清单，存储测试仪器的工作状态，显示波形和具体数据，等等。

• 利用 NI Multisim 还可以实现计算机仿真设计与虚拟实验，设计与实验可以同步进行，也可以边设计边实验，修改调试方便；设计和实验用的元器件及测试仪器仪表齐全，可以完成各种类型的电路设计与实验；可方便地对电路参数进行测试和分析；可直接打印输出实验数据、测试参数、曲线和电路原理图；实验中不消耗实际的元器件，实验所需元器件的种类和数量不受限制，实验成本低，实验速度快，效率高；设计和实验成功的电路可以直接在产品中使用。

1.1.2 NI Multisim 的界面和菜单

下面以 NI Multisim 14.0 为例，介绍使用 NI Multisim 进行电路仿真的操作方法。软件以图形界面为主，采用菜单、工具栏和热键相结合的方式，具有一般 Windows 应用软件的界面风格，用户可以根据自己的习惯和熟悉程度自如使用。

一、NI Multisim 的主窗口界面

启动 NI Multisim 14.0 后，将出现如图 1.1.1 所示的主窗口界面。

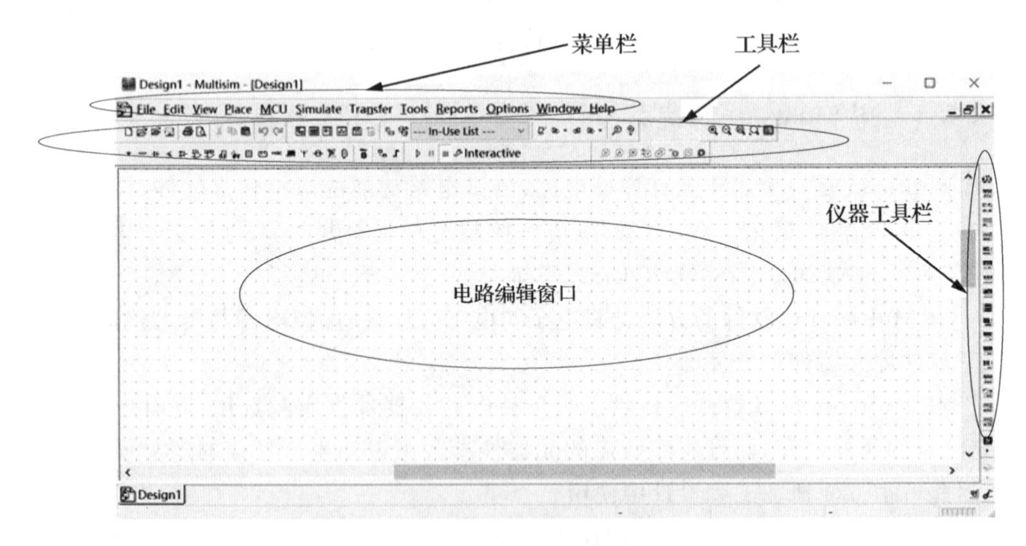

图 1.1.1 主窗口界面

界面由菜单栏、工具栏、电路编辑窗口、仪器工具栏等组成。通过对各部分的操作可以实现电路图的绘制、编辑，并根据需要对电路进行相应的观测和分析。用户可以通过菜单或工具栏改变主窗口的视图内容。

二、菜单栏

菜单栏位于界面的上方，如图 1.1.2 所示，通过菜单可以对 NI Multisim 的所有功能进行操作。

File Edit View Place MCU Simulate Transfer Tools Reports Options Window Help

图 1.1.2　NI Multisim 的菜单栏

不难看出菜单栏中有一些与大多数 Windows 平台上的应用软件一致的功能选项，如“File”“Edit”“View”“Options”“Window”“Help”。此外，还有一些 EDA 软件专用的选项，如“Place”“Simulate”“Transfer”“Tools”等。

1．“File”菜单

“File”菜单中包含了对文件和项目的基本操作及打印等命令（表 1.1.1）。

表 1.1.1　“File”菜单命令

命　令	功　能
New	创建一个新的电路设计文件，可以选择不同的模板进行创建
Open	按下这一选项后，会弹出一个文件浏览器窗口，选择想要打开的文件的路径，打开一个已经存在的电路设计文件
Open samples	打开一个包含样例和教程文件的目录
Close	关闭当前打开的电路设计文件。如果在上次保存之后文件被修改，系统会提醒在关闭文件前是否要保存文件
Close all	关闭正处于打开状态的所有电路设计文件。如果在上次保存之后文件被修改，系统会提醒在关闭文件前是否要保存文件
Save	保存当前打开的电路设计文件。如果这是文件第一次被保存，会弹出文件浏览器窗口。文件名的后缀是 .ms14
Save as	保存当前电路到一个新的电路设计文件中
Save all	保存所有打开的电路设计文件
Snippets	可以把当前设计或部分设计保存为片段，也可以把保存的片段粘贴到当前设计中
Projects and packing	用于创建、打开、保存、关闭 NI Multisim 工程文件
Print	打开一个标准的打印界面
Print preview	打印预览
Print options	用于设置当前要打印的电路图纸的页边距、打印方向等参数
Recent designs	给出最近打开过的设计文件列表
Recent projects	给出最近打开过的 NI Multisim 工程文件列表
File information	给出当前文件的信息
Exit	软件结束，退出

2. "Edit" 菜单

"Edit"菜单提供了类似于图形编辑软件的基本编辑功能，用于对电路图进行编辑（表1.1.2）。

表 1.1.2 "Edit"菜单命令

命　令	功　能
Undo	撤销操作
Redo	恢复操作
Cut	剪切选中的器件、电路和文字。剪切的内容保存在剪贴板中
Copy	复制选中的器件、电路和文字。复制的内容保存在剪贴板中
Paste	粘贴保存在剪贴板中的内容
Paste special	选择性粘贴
Delete	永久性地移除选中的器件、电路和文字
Delete multi-page	如果想从包含多个页面的电路文件中删除其中的某些页面，可以使用此选项
Select all	选中活动窗口中的所有项。如果想从选中的所有项中取消某些项的选择，可使用<Ctrl>键
Find	显示"Find"对话框，用于查找器件
Merge selected buses…	合并选中的总线
Graphic annotation	图形注释，如选择画笔颜色、类型等
Order	修改选中的图形组件所在的显示次序
Assign to layer	将选中的内容分配到一个注释层
Layer settings	设置电路图中可以显示的信息
Orientation	将选中的内容进行调整，如左旋、右旋、翻转等
Title block position	选择标题放置的位置
Edit symbol / Title block	对选中的元器件符号或标题栏进行编辑
Font	显示图纸中的文本字体对话框
Comment	编辑选中的注释内容
Forms/questions	用于制作与当前电路有关的信息、问题记录表格
Properties	编辑电路文件中的各项属性

3. "View" 菜单

通过"View"菜单可以设定使用软件时的视图，对一些工具栏和窗口进行控制（表1.1.3）。

表 1.1.3　"View"菜单命令

命　令	功　能
Full screen	全屏显示电路窗口
Parent sheet	显示子电路或分层电路的上一级电路
Zoom in	放大
Zoom out	缩小
Zoom area	放大选中区域
Zoom sheet	在工作空间窗口中显示完整的电路
Zoom to magnification	按照所设倍数放大
Zoom selection	以所选电路部分为中心进行放大
Grid	显示和隐藏栅格
Border	显示或隐藏电路边界
Print page bounds	在打印的电路图上显示或隐藏页边界
Ruler bars	显示或隐藏标尺条
Status bar	显示或隐藏状态栏
Design Toolbox	显示或隐藏设计工具箱
Spread sheet View	显示或隐藏数据表格栏
SPICE netlist Viewer	显示或隐藏当前电路的 SPICE 网络表
LabVIEW Co-simulation Terminals	显示或隐藏基于 LabVIEW 的仿真终端
Circuit parameters	显示或隐藏电路参数表格栏
Description Box	打开电路描述窗口，用于对电路进行注释
Toolbars	显示或隐藏各种工具栏
Show comment/Probe	显示或隐藏注释/静态探针的信息框
Grapher	显示或隐藏仿真分析图表

4. "Place" 菜单

通过"Place"菜单可将所选的器件或模块放置在电路图中。

NI Multisim 有三种方式：Multi-page（多页面）、Subcircuit（子电路）、Hierarchical block（层次电路模块），实现电路的模块化设计。Multi-page 可以实现在一个设计内放置多个页面，不同页面内的元件连接使用 off-page connector 实现跨页面连接（注意只能在一个设计内）；Subcircuit 可以在一个设计内，将一个模块封装，只保留对外的端口；Hierarchical block 可以将一个文件封装，只保留对外的端口（优势在于可以跨文件）。

设置方式都可以在"Place"菜单中找到（表 1.1.4）。

表 1.1.4 “Place”菜单命令

命　令	功　能
Component	打开器件数据库(Master Database、Corporate Database 和 User Database),选择要放置的器件
Probe	放置探针
Junction	放置节点
Wire	放置导线
Bus	放置总线
Connectors	放置各种类型的连接器(如输入标记连接器、输出标记连接器等)
New hierarchical block	建立一个新的层次电路模块
Hierarchical block from File	从文件获取一个层次电路模块
Replace by hierarchical block	用层次电路模块替换所选电路
New subcircuit	放置一个不包含任何器件的子电路
Replace by subcircuit	用子电路替换所选电路,子电路为选中的电路部分
New PLD subcircuit	新建 PLD 子电路
New PLD hierarchical block	新建 PLD 分层模块
Multi-page	产生一个新的电路图页面
Bus vector connect	放置总线矢量连接,将一个器件的管脚和总线中的某一根线连接起来
Comment	为器件增加一个注释,当器件移动时,注释也跟着移动
Text	放置文本
Graphics	放置图形
Circuit parameter legend	放置电路参数图例,用于仿真时显示电路参数电路
Title block	放置标题栏
Place Ladder Rungs	放置梯形图

5. “MCU” 菜单

通过“MCU”菜单可以对包含有 MCU 的嵌入式设备提供软件仿真功能,设置程序断点,选择暂停或单步执行程序,实时检查嵌入式系统中的寄存器、内存等。菜单中的功能只存在于有些版本的 NI Multisim 中,这里就不详细介绍了。

6. “Simulate” 菜单

通过“Simulate”菜单命令可执行仿真分析命令(表 1.1.5)。

表 1.1.5 “Simulate”菜单命令

命　令	功　能
Run	启动仿真
Pause	暂停仿真
Stop	停止仿真

续表

命　令	功　能
Analyses and simulation	在此菜单项下可进一步选择分析方法，然后进行仿真
Instruments	可以在这个菜单项下进一步选择各种仪器进行仿真
Mixed-mode simulation settings	混合模式仿真设置。当电路中包含数字文件时，在仿真速度及精度上做选择
Probe settings	设置探针的默认设置参数
Reverse probe direction	反向探针极性
Locate reference probe	高亮显示与选中探针相关的参考探针
NI ELVIS II simulation settings	设置NI ELVIS软件仿真
Postprocessor	获取之前所采用的各种分析方法得到的分析结果
Simulation error log/audit trail	显示仿真错误信息
XSPICE command line interface	显示XSPICE命令界面
Load simulation settings	导入仿真设置
Save simulation settings	保存仿真设置
Automatic fault option	自动设置故障选项
Clear instrument data	清零仪器测量结果
Use tolerances	设置允许误差量

7．“Transfer”菜单

利用“Transfer”菜单提供的命令可以方便地将NI Multisim中设计的电路图或仿真数据转换为其他EDA软件所需要的文件格式，或者把其他EDA软件所使用的文件转换为NI Multisim所需要的文件格式(表1.1.6)。

表1.1.6　“Transfer”菜单命令

命　令	功　能
Transfer to Ultiboard	将设计从Multisim文件传送到Ultiboard文件中，进行PCB制版
Forward annotate to Ultiboard	将设计中的注释从Multisim文件传送到已经存在的Ultiboard文件中
Backward annotate from file	将设计中的注释从Ultiboard文件传回到Multisim文件中
Export to PCB layout	导出PCB设计文件
Export SPICE netlist	输出SPICE网络表
Highlight selection in Ultiboard	当Ultiboard运行时，Multisim中选中的器件在对应的Ultiboard中高亮显示

8．“Tools”菜单

“Tools”菜单主要提供针对元器件的编辑与管理的命令(表1.1.7)。

表 1.1.7 "Tools"菜单命令

命　令	功　能
Component wizard	元器件创建向导
Database	在此菜单项下进一步对元器件库进行管理
Circuit wizards	电路创建向导，用于创建不同用途的电路，如 555 电路等
SPICE netlist viewer	SPICE 网络表的生成、复制、保存、打印等操作
Advanced RefDes configuration	为元器件重命名、重编号
Replace components	替换元器件
Update components	更新电路元器件
Update subsheet symbols	更新子电路符号
Electrical rules check	电气规则检查
Clear ERC markers	清除电气规则检查标记
Toggle NC marker	放置 NC(无连接点)标记
Symbol Editor	符号编辑器
Title Block Editor	标题栏编辑器
Description Box Editor	电路描述编辑器
Capture screen area	电路图截图
View Breadboard	显示面包板
Online design resources	在线设计资源
Education website	教育资源网址

9. "Reports"菜单

"Reports"菜单中的命令用于产生各种针对元器件信息的报告(表 1.1.8)。

表 1.1.8 "Reports"菜单命令

命　令	功　能
Bill of materials	打印设计的材料清单(BOM)。材料清单列表中给出了设计的电路板上的所有元器件信息
Component detail report	给在数据库中选中的元器件产生一个该元器件详细信息的报告
Netlist report	打印设计的每一个元器件的连接信息
Cross reference report	打印当前设计的所有元器件的详细列表
Schematic statistics	以列表方式产生一个统计报告，包括实际元器件和虚拟元器件的数量、网络连线的数量等
Spare gates report	产生一个列表报告，指出当前设计的多逻辑门器件中有哪些逻辑门还未被使用

10. "Options"菜单

通过"Options"菜单命令可以对软件的运行环境进行定制和设置(表 1.1.9)。

表 1.1.9　“Options”菜单命令

命　令	功　能
Global options	设置全局参数
Sheet properties	设置电路图或子电路图属性参数
Global restrictions	全局约束
Circuit restrictions	电路约束
Simplified version	简化版本
Lock toolbars	锁定工具栏
Customize interface	定制用户界面

11. “Window”菜单

“Window”菜单提供了和窗口操作有关的命令(表 1.1.10)。

表 1.1.10　“Window”菜单命令

命　令	功　能
New window	创建现有窗口的副本
Close	关闭活动文件
Close all	关闭所有打开的窗口
Cascade	排列设计窗口,使打开的设计窗口重叠
Tile horizontally	调整所有打开的设计窗口的大小,以便它们都以水平方向显示在屏幕上。这样可以快速扫描所有打开的文件
Tile vertically	调整所有打开的设计窗口的大小,以便它们都以垂直方向显示在屏幕上。这样可以快速扫描所有打开的文件
电路文件名	列出了所有打开的 Multisim 设计文件,选择一个将其激活
Next window	显示下一个窗口
Previous window	显示前一个窗口
Windows	以列表方式显示所有打开的 Multisim 设计文件窗口,选择一个将其激活

12. “Help”菜单

“Help”菜单提供了对 Multisim 的在线帮助和辅助说明(表 1.1.11)。

表 1.1.11　“Help”菜单命令

命　令	功　能
Multisim Help	帮助文档
NI ELVISmx help	NI 的 ELVISmx 软件的帮助主题目录
New Features and Improvements	新特性和改进说明文档
Getting Started	初学者指南
Patents	专利信息
Find Examples	查找 Multisim 实例
About Multisim	关于当前 Multisim 版本等的说明

三、工具栏

NI Multisim 14.0 提供了多种工具栏，并以层次化的模式加以管理，用户可以通过“View”菜单中的选项方便地将顶层的工具栏打开或关闭，再通过顶层工具栏中的按钮来管理和控制下层的工具栏。通过工具栏用户可以方便直接地使用软件的各项功能。

顶层的工具栏有“Standard”工具栏、“Main”工具栏、“View”工具栏、“Simulation”工具栏、“Components”工具栏、“Virtual”工具栏、“Graphic Annotation”工具栏、“Instruments”工具栏。

1. “Standard”工具栏

“Standard”工具栏包含了常见的文件操作和编辑操作，如图 1.1.3 所示。

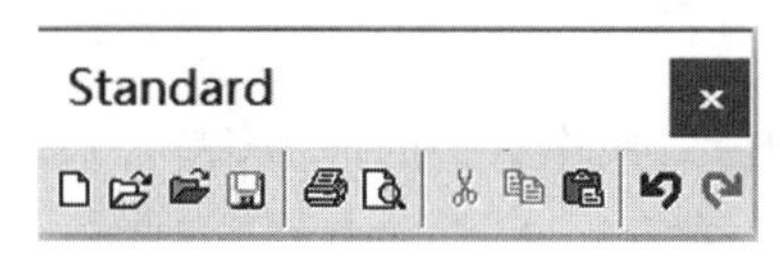

图 1.1.3 “Standard”工具栏

2. “Main”工具栏

“Main”工具栏里给出了当前设计的相关原理图信息及数据库管理相关操作，如图 1.1.4 所示。比如在 In-Use List 下拉列表中就可以看到当前活动原理图中使用的元器件列表，可以通过“Database Manager”按钮和“Component Wizard”按钮对已有元器件进行编辑或创建新的元器件。具体的内容可以从 NI Multisim 软件的在线文档中获取。

图 1.1.4 “Main”工具栏

3. “View”工具栏

用户可以通过 View 工具栏方便地调整所编辑电路的视图大小，如图 1.1.5 所示。

4. “Simulation”工具栏

利用“Simulation”工具栏可以控制电路仿真的开始、结束和暂停，如图 1.1.6 所示。单击“Interactive”按钮，弹出“Analyses and simulation”菜单，用户可以进一步选择所需要的仿真分析方法。

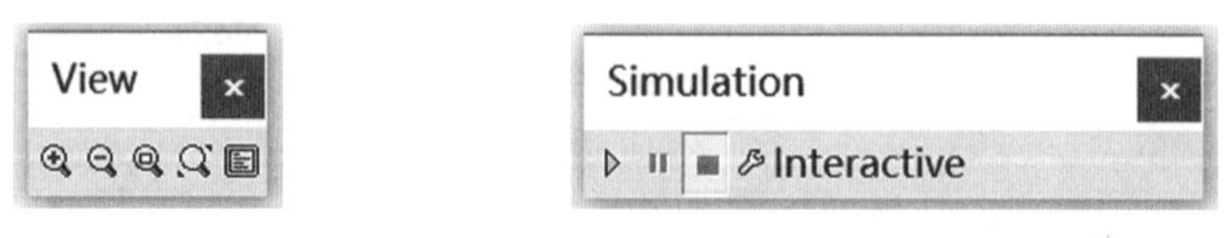

图 1.1.5 “View”工具栏　　**图 1.1.6 “Simulation”工具栏**

5. “Components”工具栏

“Components”工具栏包含了与 NI Multisim 软件主界面中“Place”→“Component”菜单项相对应的各种类型元器件的按钮，如图 1.1.7 所示。该工具栏有 20 个按钮，通过按钮

上的图标就可大致清楚该类元器件的类型,比如“Place Source”按钮、“Place Basics”按钮等。

图 1.1.7　“Components”工具栏

NI Multisim 里还有着比“Components”工具栏分类更为细致的某一类元器件的工具栏。以“Power source components”工具栏为例,通过这个工具栏可以选择电源和信号源类的元器件,如图 1.1.8 所示。

图 1.1.8　“Power source components”工具栏

6.“Virtual”工具栏

“Virtual”工具栏和“Components”工具栏类似,只是这个工具栏用于放置虚拟而非实际的元器件,如图 1.1.9 所示。

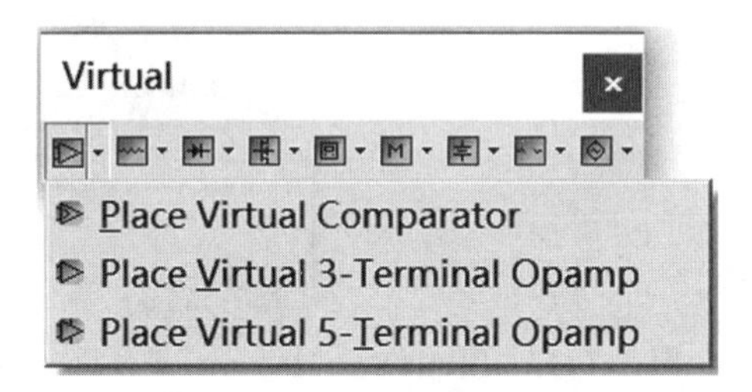

图 1.1.9　“Virtual”工具栏

7.“Graphic Annotation”工具栏

“Graphic Annotation”工具栏里的按钮用于绘制各种图形,如图 1.1.10 所示。

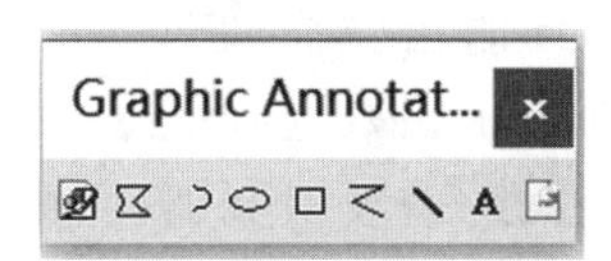

图 1.1.10　“Graphic Annotation”工具栏

8.“Instruments”工具栏

“Instruments”工具栏集中了 NI Multisim 为用户提供的所有虚拟仪器仪表,用户可以通过单击某按钮选择自己需要的仪器仪表对电路进行观测,如图 1.1.11 所示。

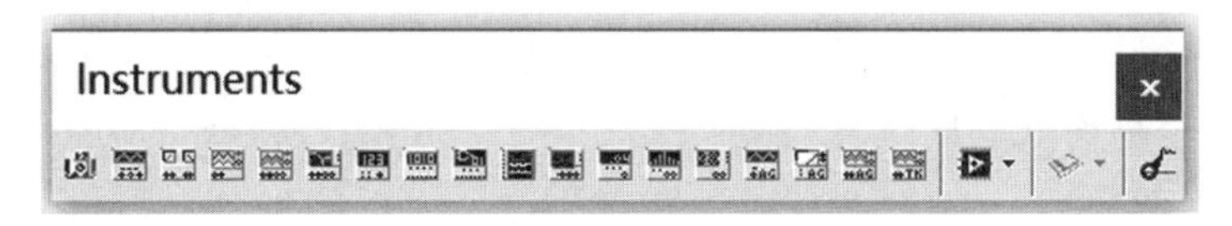

图 1.1.11　“Instruments”工具栏

1.1.3 NI Multisim 对元器件的管理

EDA 软件所能提供的元器件的多少及元器件模型的准确性都直接决定了该 EDA 软件的质量和易用性。NI Multisim 为用户提供了丰富的元器件，并以开放的形式管理元器件，使得用户能够自己添加所需要的元器件。

NI Multisim 以库的形式管理元器件，通过菜单命令"Tools"→"Database"→"Database manager"，打开"Database Manager"(数据库管理)对话框(图 1.1.12)，对元器件库进行管理。

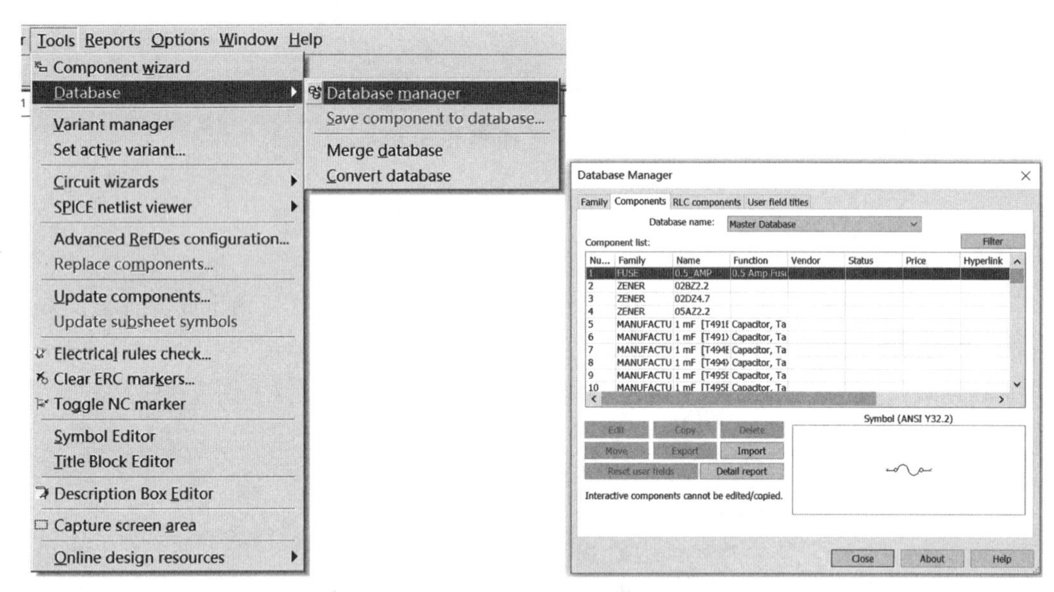

图 1.1.12 "Database Manager"对话框

在"Database Manager"对话框中的"Database name"列表中有三个数据库："Master Database""Corporate Database""User Database"。"Master Database"包含所有只读格式的已装载元器件，"Corporate Database"用于保存与同事共享的自定义元器件，"User Database"保存的自定义元器件只能由特定设计人员使用。在刚安装好的软件里，"Corporate Database"和"User Database"数据库中没有数据。"Master Database"数据库中的元器件是只读的，不能进行修改，若要对元器件进行编辑、修改，可以复制"Master Database"数据库中的元器件，修改后保存在"Corporate Database"或"User Database"数据库中。

"Master Database"中有两种类型的元器件：实际元器件和虚拟元器件。实际元器件是指半导体公司生产的具有明确型号、参数值及封装的元器件；虚拟元器件的参数值是该类器件的典型值，不与实际器件对应，用户可以根据需要改变元器件模型的参数值。

在设计中推荐选用"实际元器件"，这样不仅可以使设计仿真与实际情况能很好地对应起来，而且可以直接将设计导出到 NI 公司的另一个 PCB 制版软件 Ultiboard 中进行 PCB 的设计。

在元器件类型列表中，虚拟元器件类的后缀标有“_VIRTUAL”，如图 1. 1. 13 所示。

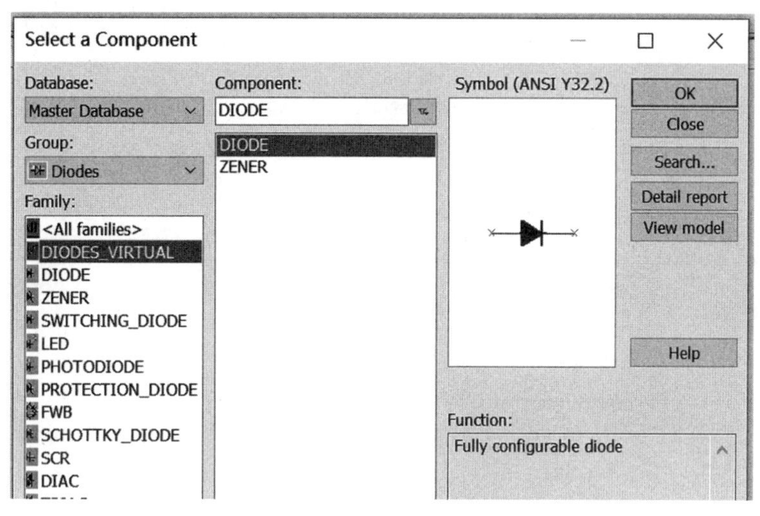

图 1. 1. 13　虚拟元器件列表实例

1. 1. 4　绘制电路原理图

绘制电路原理图（简称电路图）是分析和设计工作的第一步，用户从元器件库中选择需要的元器件放置在电路图中并连接起来，为分析和仿真做准备。

一、设置 NI Multisim 的通用环境变量

为了适应不同的需求和用户习惯，用户在“Options”菜单下选择合适的菜单项，可完成相应的设置，其菜单项如图 1. 1. 14 所示，用户可以就软件的存储路径、元器件符号、原理图，PCB 图的尺寸、缩放比例、自动存储时间等，不同工具栏所使用的快捷键等内容做相应的设置。

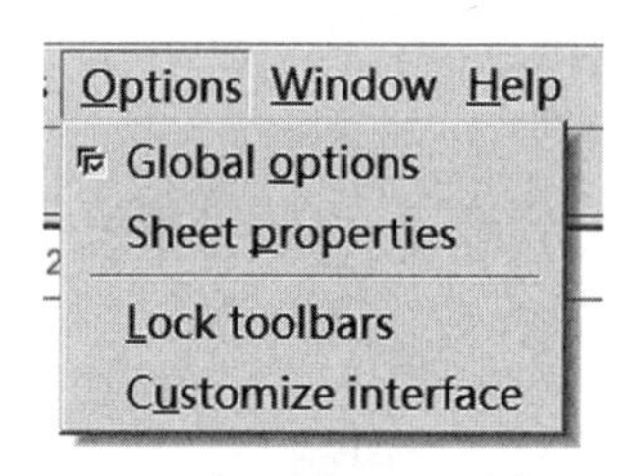

图 1. 1. 14　“Options”菜单项

以“Global options”为例，选中该菜单项，再单击“Components”选项卡，此时的“Global Options”对话框如图 1. 1. 15 所示。

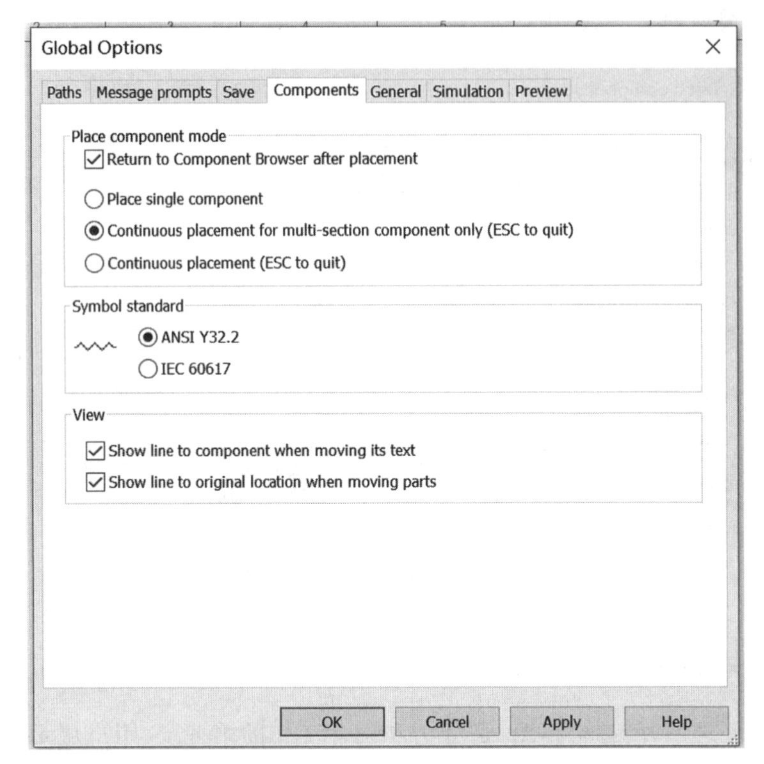

图 1.1.15 "Global Options"对话框

在这个对话框中有 3 个分项:

(1) Place component mode:选择是否连续放置元器件。

(2) Symbol standard:元器件符号是采用 ANSI 标准(美国国家标准协会标准)还是 IEC 标准(国际电工委员会标准)。

(3) View:移动元器件各部分时的显示方式。

其余的选项卡在此不再详述。

二、选取元器件

选取元器件的方法有两种:从工具栏选取或从菜单选取。下面将以 7400N 为例说明两种方法。

1. 从工具栏选取

在"Components"工具栏中点击"Plone TTL"图标,打开这类器件的元器件浏览窗口,如图 1.1.16 所示。其中包含的字段有"Database"(元器件数据库)、"Family"(元器件类型列表)、"Component"(元器件名列表)、"Symbol"(电路符号)、"Model manufacturer/ID"(模型制造商)等内容。

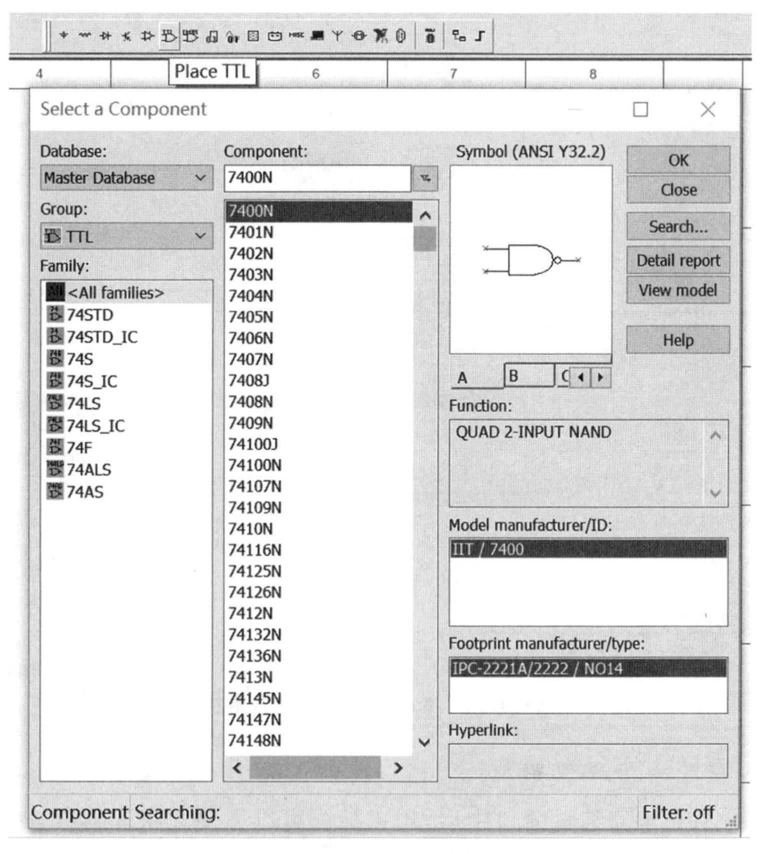

图 1.1.16　元器件浏览窗口

2. 从菜单选取

选择菜单命令“Place”→“Component”，可打开元器件浏览窗口，并在“Group”栏中选择“TTL”，在“Family”栏中选择“All families”。用这种方法打开的窗口和用前一种方法打开的窗口一致。

三、选取多部件元器件

多部件元器件是指在一个芯片中有多个具有相同功能的子部件，还是以 7400N 为例，它是一个四/二输入与非门，包含了四个独立工作的二输入与非门，但这四个部件共用电源管脚和地管脚。下面再以选取 7400N 中的一个二输入与非门为例，介绍多部件元器件的选取方法。从主界面的菜单中选取菜单命令“Place”→“Component”，弹出“Select a Component”窗口，如图 1.1.17(a)所示，可以看到在元器件列表中有一项 7400N，选中后单击“OK”按钮，就可以弹出如图 1.1.17(b)所示的元器件选择备选窗口。图 1.1.17(b)中的“New/U1”表示是选择一个新的元器件，还是选择原有的元器件 U1，选项 A/B/C/D 分别代表某一个元器件中的一个与非门，用鼠标选中其中的一个放置在电路图编辑窗口中。元器件在电路图中显示的图形符号，用户可以在图 1.1.17(a)中的“Symbol”选项框中预览到。当将元器件放置到电路编辑窗口中后，用户就可以进行移动、复制、粘贴等编辑工作了，在此不再详述。

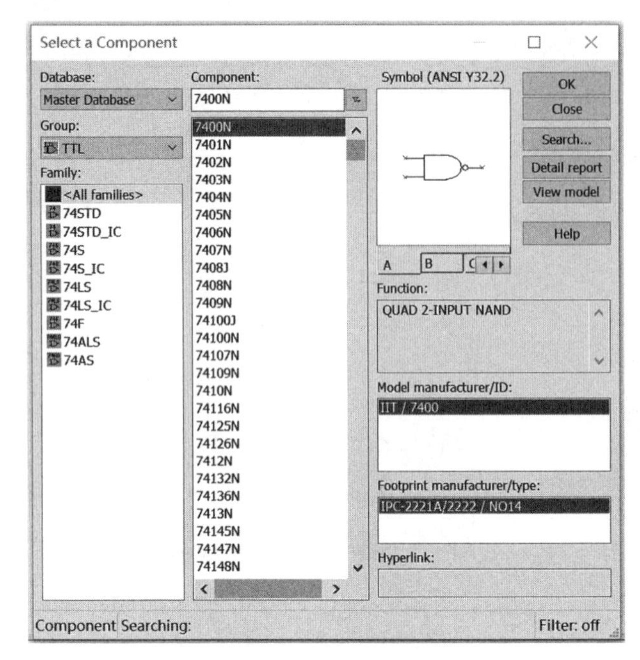

(a) 元器件浏览窗口

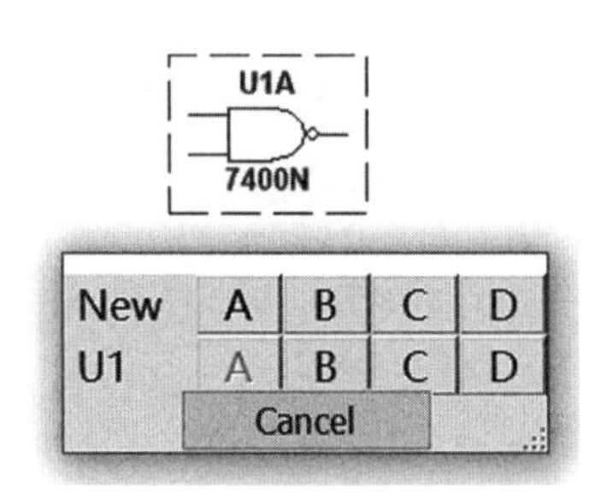

(b) 元器件选择备选窗口

图 1.1.17 多部件元器件选取界面

四、将元器件连接成电路

将元器件放置在电路编辑窗口中后，用鼠标就可以方便地将元器件连接起来。方法是用鼠标单击连线的起点并拖动鼠标至连线的终点。在 NI Multisim 中连线的起点和终点不能悬空。

1.1.5 虚拟仪器及其使用

对电路进行仿真运行，通过对运行结果的分析，判断设计是否正确合理，这是 EDA 软件的一项主要功能。为此，NI Multisim 为用户提供了类型丰富的虚拟仪器，选择菜单命令“View”→“Toolbars”→“Instruments”，打开“Instruments”工具栏(图 1.1.11)，或使用菜单命令“Simulate”→“Instruments”(图 1.1.18)，选用这 21 种仪器。在选用后，各种虚拟仪器都以面板的方式显示在电路中。

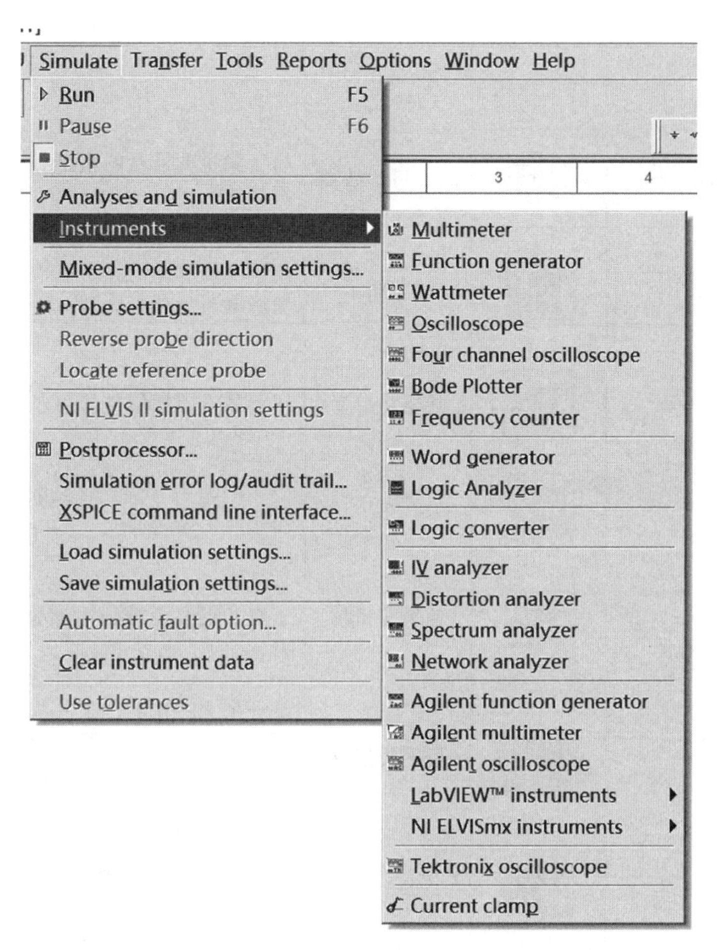

图 1.1.18　"Simulate"→"Instruments"菜单命令

表 1.1.12 给出了 21 种虚拟仪器的名称及表示方法。

表 1.1.12　Multisim 中的虚拟仪器

菜单上的仪器名称(英文)	对应按钮	仪器名称(中文)	用　途
Multimeter		多用表	用于测量 AC/DC 电压、电流、电阻或者电路中两个节点之间的分贝损耗
Function generator		函数信号发生器	用于产生正弦波、三角波或方波的函数信号源
Wattmeter		瓦特表	用于测量电路中器件的功率,并显示其功率因数
Oscilloscope		双通道示波器	用于测量电信号的幅度和频率的变化,具有两路通道

续表

菜单上的仪器名称(英文)	对应按钮	仪器名称(中文)	用途
Four channel oscilloscope		四通道示波器	用于测量电信号的幅度和频率的变化,具有四路通道
Bode Plotter		波特图图示仪	用于测量电路的频率响应曲线,该仪器对于滤波电路的分析非常有用
Frequency counter		频率计数器	用于测量周期信号的频率
Word generator		字元发生器	用于产生 32 位的数字字元给仿真的数字电路
Logic Analyzer		逻辑分析仪	显示多达 16 个数字信号的逻辑电平,被用于复杂系统设计或电路调试中快速确定逻辑状态或时序分析
Logic converter		逻辑转换仪	是一个实际并不存在的数字电路分析仪器,可以将一个数字电路转换为真值表、布尔表达式,或者反过来把真值表、布尔表达式转换为数字电路
IV analyzer		伏安特性分析仪	用于测试半导体器件如二极管、NPN 管等的伏安特性曲线
Distortion analyzer		失真度分析仪	用于对 20 Hz～100 kHz 的信号(包含音频信号)的失真度进行测量,可以测量总的谐波失真(THD)及信纳比(SINAD,即信号、噪声、谐波的功率之和与噪声、谐波的功率之和的比值)
Spectrum analyzer		频谱分析仪	用于测量系统的幅频特性
Network analyzer		网络分析仪	用于测量电路的分布参数(或者 S-参数),这些参数能反映电路的高频特性
Agilent function generator		安捷伦 33120A 信号发生器	可输出高达 15 MHz 的任意信号,功能见 Agilent 仪器手册
Agilent multimeter		安捷伦 34401A 多用表	是一个 6 位半的多用表,功能见 Agilent 仪器手册

续表

菜单上的仪器名称(英文)	对应按钮	仪器名称(中文)	用途
Agilent oscilloscope		安捷伦 54622D 示波器	是 2 通道模拟输入、16 路数字输入、带宽 100MHz 的数字示波器,功能见 Agilent 仪器手册
LabVIEW instruments		LabVIEW 虚拟仪器	使用 LabVIEW 软件创建的各种仪器
NI ELVISmx instruments		NI ELVISmx 虚拟仪器软件	NI 公司的一款虚拟仪器产品,包括多种虚拟仪器,需要安装 NI ELVISmx 软件才能使用
Tektronix oscilloscope		泰克 TDS2024 示波器	是 4 通道模拟输入、带宽为 200 MHz 的数字示波器,功能见 Tektronix 仪器手册
Current clamp		电流探针	和示波器结合,可以在示波器上看到放置电流探针支路中的电流波形

1.1.6　交互式仿真实例

下面给出一个按键计数显示电路的仿真过程。通过这个例子,可以初步了解软件中电路原理图绘制、交互式仿真的完整过程。

如图 1.1.19 所示,该电路由电源滤波模块、计数时钟模块、按键输入模块及计数显示模块这四部分组成。

- 电源滤波模块:电路使用 5V 供电。由于直流电源通常是由交流电源转换而来的,或者电源受到外部电磁干扰(EMI),电源中或多或少含有纹波,所以会在外部电源接入电路或器件的最近处通过旁路电容进行滤波。
- 计数时钟模块:使用交流信号源 AC-VOLTAGE 产生一个频率为 1 kHz,电压取值范围为 0～0.2 V 的正弦信号,经过运算放大器 741 搭建的同相比例运算电路放大后,输出到计数显示模块作为计数用的时钟信号。
- 按键输入模块:模块有两个按键 S_1 和 S_2,S_1 是计数按键,S_2 是复位按键,本例中使用单刀双掷开关 SPDT 模拟;按键按图 1.1.19 与 V_{CC}、GND 进行电路连接,无按键按下时电路输出为高电平,有按键按下时电路输出为低电平。
- 计数显示模块:模块中使用十进制计数器 74LS190 进行计数,使用 BCD-7 段数码管译码器 74LS47N 驱动共阳极数码管进行计数显示。74LS190 的计数初始值为 0;当 S_1 按下时,74LS190 在时钟信号的作用下不断向上计数,数码管显示计数值,当计数到 9,在下一个时钟脉冲到来时,输出会回到 0 重新开始,同时会产生一个进位信号,发光二极管点亮;当 S_2 按下时,74LS190 复位,数码管显示为 0。

值得注意的是,NI Multisim 原理图中的元器件符号有 ANSI 标准和 IEC 标准两种显

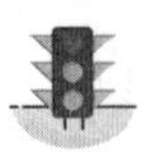

示方式，选择菜单命令“Options”→“Global options”→“Components”中的分项“Symbol Standard”进行设置，用户可以根据自己的习惯选择一种显示方式绘制电路原理图。

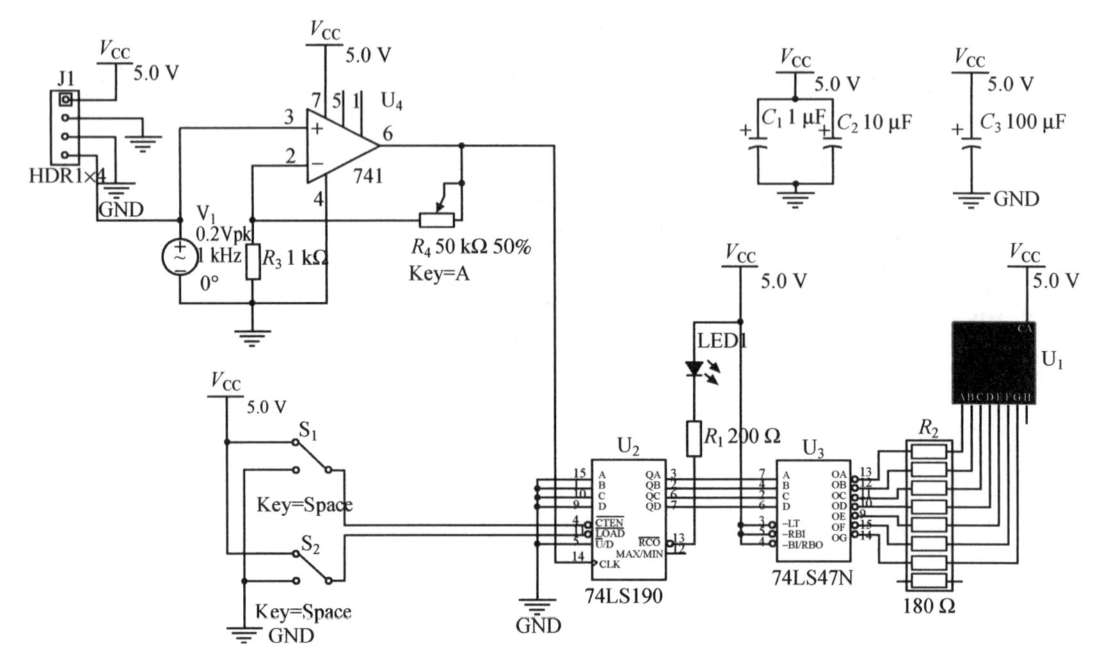

图 1.1.19　按键计数显示电路

仿真过程分为三个步骤。

1. 选择元器件

在 NI Multisim 环境中开始绘制电路。有两种方法可以获得如图 1.1.20 所示的元器件。

方法一：选择菜单命令“File”→“New”，新建一个电路绘制界面，选择菜单命令“Place”→“Component”，在 Master Database 里查找图 1.1.20 中所显示的元器件并放置到绘制的界面上来。

方法二：选择菜单命令“File”→“Open samples”，打开软件自带的 samples 目录，找到 Getting Started 目录，双击打开，单击文件“Getting Started 1. ms14”，出现如图 1.1.20 所示的元器件。

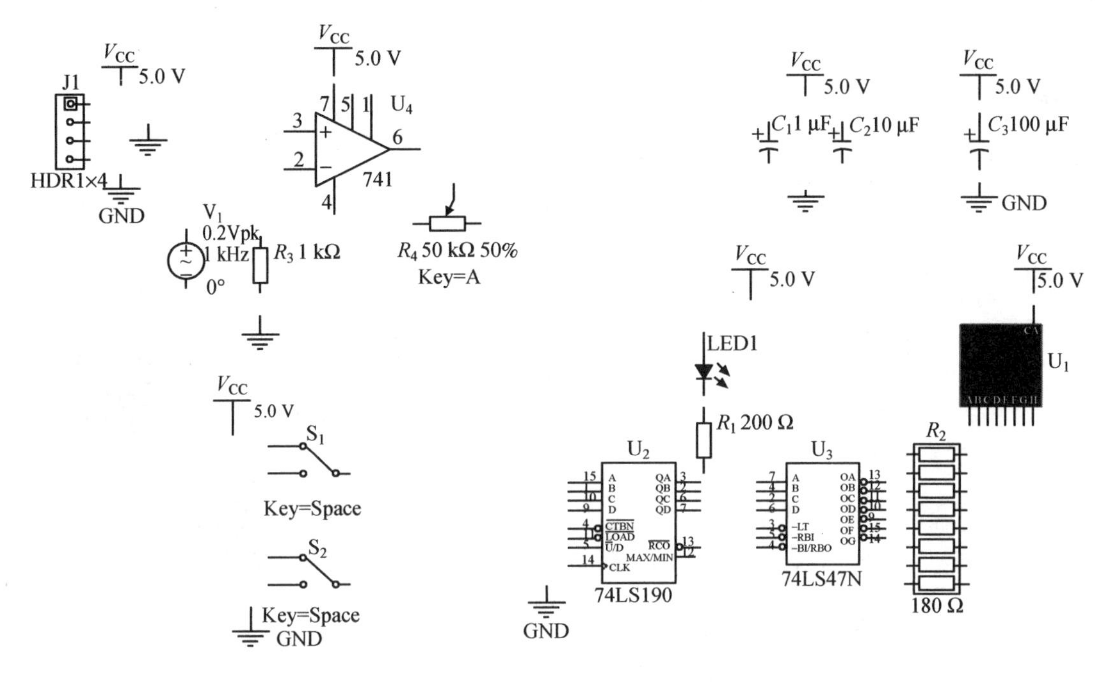

图 1.1.20　工作区域上放置的元器件

注意：

(1) 若没有电源和接地接线端，仿真将无法运行。

(2) 如需多个元器件，可重复上述放置步骤，或放置一个元器件，然后按＜Ctrl＞＋＜C＞组合键复制和＜Ctrl＞＋＜V＞组合键粘贴，根据需要放置其他元器件。

(3) 当元器件黏附于鼠标指针上时，通过＜Ctrl＞＋＜R＞快捷方式可在放置前旋转元件。

(4) 默认情况下，在每放置一个元器件之后“Select a Component”窗口会以弹窗形式返回，元器件放置完毕，则关闭“Select a Component”窗口，返回电路图绘制窗口。

2. 连线

NI Multisim 可以根据鼠标在软件界面所处的位置确定鼠标指针的功能，所以用户选择放置元器件、进行电路连线，以及对电路进行编辑修改时无须返回菜单操作。

(1) 将鼠标指针移动到元器件引脚附近开始连线。此时鼠标显示为十字光标，而非默认的鼠标指针。

(2) 单击部件引脚(或称为接线端)，放置初始连线端点。

(3) 将鼠标移动到另一个接线端，或双击鼠标，创建一个连线端点，然后移动鼠标，将该端点指向电路中的另一个连线端点或部件引脚，并单击完成连线。

(4) 按图 1.1.21 所示完成连线。无须考虑连线上的标号(也称网络标号)。

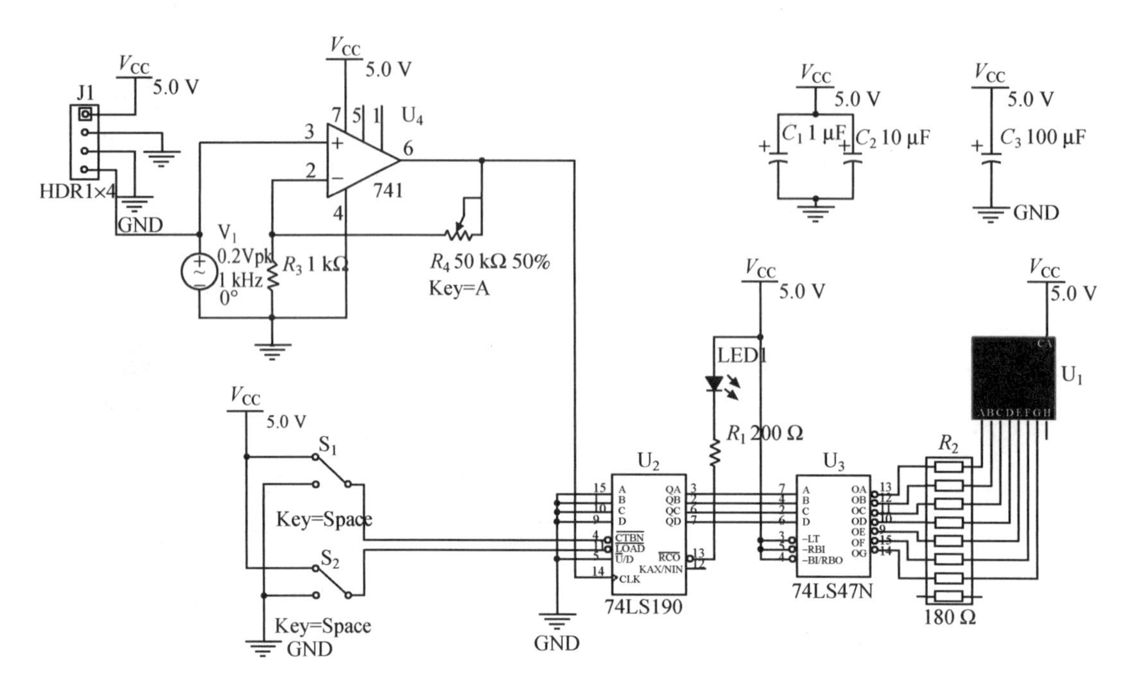

图 1.1.21 连线

3. 电路仿真

连线完成后就可以运行交互式 Multisim 仿真了。仪器工具栏通常出现在显示窗口的右边面板中，如果在当前窗口中没有找到仪器工具栏，可以通过菜单命令“View”→“Toolbars”→“Instruments”，打开仪器工具栏。

（1）从面板中选择“Oscilloscope”，并将其放置在电路图上。

（2）将 Oscilloscope 的通道 A 和通道 B 接线端连接到放大器电路的输入和输出。

（3）放置一个接地元器件并将其连接至 Oscilloscope 的负极接线端。

（4）右击连接至通道 B 的连线并选择“Segment color”。

（5）选择蓝色阴影并单击“OK”按钮。电路图如图 1.1.22 所示。

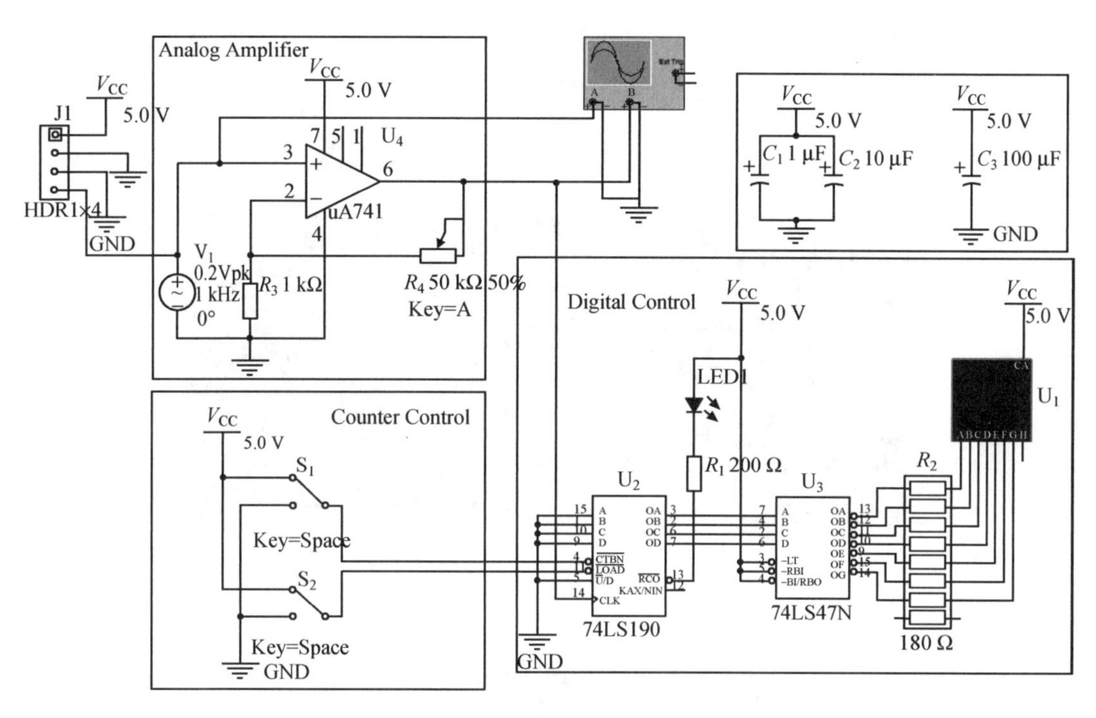

图 1.1.22　连接 Oscilloscope 至电路图

（6）选择菜单命令“Simulate”→“Run”，可开始仿真。

（7）双击 Oscilloscope，可打开其前面板，观察仿真结果（图 1.1.23）。由于电路中的集成运放 uA741 被接成同相比例放大电路，R_4 是一个电位器，阻值可调，可以改变电路的增益。

（8）按下仿真工具栏上的红色停止按钮，可停止仿真。

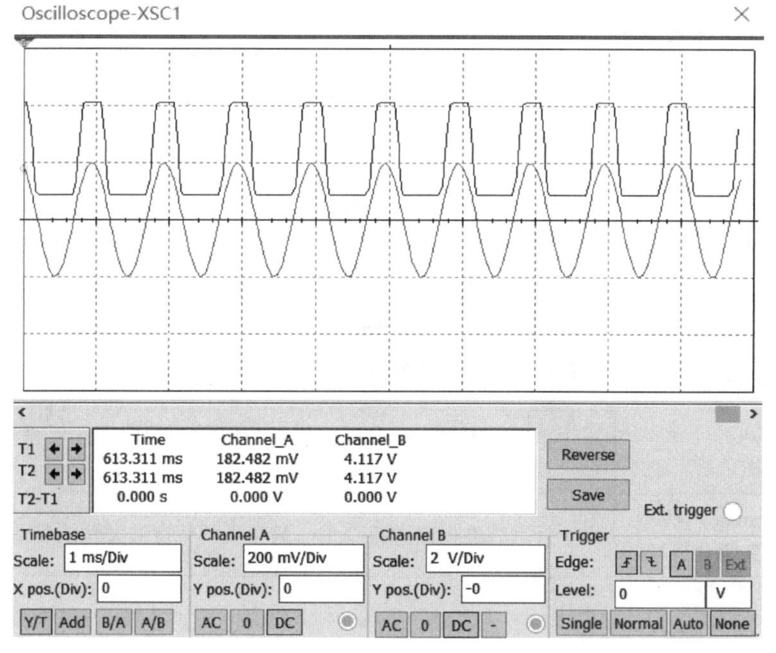

图 1.1.23　仿真结果

在选择示波器时，可以选择更为真实的 Agilent 示波器或者 Tektronix 示波器，这样可以很好地帮助用户了解真实示波器的功能及使用方法。NI Multisim 中的 Tektronix 示波器的外观如图 1.1.24 所示。

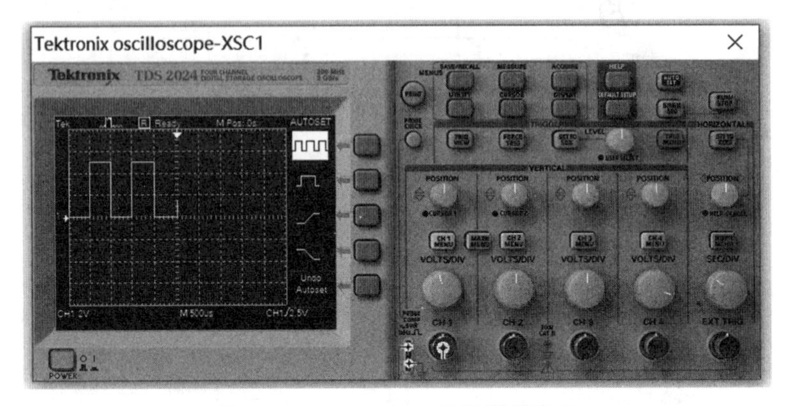

图 1.1.24　Tektronix 示波器的外观

1.2　NI Multisim 的仿真分析方法

NI Multisim 提供了多种分析方法，所有这些分析方法都使用仿真来生成所选中的数据。有些分析方法比较简单，有些分析方法则非常复杂，需要在某一种分析方法中用到另一种分析方法。

NI Multisim 14.0 包含了 20 种特定的分析方法，并且还提供了用户自定义分析方法的功能。这 20 种特定的分析方法见表 1.2.1。

表 1.2.1　NI Multisim 14.0 中的分析方法

分析方法名称	分析方法的功能
Interactive Simulation（交互式仿真）	交互式仿真等同于时域暂态分析，用于计算电路的时域响应，还具有用户交互功能
DC Operating Point（直流工作点分析）	用于确定一个电路的直流工作点
AC Sweep（交流扫描分析）	用于计算线性电路的频率响应，获得电路的幅频特性和相频特性
Transient（瞬态分析）	又被称为时域暂态分析，用于计算电路的时域响应
DC Sweep（直流扫描分析）	用于对电路中的直流电源的值在指定的范围内变化时做若干次仿真的结果进行分析
Single Frequency AC（单一频率交流分析）	用于计算线性电路的某个单一频率下的幅度和相位响应

续表

分析方法名称	分析方法的功能
Parameter Sweep (参数扫描分析)	可以根据电路参数(电源值、元器件参数等)在指定范围内的变化对电路做若干次仿真的结果进行分析
Noise (噪声分析)	通过创建电路的噪声模型,计算特定输出节点所对应的电路元器件的分布状态
Monte Carlo (蒙特卡罗分析)	利用统计学的方法分析元器件参数的改变对电路性能的影响
Fourier (傅里叶分析)	用于对周期信号傅里叶变换的结果进行分析
Temperature Sweep (温度扫描分析)	用于快速确定电路在不同温度下的执行情况
Distortion (失真度分析)	用于分析使用暂态分析方法很难直观确定的信号失真
Sensitivity (敏感度分析)	根据电路中提供的元器件参数计算输出节点电压或电流的敏感度,从而了解各种元器件参数对输出信号的影响,确定电路中各种元器件的选型
Worst Case (最坏情况分析)	用于分析电路性能中由于元器件参数的变动导致可能发生的极端情况
Noise Figure (噪声系数分析)	基本等同于噪声分析
Pole Zero (零极点分析)	用电路的传递函数计算得出的零极点分析电路的稳定性
Transfer Function (传递函数分析)	采用交流小信号分析法计算电路的传递函数,输入电阻,输出电阻,等等
Trace Width (线宽分析)	在进行PCB制版时,用于分析满足有效电流情况下导线所允许的最小线宽
Batched (批量分析)	可以通过一个单一的解释性的指令对电路进行多项分析,或者对多个电路使用同一种分析
User Defined (用户自定义分析)	允许用户自己编写SPICE仿真命令,设计自己的分析方法

在每种分析方法中,用户都可以通过设置仿真参数来告诉NI Multisim用户希望执行的操作,用户也可以输入SPICE命令自定义分析方法。仿真分析的一般步骤如下:

(1) 选择菜单命令"Simulate"→"Analyses and simulation",程序会弹出分析方法列表。

(2) 选择所需要的分析方法,对话框中会出现不同的选项卡。

- "Analysis parameters"选项卡:用于设置分析方法中的参数。
- "Output"选项卡:用于指定要观察的输出变量。
- "Analysis options"选项卡:用于修改分析方法中自定义选项的值。

• “Summary”选项卡：显示该特定分析方法中所有选项的设置值。

(3) 单击对话框中的“Save”按钮，将当前的设置作为将来使用该分析方法的默认的设定值。

(4) 单击“Run”按钮，按照当前设置开始仿真。

在这里选择几种常用的分析方法加以介绍。

1.2.1 直流工作点分析

直流工作点分析是一种用于确定电路中各个节点的直流电压和电流的分析方法。这种分析方法对于理解电路的工作状态、调试电路及确保电路元器件在合适的工作点上非常重要。这种分析方法有以下一些应用场景。

• 放大器电路调试：确定放大器的静态工作点，以确保其能在设计的线性范围内工作。

• 电源电路设计：分析电源电路中的直流工作点，确保输出电压和电流符合设计要求。

• 故障排除：通过分析实际电路的工作点，比较设计值和测量值之间的差异，找出电路中可能存在的故障。

在进行直流工作点分析时，NI Multisim 做了如下假设：交流电源归零、电容开路、电感短路及数字器件被视为接地的大电阻。这种分析有以下一些主要功能。

• 计算电路中各节点的直流电压：NI Multisim 会为电路中的每个节点计算相对于地的直流电压。

• 计算元器件的直流电流：分析结果会显示电路中各个元器件(如电阻、电容、晶体管等)流经的直流电流。

• 确定元器件的功耗：通过电压和电流的计算，可以进一步计算元器件的功耗，确保其在安全的范围内工作。

以“戴维南定理的验证”实验中的电路来说明直流工作点分析的使用方法。

下面给出一个样例电路，如图 1.2.1 所示。该电路是一个直流供电的纯电阻电路，要获得电阻两端的电压和流过它的电流，可以使用直流工作点分析方法。

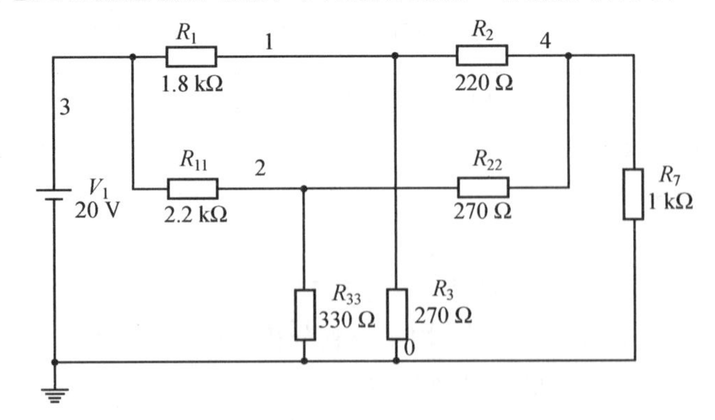

图 1.2.1 戴维南定理电路

执行菜单命令“Simulate”→“Analyses and simulation”，在列出的可分析类型中选择“DC Operating Point”，则出现“DC Operating Point”对话框，如图 1.2.2 所示。

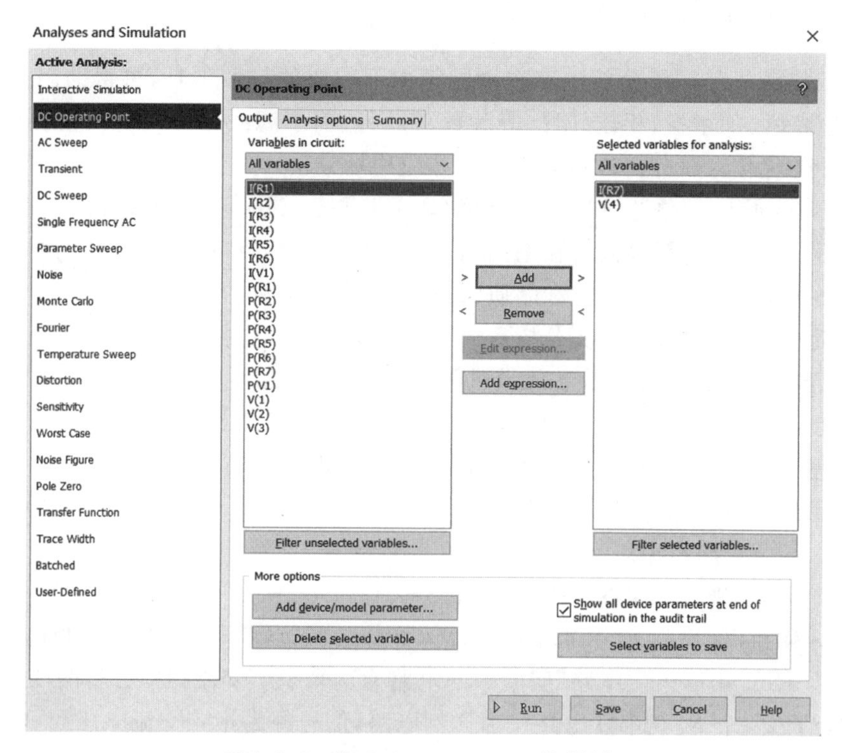

图 1.2.2　“DC Operating Point”对话框

对话框里有三个选项卡，分别是“Output”“Analysis options”“Summary”，这里的“Analysis options”一般选择使用 NI Multisim 提供的默认仿真设置，“Output”选择了电阻 R_7 对参考地的节点电压 $V(4)$和流过它的电流 $I(R_7)$，分析结果如图 1.2.3 所示。

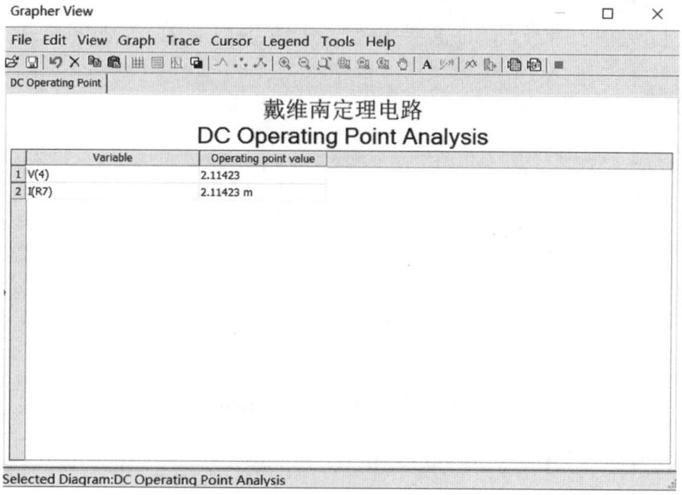

Grapher View

File　Edit　View　Graph　Trace　Cursor　Legend　Tools　Help

DC Operating Point

戴维南定理电路

DC Operating Point Analysis

	Variable	Operating point value
1	V(4)	2.11423
2	I(R7)	2.11423 m

Selected Diagram:DC Operating Point Analysis

图 1.2.3　直流工作点分析结果

根据获得的直流工作点的数据可以对电路进行进一步分析。

1.2.2 交流扫描分析

交流扫描分析是用于分析电路在不同频率下响应的一种工具，可帮助用户了解电路的频率响应特性，如增益、相位、阻抗等参数，特别适用于滤波器、放大器、谐振电路等 AC 电路的设计与优化。该分析方法有如下一些应用场景。

- 滤波器设计：评估滤波器的截止频率、通带增益、带宽和衰减特性。
- 放大器设计：分析放大器在不同频率下的增益和相位响应，确定其工作频率范围。
- 谐振电路：确定谐振频率和品质因数，优化谐振电路的设计。
- 稳定性分析：通过波特图分析反馈系统的增益和相位裕度，以评估系统的稳定性。

在进行交流扫描分析时，数字元器件被看作一个接地的大电阻。这种分析主要有如下一些功能。

- 频率响应：分析电路在不同频率下的增益和相位响应。
- 波特图：生成增益与频率、相位与频率的波特图(Bode Plot)，用于评估电路的频率特性。
- 共振分析：确定电路的谐振频率和带宽。
- 输入阻抗/输出阻抗：分析电路的输入和输出阻抗在不同频率下的变化。

下面以“*RLC* 串联谐振电路”实验中的电路为例来说明交流扫描分析的使用方法。

首先，给出一个 *RLC* 串联电路作为样例电路，信号源为正弦交流电压源，电阻作为负载，如图 1.2.4 所示。通过交流扫描分析可以得到这个电路的电阻、电感和电容的频率特性。电路中使用的信号源是 NI Multisim 数据库中的交流源(AC Power)。在交流扫描分析中，信号源的信号类型及设置的频率均不起作用，而需要另外设置交流分析中的频率变化范围，即扫频范围。

在进行交流扫描分析之前，可以对电路信号源中的信号的参数进行设置，其中信号的幅度和相位在进行交流扫描分析时需要用到，其他参数会在其他分析方法中或使用仪器进行仿真时用到。

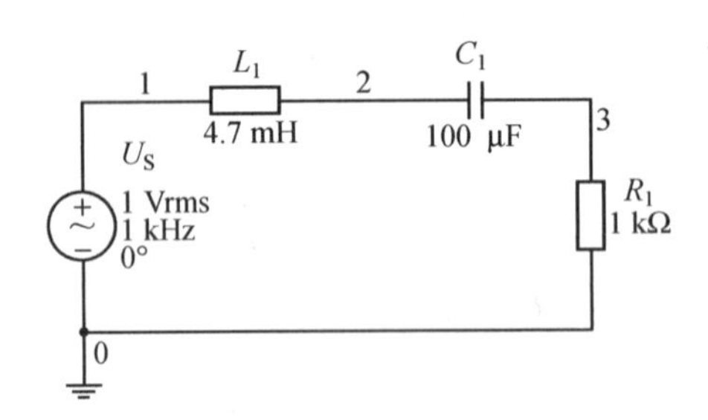

图 1.2.4 *RLC* 串联谐振电路

然后，执行菜单命令“Simulate”→“Analyses and simulation”，在列出的可分析类型中选择“AC Sweep”，则出现“AC Sweep”对话框，如图 1.2.5 所示。在“Frequency parameters”选项卡中有扫描范围和扫描类型等选项，在“Output”选项卡中可以选择需要

输出的节点电压或电流。本例中我们选择节点 3 的电压(电阻 R_1 的电压)作为输出信号进行频谱分析。

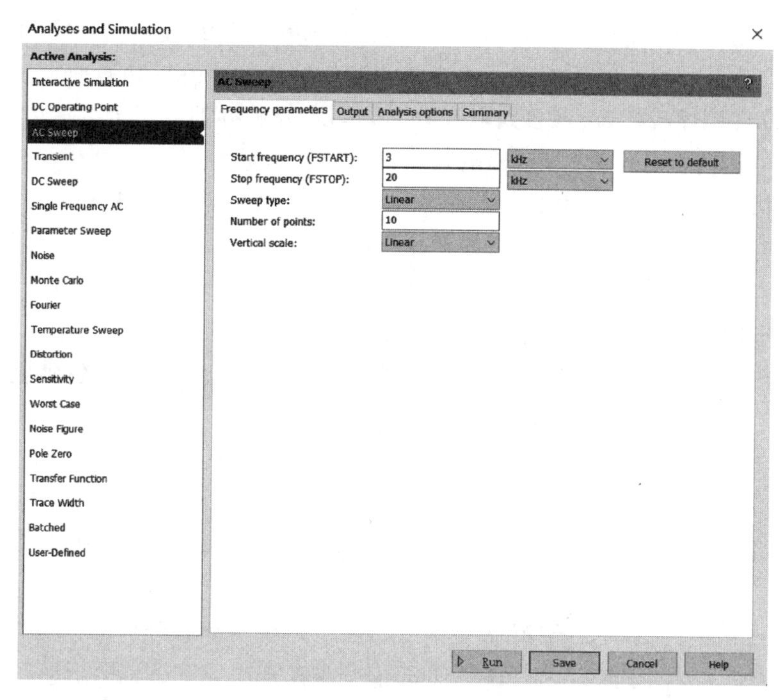

图 1.2.5　"AC Sweep"对话框

最后,单击对话框中的"Run"按钮,电路的频率特性(幅频特性和相频特性)曲线如图 1.2.6 所示,其中,曲线的横坐标为频率,两个相邻频率点之间的间隔可以按线性(linear)方式确定,也可以按照十倍程(decade)方式确定;幅频特性中的纵坐标为输出信号与输入信号之间的幅度增益,如果选择以对数方式显示,单位是 dB;相频特性中的纵坐标则为输出信号与输入信号之间的相位差。

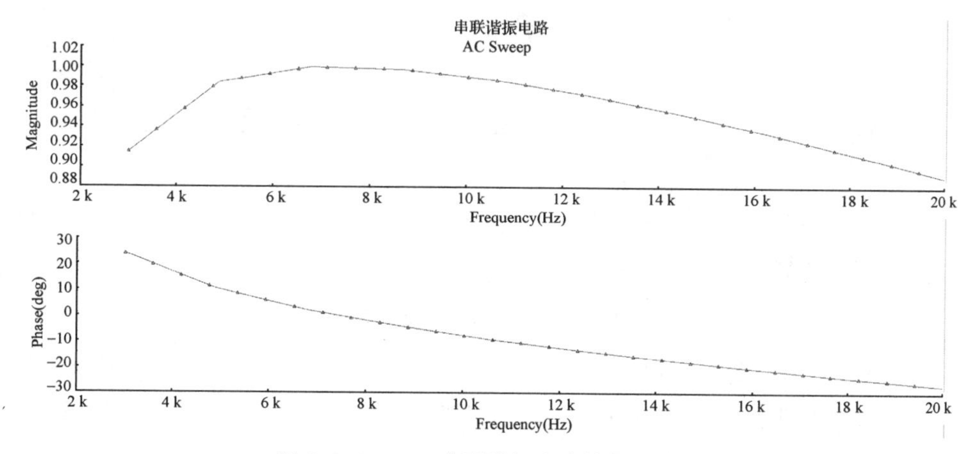

图 1.2.6　*RLC* 串联谐振电路的频率特性

1.2.3 瞬态分析

瞬态分析是一种用于分析电路在时域内响应的仿真方法,它主要用于观察电路在特定时间段内的动态响应。使用瞬态分析方法得到的结果与交互式仿真时使用示波器观察到的现象类似,但示波器无法观察到电流波形。瞬态分析特别适用于以下情况。

- 电路的初始状态不为零时(如电容器中已有初始电荷)。
- 电路接收到随时间变化的输入信号(如脉冲、正弦波或阶跃输入)。
- 观察电路中电流、电压随时间的变化情况。
- 研究电路的过渡过程,特别是开关电路和脉冲电路中的瞬态行为。

瞬态分析中需要设置的参数有以下几个。

- 仿真时间:确定仿真的时间范围。仿真时间应足够长,以便观察到电路中所有的关键行为。
- 时间步长:选择适当的时间步长。步长越小,仿真结果越精确,但计算时间也越长。
- 初始条件:决定是否使用电路的稳态条件作为初始条件,或从零初始状态开始仿真。

下面以“二阶电路的动态响应”实验中的二阶电路说明瞬态分析的使用方法。

首先,给出一个样例电路,利用输入方波信号来模拟电路的通断,制造动态过程,通过瞬态分析观察电路在输入如图 1.2.7 所示参数信号的情况下节点 3 电压在一段时间内的变化情况。

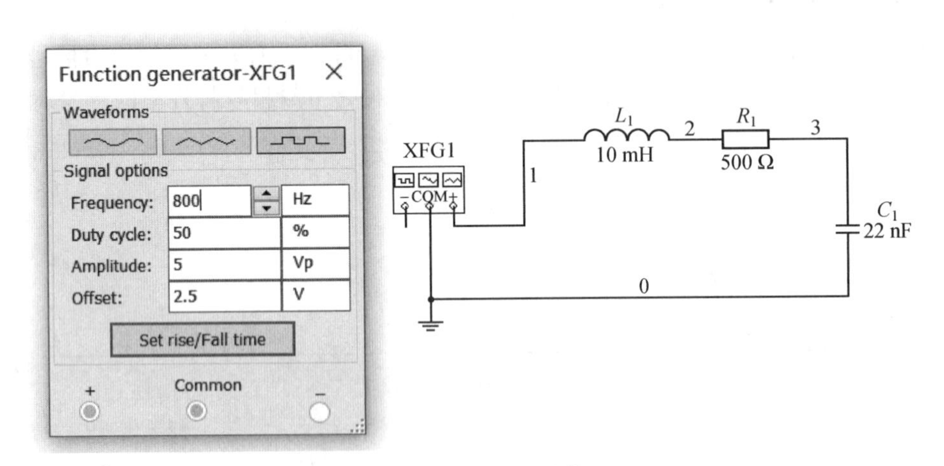

图 1.2.7 二阶电路的模拟

然后,执行菜单命令“Simulate”→“Analyses and simulation”,在列出的可分析类型中选择“Transient”,则弹出“Transient”对话框,如图 1.2.8 所示。

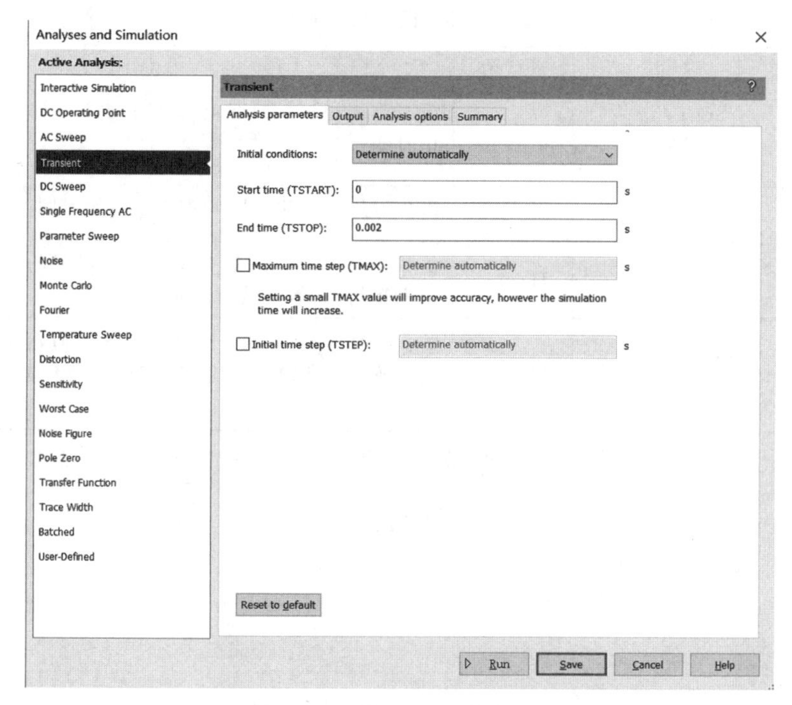

图 1.2.8　"Transient"对话框

在"Analysis parameters"选项卡中还有选择初始条件的下拉列表，其中的选项见表 1.2.2。

表 1.2.2　选择初始条件

选项	项目	默认值	注释
Initial conditions （初始条件）	Set to Zero （设为零）	不选	如果希望从零初始状态起，则选择此项
	User-defined （用户自定义）	不选	如果希望从用户自己定义的初始状态起，则选择此项
	Calculate DC operating point （计算静态工作点）	不选	如果从静态工作点给出的值作为初始状态开始进行分析，则选择此项
	Determine automatically （系统自动确定初始条件）	选中	以静态工作点作为分析初始状态，如果仿真失败，则使用用户自己定义的初始状态

另外，"Analysis parameters"选项卡中有启停时间设置，通常使用 NI Multisim 提供的默认数值即可。用户也可以自定义启停时间，要注意的是停止时间要大于起始时间。关于此类参数的项目、单位及默认值等见表 1.2.3。

表 1.2.3 设置启停时间

选项	名称	默认值	单位
Analysis Parameters（参数）	Start time（起始时间）	0	瞬态分析的起始时间必须大于或等于零，且应小于停止时间
	End time（停止时间）	0.001 s	瞬态分析的停止时间必须大于起始时间
	Maximum time step（最大步进时间）	1E-05 s	仿真运算过程中的最大步长值。设置的值越小，仿真结果越精确，但花费时间越长
	Intital time step（初始步进时间）	1E-05 s	仿真运算开始时的步长值。设置的值越小，仿真结果越精确，但花费时间越长。这个值不能大于最大步长值

最后，单击对话框中的“Run”按钮，节点 3 电压信号的输出波形如图 1.2.9 所示。

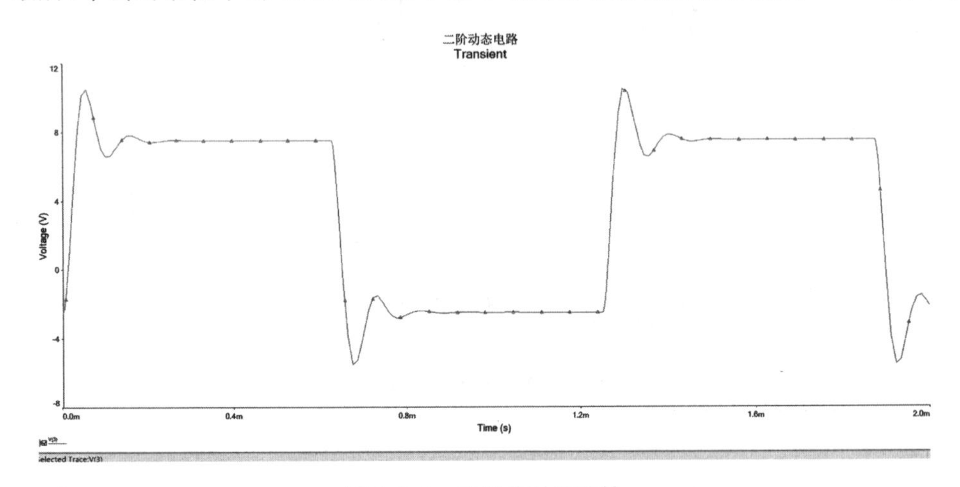

图 1.2.9 电路的时域特性

1.2.4 参数扫描分析

参数扫描分析用于分析电路中某一参数的变化对电路性能的影响。通过这个功能，用户可以自动调整电路元器件的参数，并观察电路在不同参数下的响应。这相当于对某个元器件参数进行多次仿真分析，可以快速检验电路性能，对于即将投产的产品设计很有意义。

参数扫描分析在以下应用场景中有重要作用。

- 元件容差分析：查看元器件参数变化对电路性能的容忍度。
- 电源电压敏感性：研究电源电压变化对电路输出的影响。
- 滤波器设计：优化电容、电感值，以达到期望的频率响应。

进行参数扫描分析时，用户可以设置参数变化的开始值、结束值、增量值和扫描方式，从而控制参数的变化。参数扫描有五种仿真分析方法可供选择：直流工作点分析、瞬态分析、单一频率交流分析、交流扫描分析和嵌套式扫描分析。

下面仍然以“戴维南定理的验证”实验中的电路为例说明参数扫描分析的使用方法。

本例中的参数扫描分析是通过对负载电阻值的改变，观察其两端的电压变化和流过的电流变化，获得负载 V-I 曲线，从而能够更好地理解戴维南定理。

首先，给出如图 1.2.1 所示的样例电路。

然后，执行菜单命令“Simulate”→“Analyses and simulation”，在列出的可分析类型中选择“Parameter Sweep”，则出现“Parameter Sweep”对话框，如图 1.2.10 所示。

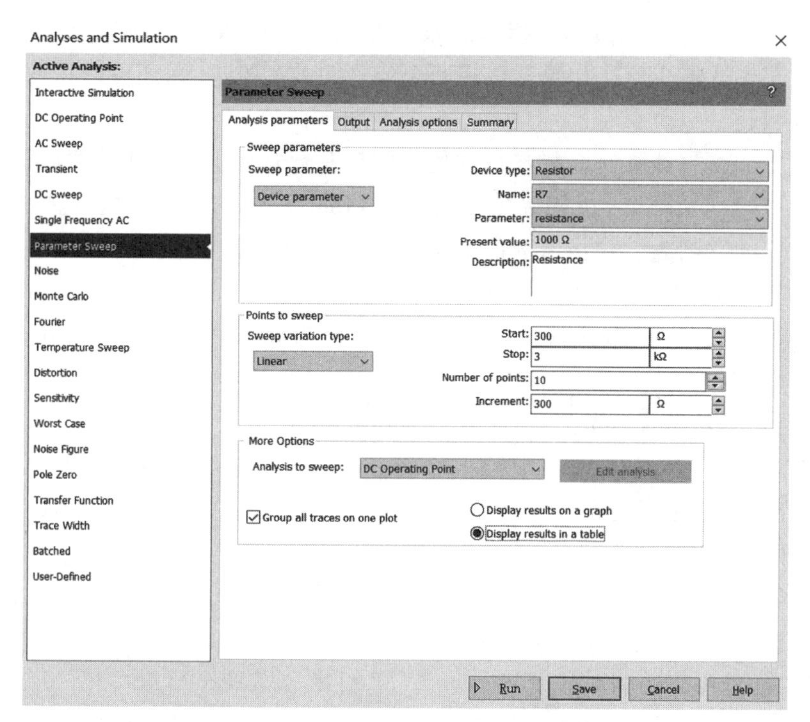

图 1.2.10　“Parameter Sweep”对话框

“Parameter Sweep”对话框中有四个选项卡，“Output”“Analysis options”“Summary”选项卡的用法与其他分析方法类似，这里结合上面的样例介绍“Analysis parameters”选项卡的内容。

由于本例要观察电路的负载特性，在“Output”选项卡上选择电阻 R_7 对参考地的节点电压 $V(4)$和流过它的电流 $I(R_7)$作为输出项进行观察。

(1) 扫描参数的设置。

在“Sweep parameters”下拉列表中有“Device parameter”(设备参数)、“Model parameter”(模型参数)和“Circuit parameter”(电路参数)项。因电阻是元器件，所以选择“Device parameter”。

“Device parameter”提供了对设备类型、设备名称及设备参数类型的下拉列表供用户选择。本例中元器件类型、设备名称及要扫描的设备参数类型的选择分别为 Resister(电阻)、R_7(电路中要扫描的电阻标号)、Resistance(电阻值)。在这个部分的设置完成之后，该设备的当前值及设备的描述会自动出现在对话框中。

(2) 扫描次数(Points of sweep)的设置。

在“Sweep variation type”(扫描变量类型)下拉列表中可以选择“Decade”(十倍程)、

“Octave”(八倍程)、“Linear”(线性)或“List”(列表)方式，目的是确定扫描参数在起始值和停止值之间的各次扫描的具体值。

• 选择“Decade”(十倍程)，在修改扫描参数的值时按照该参数初始值的 10^N 的方式依次递增，直至到达停止值。如果觉得在两个值之间的间隔过大，还可以在两个值之间选择增加扫描次数。

• 选择“Octave”(八倍程)，在修改扫描参数的值时按照该参数初始值的 8^N 的方式依次递增，直至到达停止值。如果觉得在两个值之间的间隔过大，还可以在两个值之间选择增加扫描次数。

• 选择“Linear”(线性)，扫描参数的值按照该参数初始值与停止值之间的差值，根据所设置的扫描次数(Number of points)或者增量(Increment)进行递增。

• 选择“List”(列表)，扫描参数的值按照扫描参数列表中的数据项进行修改。列表中的数据项必须用空格、逗号或分号分隔。

本例中选择了“Linear”(线性)方式，参数起始值为 300，停止值为 3 000，增量为 300，扫描参数自动得到 10，单位为 Ω。

(3) 扫描分析方式的选择。

参数扫描不是一种具体的分析方法，而是在电路元器件参数变化时对电路进行的若干次分析。在参数扫描运行前要确定分析方法，可以选取“Analysis to sweep”下拉列表中的某种分析方法进行分析。

本例中选择了“DC Operating Point”(直流工作点分析方法)，并选中“Display results in a table”(将结果显示在一个表格中)。

(4) 选中的分析方法的参数设置。

本例中由于直流工作点分析比较简单，“Analysis options”直接选择默认设置即可。

最后，单击对话框中的“Run”按钮，参数扫描分析结果如图 1.2.11 所示。

戴维南定理电路

Device Parameter Sweep

	Variable, Parameter setting	Operating point value
1	V(4), rr7 resistance=300	1.43815
2	I(R7), rr7 resistance=300	4.79383 m
3	V(4), rr7 resistance=600	1.86388
4	I(R7), rr7 resistance=600	3.10647 m
5	V(4), rr7 resistance=900	2.06794
6	I(R7), rr7 resistance=900	2.29771 m
7	V(4), rr7 resistance=1200	2.18769
8	I(R7), rr7 resistance=1200	1.82307 m
9	V(4), rr7 resistance=1500	2.26644
10	I(R7), rr7 resistance=1500	1.51096 m
11	V(4), rr7 resistance=1800	2.32216
12	I(R7), rr7 resistance=1800	1.29009 m
13	V(4), rr7 resistance=2100	2.36368
14	I(R7), rr7 resistance=2100	1.12556 m
15	V(4), rr7 resistance=2400	2.39580
16	I(R7), rr7 resistance=2400	998.24874 u
17	V(4), rr7 resistance=2700	2.42139
18	I(R7), rr7 resistance=2700	896.81122 u
19	V(4), rr7 resistance=3000	2.44226
20	I(R7), rr7 resistance=3000	814.08735 u

Selected Diagram:Device Parameter Sweep

图 1.2.11　R_7 为不同阻值时的电压、电流值

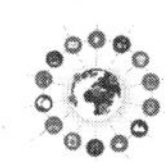

从图 1. 2. 11 可以看出，当电阻 R_7 的值从 300 Ω 变化到 3 000 Ω 的过程中，电阻电压值在增大，电流值在减小，与理论计算结果一致。

除了这个例子之外，本书中的其他实验也用到了参数扫描分析方法。例如，“二阶电路的动态响应”实验通过对图 1. 2. 7 电路中的电阻进行参数扫描，使用瞬态分析方法，观察电路的过阻尼、欠阻尼和临界阻尼现象；“*RLC* 串联谐振电路”实验通过对图 1. 2. 4 电路中的电阻、电感和电容进行参数扫描，使用交流扫描分析方法，观察电路的谐振频率与上述元器件之间的关系。

1. 2. 5　傅里叶分析

傅里叶分析用于将电路中的时域信号转换为频域信号，从而分析其频率成分。傅里叶分析在信号处理中非常重要，特别是在分析信号的谐波、失真等方面。该分析方法可用于以下一些应用场景。

- 基频和谐波的识别：通过识别频谱中的基频和谐波，可以了解信号的基本特性和失真情况。
- 信号的失真程度：通过观察频谱中的非基频分量，可以评估信号的失真程度。
- 滤波器设计验证：傅里叶分析可用于验证滤波器的设计，通过分析滤波后的频谱，确保滤波器能正确地抑制或通过指定的频率成分。

在傅里叶级数中，每一个分量都被看作一个独立的信号源。根据叠加原理，总响应为各分量响应之和。由于谐波的幅度随次数的提高而减小，因此只需要较少的谐波分量就可以产生较满意的近似效果。这里给出周期信号 $f(t)$ 的傅里叶级数的数学公式：

$$f(t)=A_0+A_1\cos\omega t+B_1\sin\omega t+A_2\cos2\omega t+B_2\sin2\omega t+\cdots+A_n\cos n\omega t+B_n\sin n\omega t$$

式中，A_0 为原始信号中的直流分量，$A_1\cos\omega t+B_1\sin\omega t$ 为原始信号中的基波分量，$A_n\cos n\omega t+B_n\sin n\omega t$ 为原始信号中的第 n 次谐波分量。

下面以一阶无源 *RC* 低通滤波器为例说明傅里叶分析的使用方法。

首先，给出如图 1. 2. 12 所示的一阶无源 *RC* 低通滤波器电路，通过傅里叶分析观察电路节点 1、2 电压信号的频谱。

电路的输入信号为一个 5 kHz 的方波信号，它包含着丰富的谐波成分，通过理论分析，利用公式 $f_c=\dfrac{1}{2\pi RC}$计算该滤波器的截止频率，约为 13. 3 kHz，输出信号中的高次谐波成分与输入信号相比会有所衰减。

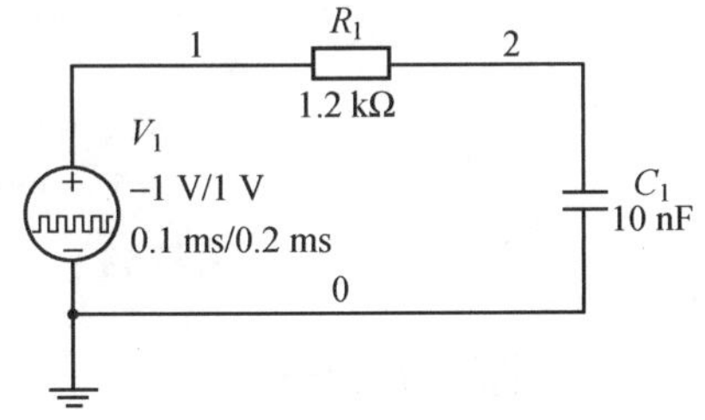

图 1. 2. 12　一阶无源 *RC* 低通滤波器电路

图 1. 2. 12 中使用脉冲源V_1产生一个 5 kHz 的方波信号，它的设置如图 1. 2. 13 所示，其中初始值为−1 V，脉冲值为 1 V，脉冲宽度为 0. 1 ms，周期为 0. 2 ms。

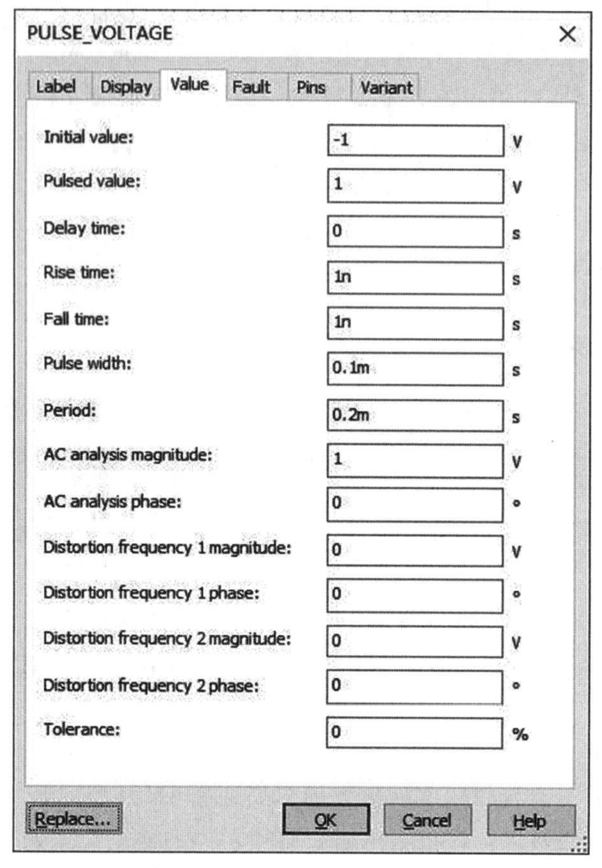

图 1.2.13　脉冲源的参数设置

然后，执行菜单命令“Simulate”→“Analyses and simulation”，在列出的可分析类型中选择“Fourier”，则出现“Fourier”对话框，如图 1.2.14 所示。

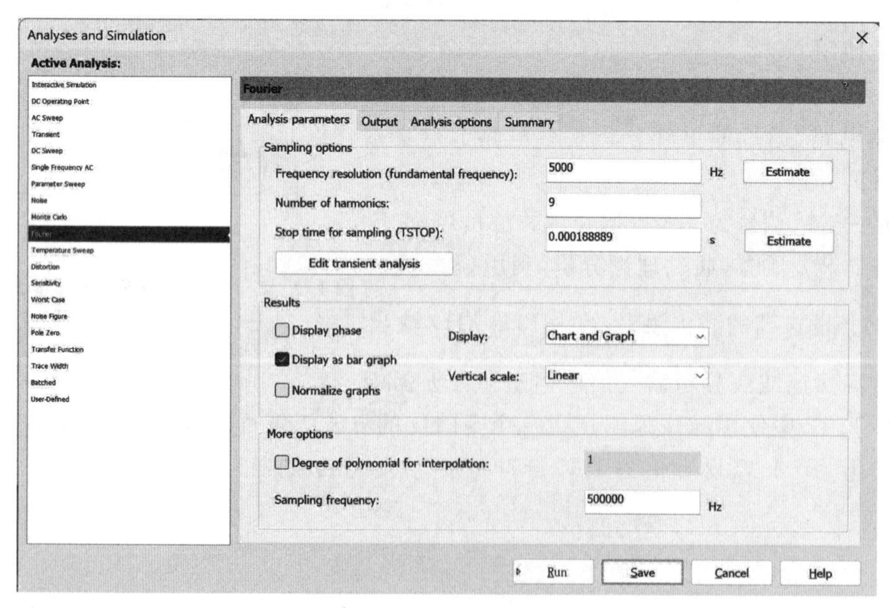

图 1.2.14　“Fourier”对话框

“Fourier”对话框中有四个选项卡，“Output”“Analysis options”和“Summary”的用法与其他分析方法类似，这里结合上面的样例就“Analysis parameters”选项卡的内容进行介绍。

关于采样参数：

• 频率分辨率。可单击右侧的“Estimate”按钮，NI Multisim 根据电路中的交流源自动设定一个值，或通过在“Frequency resolution(fundamental frequency)”字段中输入一个值确定。若电路中有多个交流源，取各频率的最小公倍数。在本例中该字段的值为 5 000 Hz。

• 采样频率。可通过在“Sampling frequency”字段中输入一个值确定。尽管根据 Nyquist 采样定理在指定分析中需设置不小于最高频率分量的两倍作为合适的采样速率，NI Multisim 建议最好设定一个足以在信号的每个周期获得至少 10 个采样点的采样频率。本例中将采样频率设为 500 kHz。

• 谐波个数。可通过在“Number of harmonics”字段中输入一个值确定。在本例中该字段的值为 9，因为根据方波的傅里叶级数展开，9 次谐波在方波信号中所占的分量已经很小。在确定了谐波个数之后，由于谐波周期已知，所以输出信号采样的停止时间也被确定下来。

• 停止取样时间。当不知如何设置时，可单击右侧的“Estimate”按钮，让程序自动设置。

关于显示结果：

• 设置频谱的幅度轴刻度，包括“Decibel”(分贝刻度)、“Octave”(以 8 为底的对数刻度)、“Linear”(线性刻度)和“Logarithmic”(以 10 为底的对数刻度)。本例中选择“Linear”。

• 选择仿真结果的显示方式，包括“Chart”(图表)、“Graph”(曲线)和“Chart and Graph”(图表和曲线)。本例中选择“Chart and Graph”。

• 选择显示内容中是否包含相位频谱。本例中不勾选“Display phase”。

• 选择显示内容中频谱的绘制方式，包括柱状图方式、线型图方式(默认)。本例中选择“Display as bar graph”(柱状图方式)。

• 选择显示内容中的频谱数据是否归一化。本例中不勾选“Normalize graphs”。

最后，单击对话框中的“Run”按钮，节点 1、2 电压信号的傅里叶分析结果如图 1.2.15 所示。从图中可以看出，输出信号的频谱与输入信号的频谱相比，高次谐波衰减更快，达到了低通滤波的效果。

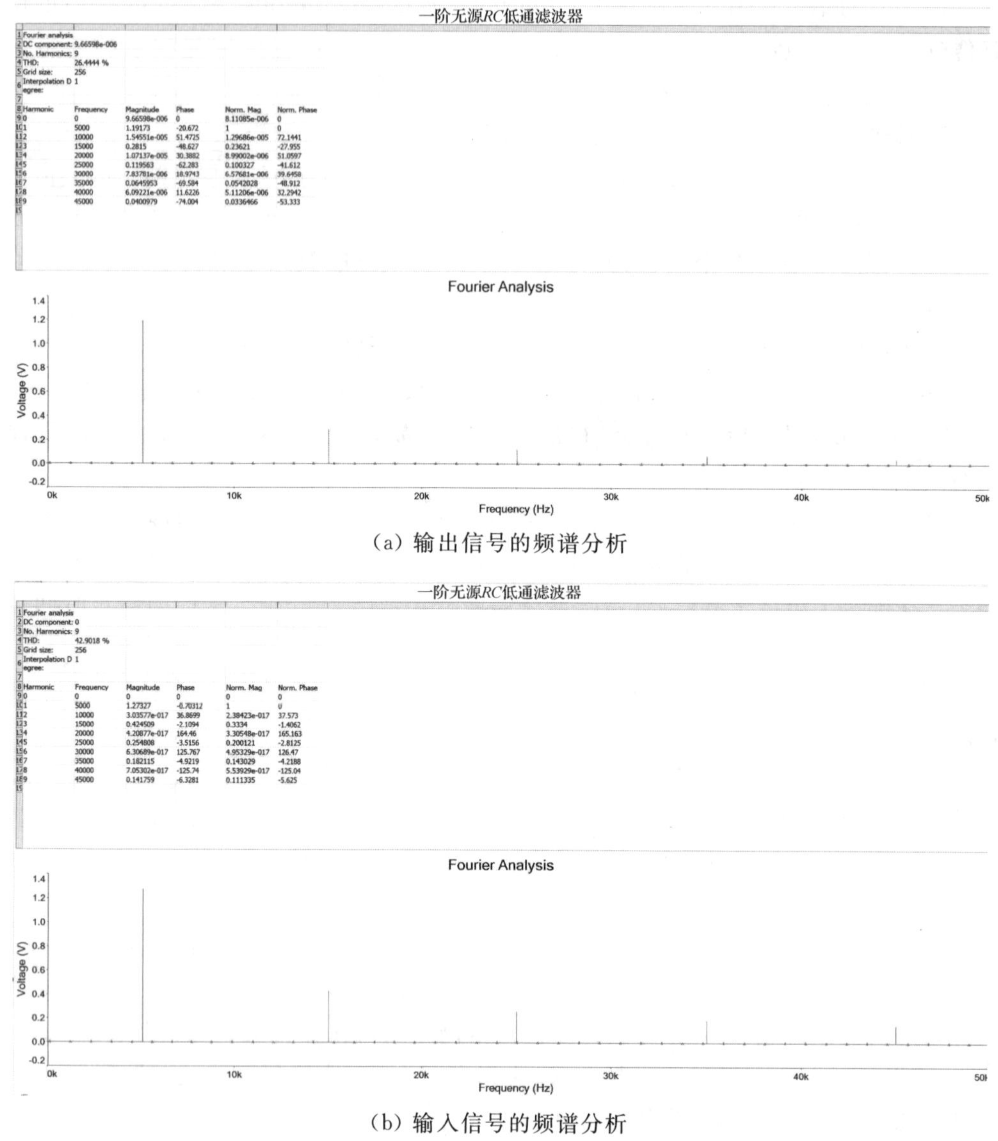

(a) 输出信号的频谱分析

(b) 输入信号的频谱分析

图 1.2.15　一阶无源 RC 低通滤波器的傅里叶分析

1.2.6　直流扫描分析

在 NI Multisim 中，直流扫描分析的作用是计算电路在不同直流电源数值下的直流工作点。利用直流扫描分析，可快速地根据直流电源的变动范围确定电路直流工作点。它的作用相当于每变动一次直流电源的数值，对电路做一次直流工作点分析，将变化的数据以图表或表格的形式展示给用户，使用户可以很直观地确定电路理想的直流工作点。

首先，给出一个晶体管共射电路。通过直流扫描分析，可以看到晶体管的集电极电压随着电源电压 V_1 和基极上的偏置电压 V_2 变化的关系曲线，从而确定 V_1 和 V_2 在什么范围内变化时晶体管处于放大状态。电路如图 1.2.16 所示。

电路中添加了电流控制电压源(V_3)，以便将集电极电流转换成电压显示。

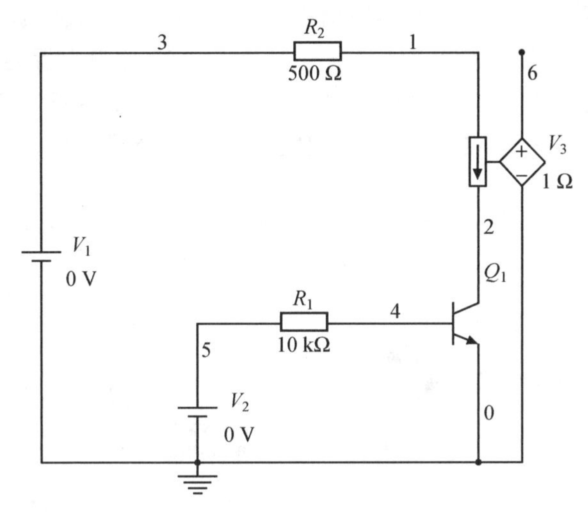

图 1.2.16　共射配置下的晶体管特性测试电路

然后，执行菜单命令“Simulate”→“Analyses and simulation”，在列出的可分析类型中选择“DC Sweep”，则出现“DC Sweep”对话框，如图 1.2.17 所示。

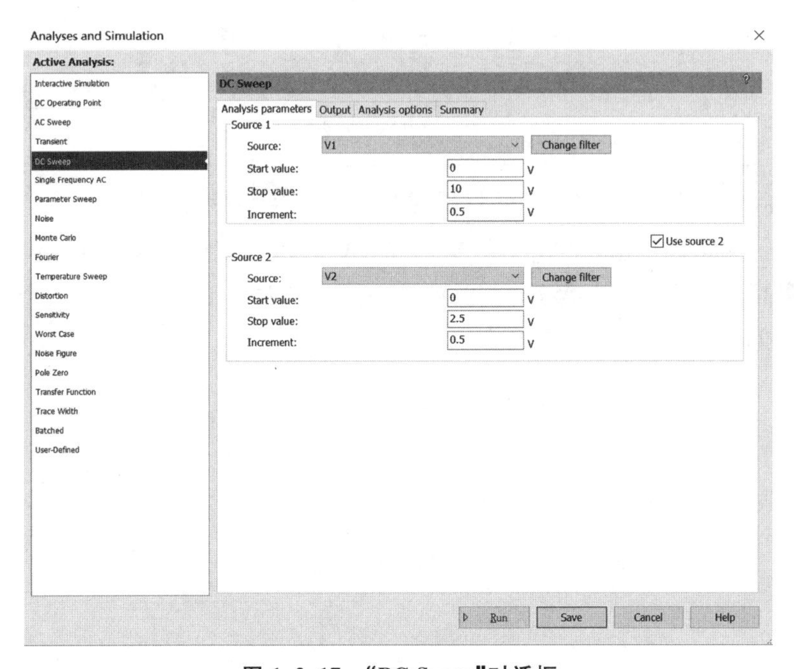

图 1.2.17　“DC Sweep”对话框

“DC Sweep”对话框中有四个选项卡，“Output”“Analysis options”“Summary”选项卡的用法与其他分析方法类似，这里结合上面的样例就“Analysis parameters”选项卡的内容进行介绍。

本例中的直流扫描分析要对两个直流电源进行扫描，得到一幅输出节点与电源之间的关系曲线图，图上的每一条曲线是输出节点值与变化的第一个直流电源之间的关系曲线，而曲线的数目等于第二个直流电源变化的次数。两个直流电源的设置如下：

- 电源 V_1 的起始值设置为 0 V，终值设置为 10 V，增量设置为 0.5 V。
- 电源 V_2 的起始值设置为 0 V，终值设置为 2.5 V，增量设置为 0.5 V。

在电源设置旁边还有一个“Filter”按钮，可以将电路中的内部节点（如 BJT 模型内或 SPICE 子电路内的节点）、开放引脚及电路中包含的任何子模块的输出变量作为可以扫描的电源显示在电源列表中。

最后，单击对话框中的“Run”按钮，节点 6 电压的直流扫描分析结果如图 1.2.18 所示。

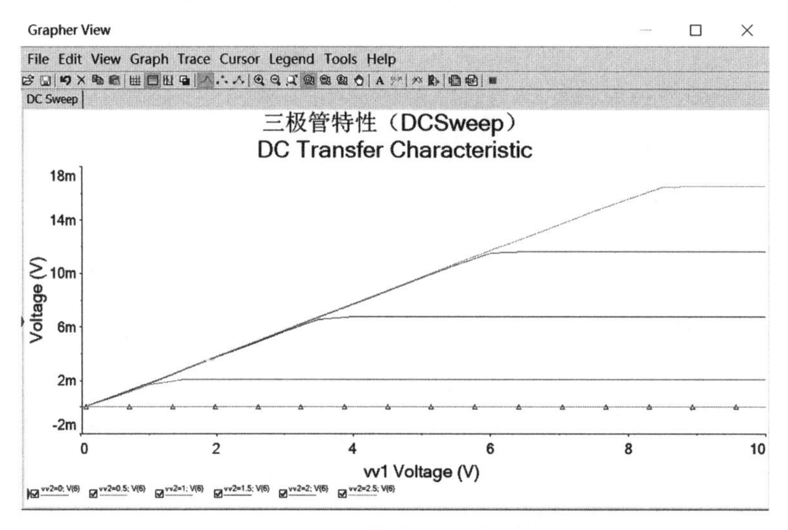

图 1.2.18　三极管输入/输出特性曲线

从图 1.2.18 可以看出，在 V_2 为 0 V 和 0.5 V 时，晶体管的发射结反偏，此时 V_3 的值为 0 V，说明晶体管处于截止状态；随着 V_2 的增加，发射结正偏，当 V_1 电压逐渐增大时，晶体管由饱和状态进入线性放大状态。

第2章 实验室常用仪器

对于理工科的学生来说，熟练地掌握各种实验仪器的使用方法是非常重要的。而多用表、直流稳压电源、信号发生器和示波器是学习电工电子类课程时必不可少的四种实验仪器。只有掌握这几种仪器的使用方法，才能顺利地完成各种课内实验。

2.1 数字式多用表

多用表是最常用的一种多功能测量仪器，它具有测量电压、电阻、电流等多种功能，是电子工程师必不可少的测量工具。多用表分为指针式和数字式两大类。相较于指针式，数字式多用表读取结果更方便，精度也更高，目前，指针式多用表已基本被数字式多用表取代了。

2.1.1 数字式多用表的工作原理与特性

数字式多用表是在直流数字电压表的基础上扩展出来的。在测量交流电压、电流、电阻等物理量时，都需要通过相应的变换器将被测量转换成直流电压信号，再由 A/D 转换器转换成数字量，最后以数字的形式在 LCD 上显示出来，其原理框图如图 2.1.1 所示。

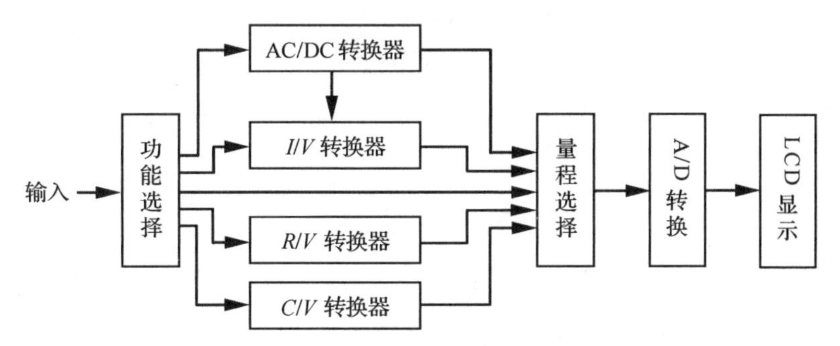

图 2.1.1　数字式多用表原理框图

人们在说到数字式多用表的时候，经常会提到 3½ 位、4½ 位等，这代表着数字式多用表的显示位数。比如说 3½ 位是指该数字式多用表的显示范围是 0 000～1 999，其中最高位只能显示 0 和 1，而其他位则可以显示 0～9 的任意数字。因为最高位只能显示 0 和 1，所以称之为“半位”，而“三位”则是指能够显示 0～9 的其他位。一般来说，数字式多用表显示位数越高，其精度也越高。

数字式多用表的显示位数通常为 3½位至 8½位。普及型数字式多用表一般属于 3½位的手持式多用表，4½、5½(6 位以下)数字式多用表一般分为手持式、台式两种。而 6½位以上大多属于台式数字多用表。

2.1.2 UT61B 型数字式多用表

本书以 UT61B 型数字式多用表为例介绍手持式数字式多用表的使用方法。

一、UT61B 型数字式多用表的特点

UT61B 型数字式多用表具备高可靠性、高安全性、自动量程转换等特点，具有超大屏幕数字和高解析度模拟指针的同步显示功能(图 2.1.2)。

图 2.1.2 UT61B 型数字式多用表

UT61B 型数字式多用表可以测量交直流电压和电流、电阻、二极管、电路通断、电容、频率、温度等参数，并具备 RS-232C 或 USB 标准接口，具有数据保持、相对测量、峰值测量、欠压提示、背光和自动关机功能。其综合指标如下：

- 最大显示读数：4 000 (频率为 9 999)，模拟条 41 段(转换速率为 30 次/s)。
- 显示更新率：每秒 2～3 次。
- 量程选择：自动或手动。
- 极性显示：自动。
- 过量程提示：显示 0 L。
- 电池欠压提示：电池电压小于 7.5 V。

注意： 若在使用多用表的过程中，LCD 显示屏上显示欠压“ ”提示符时，应及时更换内置电池，否则会影响测量精度。

二、UT61B 型数字式多用表的使用方法

UT61B 型数字式多用表的前面板布局如图 2.1.3 所示。

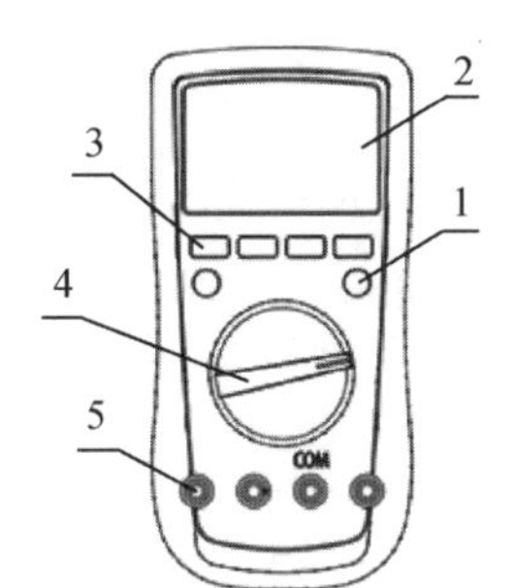

1. 蓝色功能选择键；2. LCD显示屏；
3. 按键组(用于选择各种测量附加功能)；
4. 功能量程旋钮开关；5. 输入端口。

图 2.1.3　UT61B 型数字式多用表前面板布局

1. 交直流电压测量

测量交直流电压时多用表电路连接图如图 2.1.4 所示。

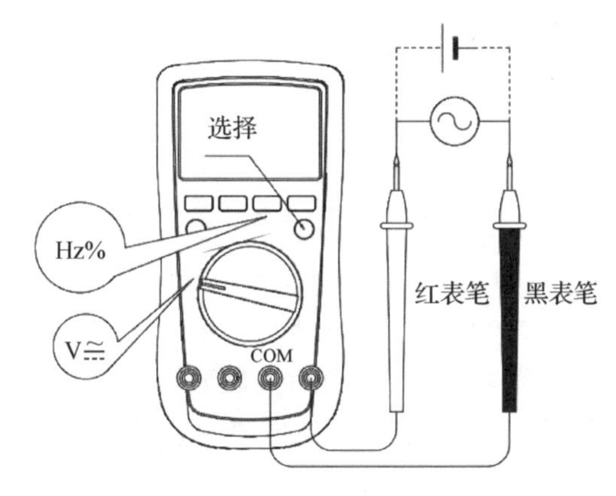

图 2.1.4　电压测量

具体测量步骤如下：

(1) 将红表笔插入“V”插孔，黑表笔插入“COM”插孔。

(2) 将功能量程旋钮开关置于“**V≅**”电压测量挡，如果输入电压小于 400 mV_{rms}，则可以将功能量程旋钮开关置于“**mV≅**”挡，从而获得更高的测量精度。屏幕左侧显示“DC”，则代表多用表当前为直流电压测量模式。若需要测量交流电压，按下蓝色功能选择键，切换到交流电压模式。

(3) 将表笔并联到待测电源或负载上。

(4) 从 LCD 显示屏中直接读取被测电压值。对于交流电压，测量显示值为有效值(正弦波)。

(5) 在测量交流电压时，如果需要获取频率值或占空比，只需按“Hz%”键，即可方便地读取。

(6) UT61B 型数字式多用表的输入阻抗约为 10 MΩ(mV 挡输入阻抗大于 3 000 MΩ)。在测量高阻抗的电路时会引起测量误差。但是，大部分情况下被测电路的阻抗都在 100 kΩ 以下，所以该误差可以忽略不计。

注意：

(1) 不要输入高于 1 000 V 的电压。若输入过高的电压，则有可能损坏仪表。

(2) 在测量高电压时,注意身体不能接触电路,避免触电。

(3) 在完成所有的测量操作后,要断开表笔与被测电路的连接。

2. 交直流电流测量

测量交直流电流时多用表电路连接图如图 2.1.5 所示。

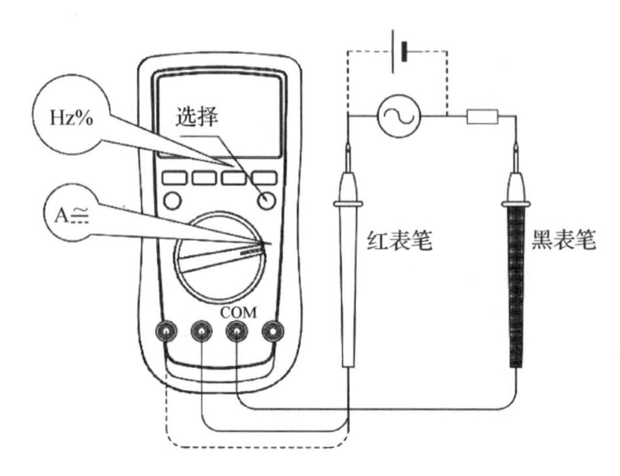

图 2.1.5 电流测量

具体测量步骤如下:

(1) 根据电流范围将红表笔插入“μA/mA”或“10A”插孔,黑表笔插入“COM”插孔。

(2) 根据红表笔所在插孔将功能量程旋钮开关旋至对应电流测量挡“μA”或“mA”或“A”。

(3) 屏幕左侧显示“DC”,则多用表为直流电流测量模式。若需要测量交流电流,则按下蓝色功能选择键,切换到交流电流模式。

(4) 将多用表表笔串联到待测回路中。

(5) 从 LCD 显示屏上直接读取被测电流值。对于交流电流,测量显示值为有效值(正弦波)。

(6) 在测量交流电流时,如需要获取频率值或占空比,只需按“Hz%”键,即可方便地读取。

注意:

(1) 在将仪表串联到待测回路之前,应先关闭待测回路的电源,否则有打火花的危险。

(2) 测量时应使用正确的输入端口和功能挡位,防止过流烧坏保险丝。如不能估计电流的大小,应从大电流量程开始测量。

(3) 当测量大于 5A 的电流时,为了安全使用,每次测量时间应小于 10 s,间隔时间应大于 15 min。

(4) 当表笔插在电流输入端口上时,切勿把测试表笔并联到任何电路上,否则有可能会烧断仪表内部保险丝,损坏多用表。

(5) 完成所有的测量操作后,应先关断被测电路的电源,再断开表笔与被测电路的连接。这对大电流的测量尤为重要。

(6) 完成电流测量后,将红表笔插回“V”插孔,避免下次测量电压时忘记更换红表笔插孔位置而烧断内部保险丝。

3. 电阻测量

图 2.1.6 所示为用多用表测量电阻的电路连接图。

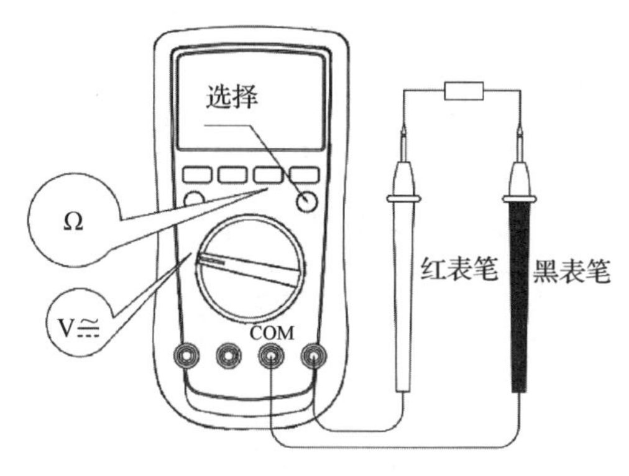

图 2.1.6　电阻测量

具体测量步骤如下：

(1) 将红表笔插入“Ω”插孔，黑表笔插入“COM”插孔。

(2) 将功能量程旋钮开关置于“Ω”多重测量挡，按下蓝色功能选择键，切换到“Ω”电阻测量模式。

(3) 将表笔并联到被测电阻两端。

(4) 从 LCD 显示屏上直接读取被测电阻值。如果被测电阻开路或阻值超过仪表最大量程，LCD 显示屏将显示“0 L”。

4. 二极管/电容/通断测量

二极管、电容及通断测量方法与电阻测量方法类似，功能量程旋钮开关的位置及表笔的连接方式也与电阻测量相同。按下蓝色功能选择键，在几种测量功能之间切换。

(1) 测量二极管时，按下蓝色功能选择键，切换到“▶|”(二极管测量)，将红表笔接到被测二极管的正极，黑表笔接到被测二极管的负极。LCD 显示屏上显示被测二极管的正向导通电压值。对于硅管而言，正向导通电压正常值一般为 0.5～0.8 V。如果二极管开路或反接，LCD 显示屏将显示“0 L”。

(2) 测量电容时，按下蓝色功能选择键，切换到“-|(-”电容测量。此时仪表会显示一个固定读数，约为 10 nF。此数为仪表内部固定的分布电容值。对于小电容的测量，被测量值一定要减去此值，才能确保测量精度。还可以通过按下“REL △”键，利用多用表的相对测量功能来实现。

(3) 进行通断测量时，按下蓝色功能选择键，切换到“•)))”(通断测量)，并将表笔并联到被测电路的两端。如果被测电路两端之间的电阻小于 10 Ω，则表示电路导通良好，蜂鸣器发出响声，LCD 显示屏显示电阻值；如果被测电路两端之间的电阻大于 35 Ω，则表示电路断路，蜂鸣器不发声，LCD 显示屏显示“0 L”。

5. 频率测量

利用 UT61B 型数字式多用表可以测量交流电压信号的频率，电路连接图如图 2.1.7 所示。

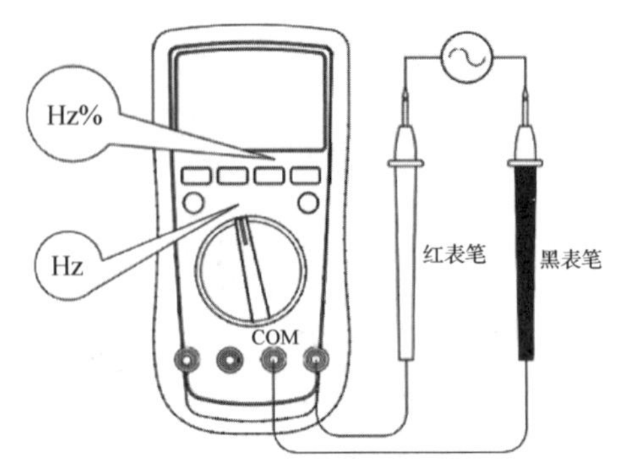

图 2.1.7　频率测量

具体测量步骤如下：

(1) 将红表笔插入“Hz”插孔，黑表笔插入“COM”插孔。

(2) 将功能量程旋钮开关置于“Hz%”测量挡位，并将表笔并联到待测信号源上。从LCD显示屏上直接读取被测频率值，如需要测量占空比，只需按“Hz%”键，即可开始测量。

注意：

(1) UT61B型数字式多用表的频率测量范围是10 Hz～10 MHz。

(2) 测量频率时输入交流信号的电压有效值 a 必须满足 200 mV≤a≤30V。

(3) 在完成所有的测量操作后，要断开表笔与被测电路的连接。

2.1.3　SDM3055型数字式多用表

SDM3055系列是一款5½位的台式双显数字式多用表，它是针对高精度、多功能、自动测量的用户需求而设计的产品，集基本测量功能与多种数学运算功能于一身。

SDM3055型数字式多用表的基本测量功能包括：测量直流电压、测量交流电压、测量直流电流、测量交流电流、测量二线或四线电阻、测量电容、测试连通性、测试二极管、测量频率或周期、测量温度。

一、SDM3055型数字式多用表的特点

SDM3055型数字式多用表拥有高清晰度的480×272分辨率的TFT显示屏、易于操作的键盘布局和菜单软按键功能；支持USB、LAN和GPIB接口(仅SDM3055A型)，最大程度地满足了用户的需求(图2.1.8)。

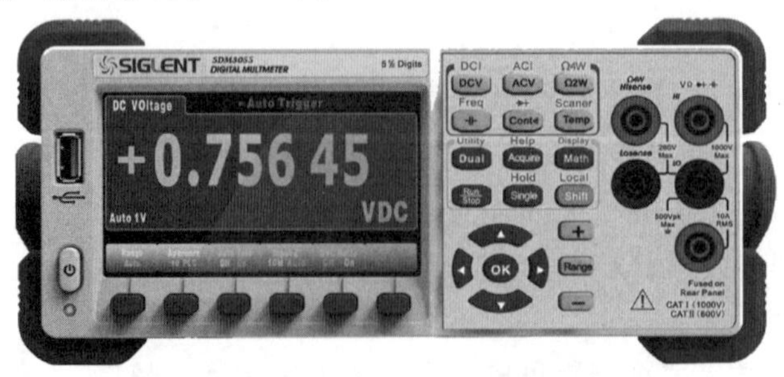

图 2.1.8　SDM3055型数字式多用表

其主要特色如下：

- 4.3 英寸真彩色 TFT-LCD 显示屏。
- 真正 5½位读数分辨率。
- 三种测量速度：5 次/s、50 次/s 和 150 次/s。
- 双显示功能，可同时显示同一输入信号的两种参数。
- 200 mV～1 000 V 直流电压量程。
- 200 μA～10 A 直流电流量程。
- True-RMS，200 mV～750 V 交流电压量程。
- True-RMS，20 mA ～10 A 交流电流量程。
- 200 Ω～100 MΩ 电阻量程，2、4 线电阻测量。
- 2 nF～10 000 μF 电容量程。
- 20 Hz ～1 MHz 频率测量范围。
- 连通性和二极管测试。
- 温度测试功能，内置热电偶冷端补偿。
- 丰富的数学运算功能，如最大值、最小值、平均值测量，dBm、dB 测量，直方图、趋势图、条形图显示等。
- U 盘存储数据和配置。
- 支持 USB、GPIB 和 LAN 接口，支持 USB-TMC 协议、IEEE 488.2 标准、VXI11 和 SCPI 语言。
- 支持远程控制命令集，提供上位机软件。

二、SDM3055 型数字式多用表的使用方法

1. SDM3055 型数字式多用表操作面板及功能

SDM3055 型数字式多用表向用户提供了简单而功能明晰的前面板，控制按钮按照逻辑分组显示，在进行测量时只需选择相应按钮进行基本的操作，如图 2.1.9 所示。

A. LCD 显示屏；B. USB 接口；C. 电源键；D. 菜单操作键；E. 基本测量功能；F. 辅助测量功能；G. 使能触发功能；H. 方向键；I. 信号输入端。

图 2.1.9　SDM3055 型数字式多用表前面板布局

SDM3055 型数字式多用表还提供了单测量显示和双测量显示功能，其屏幕显示如图 2.1.10和图 2.1.11 所示。

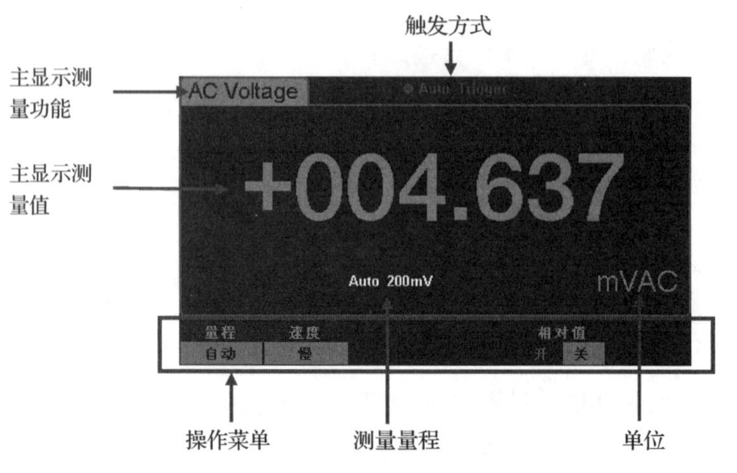

图 2.1.10　单测量显示用户界面

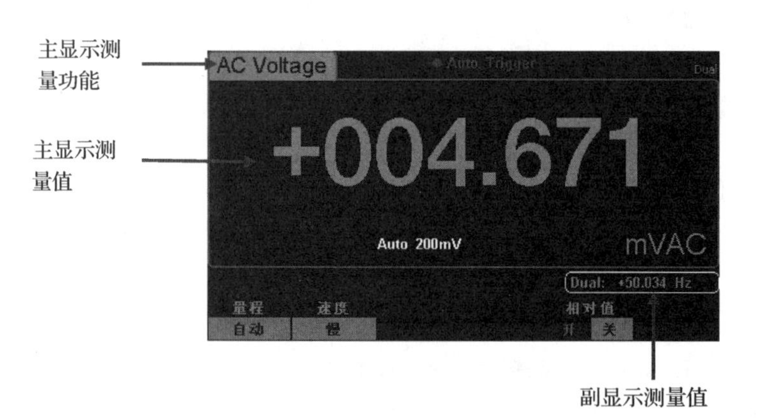

图 2.1.11　双测量显示用户界面

2. 直流电压测量

SDM3055 型数字式多用表可测量最大 1 000 V 的直流电压，多用表每次开机后总是默认选择直流电压测量功能。

具体操作步骤如下：

(1) 按前面板的 DCV 键，进入直流电压测量界面，如图 2.1.12 所示。屏幕中间显示测量值，左上角显示的是直流电压测量功能，右下角显示的是直流电压单位。在屏幕显示的最下方会有一些选择项，可以通过选择其下方对应的一些实体按键来修改测试参数。

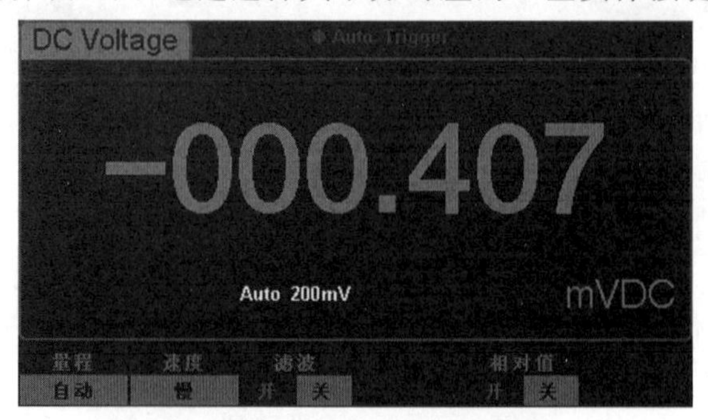

图 2.1.12　直流电压测量界面

(2) 如图 2.1.13 所示,连接测试引线和被测电路,红表笔接红色的 HI 端,黑表笔接黑色的 LO 端。

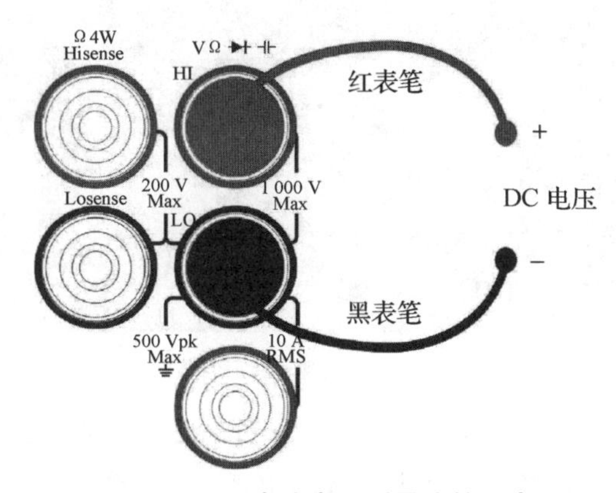

图 2.1.13 直流电压测量连接示意图

(3) 根据测量电路的电压范围,选择合适的电压量程。

在测量主界面,按下屏幕下方的菜单选择键改变量程,如图 2.1.14 所示。

"自动"量程:按"自动",选择"自动"量程,禁用"手动"量程。

"手动"量程:按"200 mV""2 V""20 V""200 V""1 000 V",手动设置合适的量程,此时禁用自动量程。

图 2.1.14 量程选择菜单

注:

(1) 除 1 000 V 量程外所有量程均有 20%超量程,可自动或手动设置量程。

(2) 当 1 000 V 挡位输入超过 1 000 V 时,显示"overload"。

(3) 任意量程下均有 1 000 V 输入保护。

3. 交流电压测量

SDM3055 型数字式多用表可测量最大 750 V 的交流电压。

具体操作步骤如下:

(1) 按前面板的 ACV 键,进入交流电压测量界面,如图 2.1.15 所示。屏幕左上角显示交流电压测量功能,右下角显示的是交流电压单位。在屏幕显示的最下方同样显示了一些可以修改的测试参数。

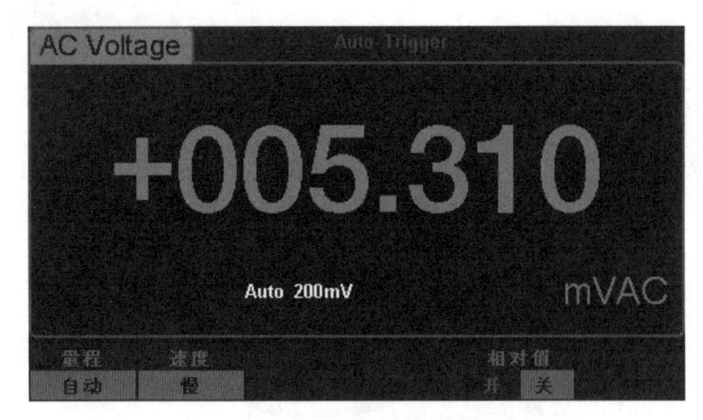

图 2.1.15 交流电压测量界面

(2) 连接方式与测量直流电压相同，红表笔接红色的 HI 端，黑表笔接黑色的 LO 端。

(3) 根据测量电路的电压范围，选择合适的电压量程，也可以选择自动量程，由多用表根据被测电压自动确定量程范围。表 2.1.1 列出了该多用表的交流电压测量特性(电压均为真有效值)。

表 2.1.1 交流电压测量特性

特　性	说　明
量程	200 mV、2 V、20 V、200 V、750 V
输入保护	所有量程上均为 750 V(HI 端)
可配置参数	量程、速度、相对值

注：

(1) 除 750 V 量程外所有量程均有 20%超量程，可自动或手动设置量程。

(2) 当 750 V 挡位输入超过 750 V 时，显示“overload”。

(3) 任意量程下均有 750 V 输入保护。

(4) 显示第二测量值。

SDM3055 型数字式多用表有双显示功能，在测量交流电压的同时，还可以显示第二测量值。如果想要同时显示信号的频率值，可以在显示交流电压的同时，按下双显示功能键 Dual ，再依次按下 Shift 和 ⊣⊢ 键，则在屏幕的右下角会出现信号的频率值。如果想在显示交流电压的同时显示直流电压分量，则可以通过按下功能键 Dual ，再按下 DCV 键来实现。

4. 交直流电流测量

该多用表最大可以测量 10A 的交直流电流。

具体操作步骤如下：

(1) 按前面板的 Shift 键，再按 DCV 键，进入直流电流测量界面，如图 2.1.16 所示。(如果测量的是交流电流，则先按 Shift 键，再按 ACV 。)

图 2.1.16　直流电流测量界面

(2) 如图 2.1.17 所示，连接测试引线和被测电路，红表笔接最下方红色的电流测试端，黑表笔接黑色的 LO 端。

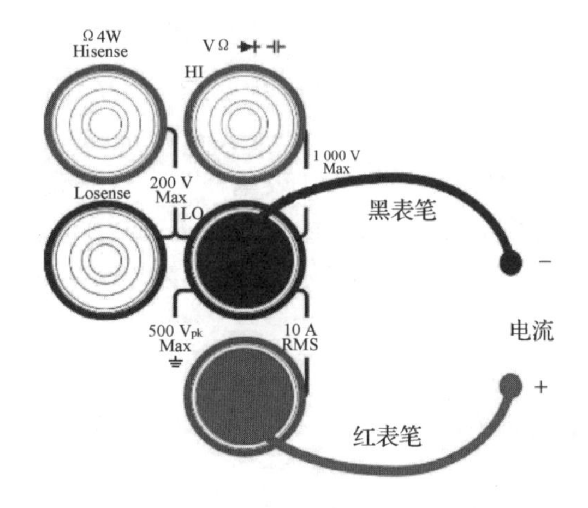

图 2.1.17　电流测量连接示意图

(3) 根据测量电路的电流范围，选择合适的电流量程。也可以选择自动量程，由多用表根据被测电流自动确定量程范围。表 2.1.2 列出了该多用表的电流测量特性。

表 2.1.2　电流测量特性

特　性	说　明
量程	200 μA、2 mA、20 mA、200 mA、2 A、10 A
输入保护	后面板 10 A、机内 12 A
可配置参数	量程、速度、滤波、相对值

注： 除 10 A 挡外，所有量程均有 20%超量程，可自动或手动设置量程。

5. 电阻测量

测量电阻时，当被测电阻的阻值较大或者测试精度要求不高时，一般采用二线制电阻测量方法(2W)；当被测电阻的阻值较小，测试引线的电阻及探针和测试点的接触电阻与被测电阻相比已不能忽略不计时，若仍采用二线制测量必将导致测量误差增大，此时可以使用四线制电阻测量方法(4W)。SDM3055 型数字式多用表提供二线制、四线制两种电阻测量模式。

两种测量的原理如图 2.1.18 所示。2W 法仅连接 HI 和 LO 两根测试线，4W 法则连接 HI、LO 和 Hisense、Losense 四根测试线。

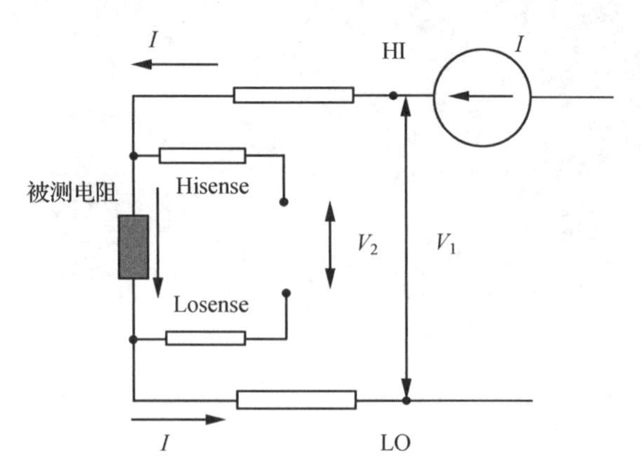

图 2.1.18　电阻测量原理

电阻测量的基本原理是通过数字式多用表内部产生一个精密电流源，流经被测电阻产生电压降，通过测量该电压降计算电阻值。无论是 2W 还是 4W 电阻测量方法，电流源都是从 HI 表笔流出，流经被测电阻后从 LO 表笔回流。区别是 2W 法测量的是 HI 和 LO 之间的电压 V_1，而 4W 法测量的是 Hisense 和 Losense 之间的电压 V_2。由于 V_2 测量路径电流近似为 0，所以表笔接触电阻和导线自身的电阻不会对测量结果产生影响，因此利用 4W 电阻测量方法理论上更为准确。

具体操作步骤如下：

(1) 按前面板的 Ω2W，进入二线制电阻测量界面，或者按 Shift 键，再按 Ω2W 键，进入四线制电阻测量界面，如图 2.1.19 所示。

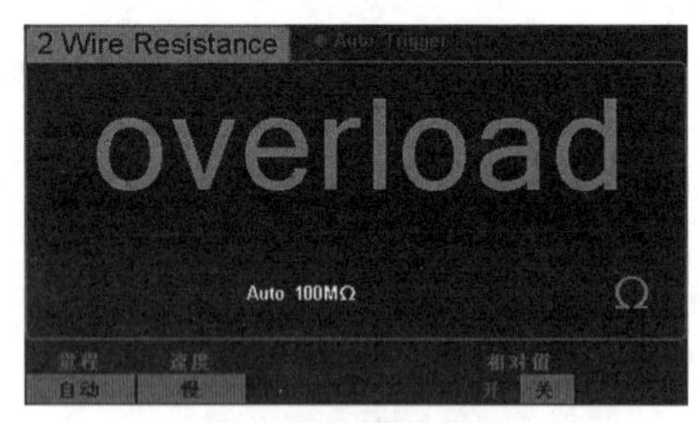

(a) 二线制电阻测量界面

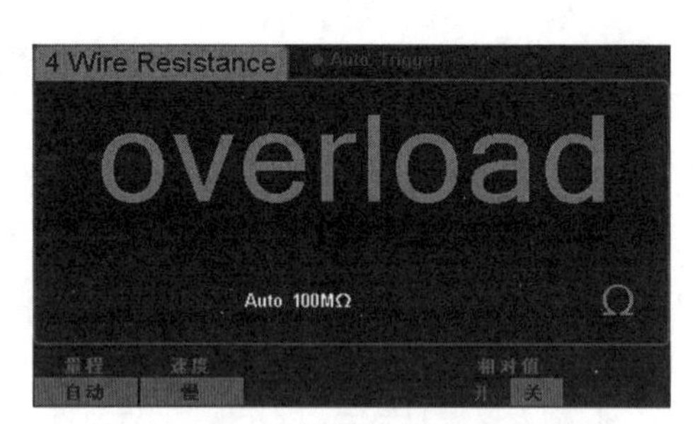

(b) 四线制电阻测量界面

图 2.1.19　电阻测量界面

(2) 对于二线制电阻测量方法，红表笔接红色的 HI 端，黑表笔接黑色的 LO 端，如图 2.1.20 所示。

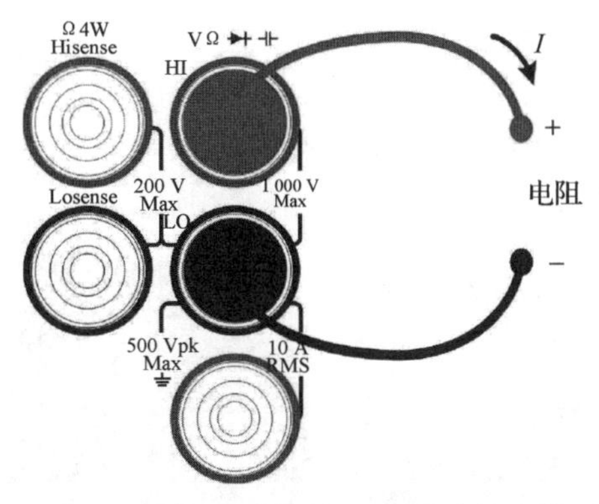

图 2.1.20　二线制电阻测量连接示意图

对于四线制电阻测量方法，红色测试引线接红色的 HI 端和 Hisense 端，黑色测试引线接黑色的 LO 端和 Losense 端，如图 2.1.21 所示。

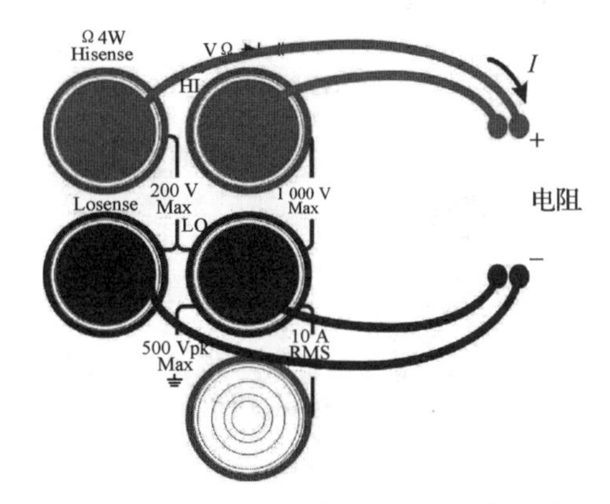

图 2.1.21　四线制电阻测量连接示意图

(3) 根据测量电路的电阻范围，选择合适的电阻量程，也可以选择自动量程由多用表根据被测电阻自动确定量程范围。表 2.1.3 列出了该多用表的电阻测量特性。

表 2.1.3　电阻测量特性

特　性	说　明
量程	200 Ω、2 kΩ、20 kΩ、200 kΩ、2 MΩ、10 MΩ、100 MΩ
开路电压	<8 V
输入保护	所有量程均为 1 000 V(HI 端)
可配置参数	量程、速度、相对值

注：所有量程均有 20%超量程，可自动或手动设置量程。

操作提示：

当测量较小阻值电阻时，建议使用相对值运算，可以消除测试导线阻抗误差。

6. 频率/周期测量

当被测信号是交流电压时，可以直接使用频率或周期测量功能键进行测量，也可以在测量该信号的交流电压时，通过打开双测量显示功能测量得到。

具体操作步骤如下：

(1) 按前面板的 Shift 键，再按 ⊣⊢ 键，在左下角的菜单中选中“频率”，进入频率测量界面，此时显示屏右下角显示频率的单位；或者在菜单中选中“周期”，进入周期测量界面，此时显示屏右下角显示周期的单位，如图 2.1.22 所示。

(a) 频率测量界面　　(b) 周期测量界面

图 2.1.22　频率/周期测量界面

(2) 按图 2.1.23 所示连接测试电路，红表笔接红色的 HI 端，黑表笔接黑色的 LO 端。

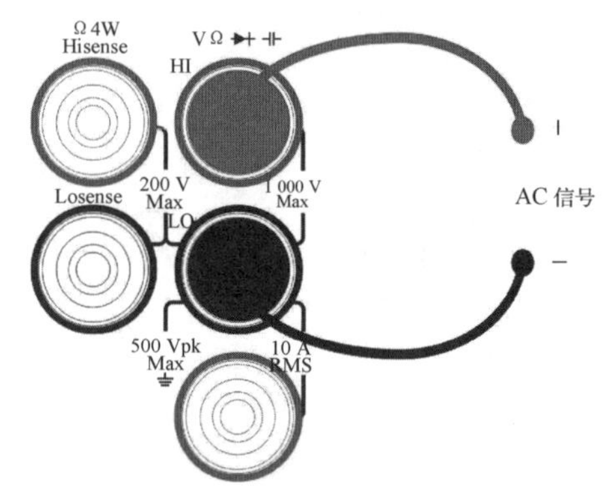

图 2.1.23　频率/周期测量连接示意图

(3) 根据测量电路的电压范围，选择合适的电压量程。表 2.1.4 列出了该多用表的频率/周期测量特性。

表 2.1.4　频率/周期测量特性

特　性	说　明
量程	200 mV、2 V、20 V、200 V、750 V
测量范围	20 Hz～1 MHz 或 1 μs～0.05 s
输入保护	所有量程上均为 750 V 真有效值(HI 端)
可配置参数	量程、相对值

7. 二极管/电容/连通性测量

SDM3055 型数字式多用表可以测量二极管、电容及电路的连通性。

具体操作步骤如下：

(1) 二极管、电容、电路连通性测量的连接电路均如图 2.1.24 所示，红表笔接红色的 HI 端，黑表笔接黑色的 LO 端。

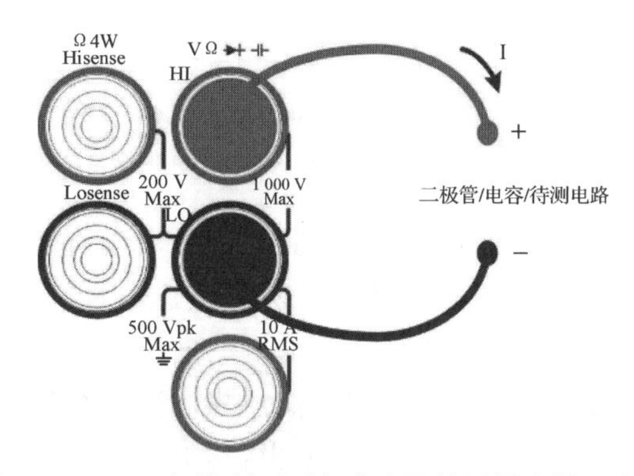

图 2.1.24　二极管/电容/电路连通性测量连接示意图

（2）测量二极管时，选中前面板的 Shift 按键，再按 Cont 键，进入二极管检测界面，红表笔接到被测二极管的阳极，黑表笔接到被测二极管的阴极。LCD 显示屏上显示被测二极管的正向导通电压值。对于硅管而言，一般在 0.5～0.8 V 可认为是正常值。如果二极管开路或反接时，LCD 显示屏上显示“open”，如图 2.1.25 所示。

（3）测量电容时，按前面板的 ⊣⊢ 键，进入电容测量界面，如图 2.1.26 所示。可以根据被测电容的容值范围，选择合适的量程或直接选择自动量程。

图 2.1.25　二极管测量界面

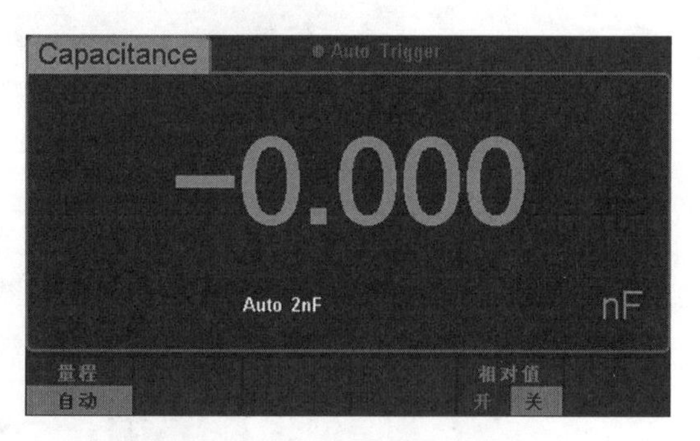

图 2.1.26　电容测量界面

（4）进行电路连通性测量时，按前面板的 Cont 键，进入电路连通性测量界面，如图 2.1.27 所示。测试时，当被测电路的阻值小于设定的阈值（默认 50Ω）时，仪器会发出蜂鸣声。若被测电路开路，则 LCD 显示屏上会显示“open”。

图 2.1.27　电路连通性测量界面

2.2 直流稳压电源

直流稳压电源在电子电路中的作用是提供电能，其电压的稳定度和所能提供的最大功率直接影响电路的工作状态。在实验室，通常会使用台式稳压电源来提供一路或多路可调的直流电源，从而便于在实验中调节所需的供电电压。

直流稳压电源的种类繁多，但工作原理大同小异。下面介绍一款型号为 SPD3303 的可编程线性直流电源。该电源提供三组独立输出：其中两组 0～30 V 电压任意可调，可单独使用，也可串联或并联使用，同时输出具有短路或过载保护；另外一组为 2.5 V、3.3 V、5 V 的可选输出。

2.2.1 面板图及功能

SPD3303 型直流稳压电源的前面板如图 2.2.1 所示。

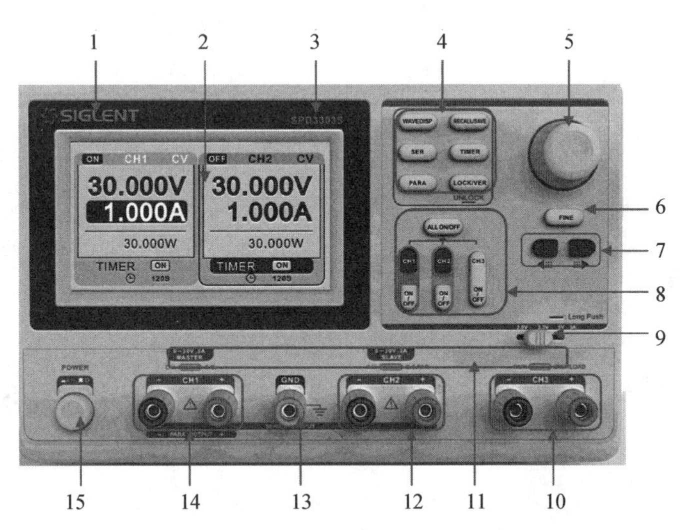

1. 品牌 LOGO；2. 液晶显示界面；3. 产品型号；4. 系统参数配置按键；5. 多功能旋钮；6. 细调功能按键；7. 左右方向按键；8. 通道控制按键；9. CH3 挡位拨码开关；10. CH3 输出端；11. CV/CC 指示灯；12. CH2 输出端；13. 机壳接地端；14. CH1输出端；15. 电源开关。

图 2.2.1 SPD3303 型直流稳压电源的前面板

前面板分为控制区域、显示区域、开关及外部连接区域几个部分。液晶显示界面 2 和 CV/CC 指示灯 11 用来显示参数设置值或当前输出电压、电流等状态。按键及旋钮4－9用于设置输出电压、保护电流及控制通道是否输出。10、12、13、14 为几组电源的输出接线柱，用于连接实验电路。

2.2.2 输出模式介绍

SPD3303型直流稳压电源有三组独立输出:两组可调电压值和一组固定可选择电压值。

1. 独立/串联/并联

SPD3303型直流稳压电源的通道1(CH1)和通道2(CH2)具有三种输出模式:独立、串联和并联。可以通过前面板相应的开关来选择。

(1) 独立输出。

一般情况下,各组电源独立输出,输出电压可以单独控制。这是最基本的一种方式。

(2) 串联输出。

当电路需要使用正负电源或者所需电压大于单路输出电压时,可以选择串联输出。这时电源会通过内部继电器将通道1和通道2串联。在该模式下输出电压是单通道电压的两倍。

(3) 并联输出。

当电路所需电流大于电路所能提供的最大电流时,可以选择并联输出。这时电源会通过内部继电器将通道1和通道2并联。在并联模式下,最大输出电流是单通道电流的两倍。

2. 恒压/恒流

通道1和通道2两组电源有恒压和恒流两种输出模式。

(1) 当输出电流小于设定电流值时,该组电源输出会处于恒压模式,输出电压为前面板设定的电压。前面板CV/CC指示灯为绿色。

(2) 当输出电流大于设定电流值时,该组电源输出会处于恒流模式,输出电流为前面板设定的电流。前面板CV/CC指示灯为红色。

注意: 因为在大部分应用中,该电源都是作为电压源来使用的,因此在使用时要注意设定的过流保护电流必须大于待测电路的实际电流。

2.2.3 独立输出模式

在独立输出模式时,三个通道之间是相互隔离的。另外,这三个通道也均与地隔离。

1. CH1/CH2独立输出

通道1和通道2作为独立输出时,两个通道间是隔离的。各自通道的黑色接线柱为输出负极,红色接线柱为输出正极。图2.2.2展示了通道1和通道2的接线端子的连接方式。

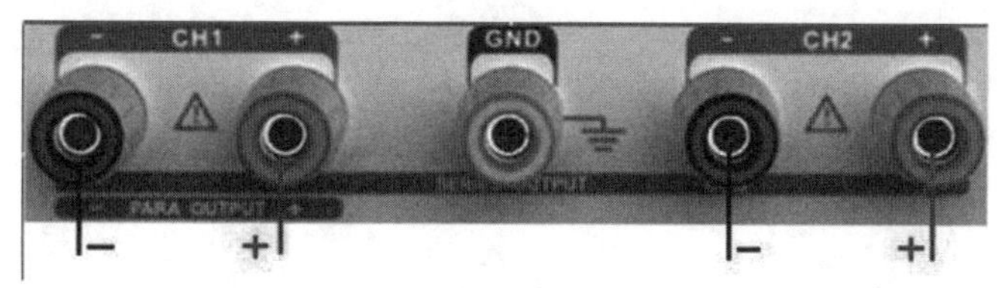

图2.2.2　SPD3303型直流稳压电源通道1和通道2接线端子

具体操作步骤如下：

(1) 确定并联和串联键关闭(并联和串联按键灯不亮)。

(2) 连接负载到前面板接线端子。

(3) 按 CH1 或 CH2 按键，选择相应通道。

(4) 按下多功能旋钮，可以使光标在电压和电流设定值之间切换。调节多功能旋钮，可以改变电压或保护电流至期望值。当"FINE"按键没有被按下时，旋钮调节为粗调，转动一格变化 1 V 或 0.1 A。当"FINE"按键被按下后(按键点亮)时，进入细调模式，可以更精确地调整设定电压或电流值。

(5) 按下通道的"ON-OFF"输出键，可以打开相应通道的输出，该通道接线柱上方指示灯将被点亮，若是绿色则为恒压输出模式，若是红色则为恒流输出模式；也可以按下"ALL ON/OFF"按键，同时打开/关闭三个通道。

当输出未被打开时，显示屏上显示的是设定电压和电流值；当输出被打开时，显示的是实际的输出电压和电流值。图 2.2.3 中通道 1 未打开，显示的是设定值；而通道 2 已经打开，显示的是实际电压和电流值。

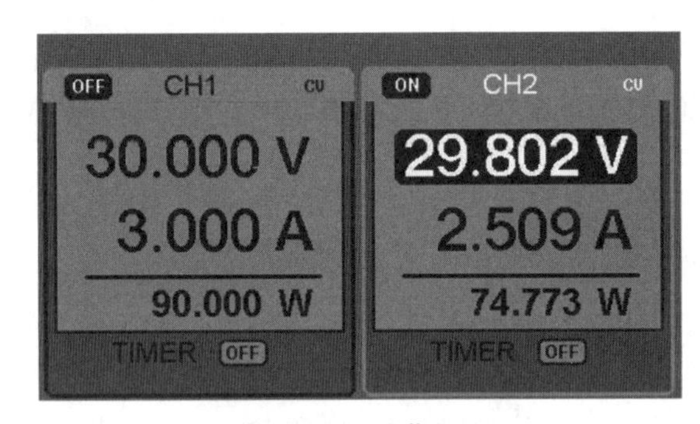

图 2.2.3 屏幕显示

2. 通道 3 独立输出

通道 3(CH3)的输出电压不是任意调节的，只可以在 2.5 V、3.3 V 和 5 V 之间切换。通过调节 CH3 拨码开关选择所需挡位。该通道没有实际电压和电流显示，通道的最大输出电流为 3A。当电流超过 3A 时，通道上方的指示灯变为红色，该通道从恒压输出模式转为恒流输出模式。

2.2.4 串联输出模式

在串联输出模式下，电源内部将 CH1 的正极与 CH2 的负极相连，其中 CH1 为控制通道。串联后，在 CH1 负极和 CH2 正极之间的电压为单通道电压的两倍(图 2.2.4)。

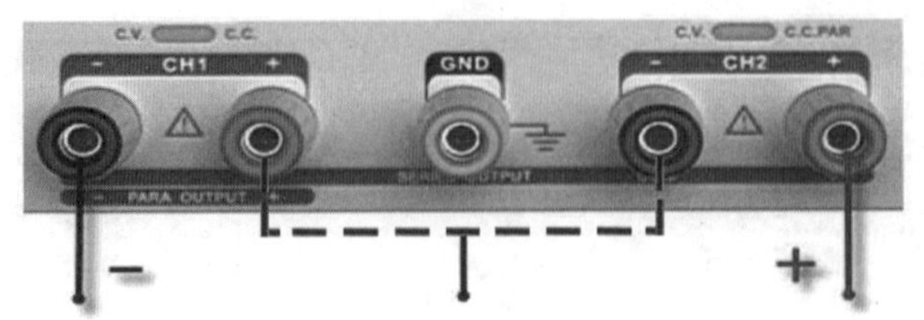

图 2.2.4 串联后通道的接线

具体操作步骤如下：

(1) 按下“SER”键，启动串联模式，按键灯点亮。

(2) 连接负载到前面板端子 CH2＋和 CH1－。

(3) 按下 CH1 输出键，打开输出，按键灯点亮。

注意： 如果需要接正负电源，可以将 CH1 的正极或 CH2 的负极连接至电路的参考地，CH1 的负极即为负电源输出，CH2 的正极即为正电源输出。

【例 2-1】 输出＋/－12.5 V，限流 0.3A 的正负直流电源。

(1) 按下操作面板上的“SER”按键，该按键灯将会被点亮，电源进入串联模式。

(2) 当屏幕光标在电压上的时候，调节多功能旋钮，将电压调到 12 V，可以看到此时两个通道的电压保持一致。

(3) 按下“FINE”按键，进入细调模式，再次调节多功能旋钮，将电压调到 12.5 V。

(4) 按下多功能旋钮或按下多功能旋钮下方的方向键，将光标切换到电流上。

(5) 调节多功能旋钮，将电流设置到期望值(若需要精细调节电流，可以按下“FINE”键)。

(6) 将 CH1 的“－”端(黑色)连接到实验电路的电源负极，CH2 的“＋”端(红色)连接到实验电路的电源正极，并将 CH1 的“＋”端(红色)或 CH2 的“－”端(黑色)连接到实验电路的参考地，如图 2.2.5 所示。

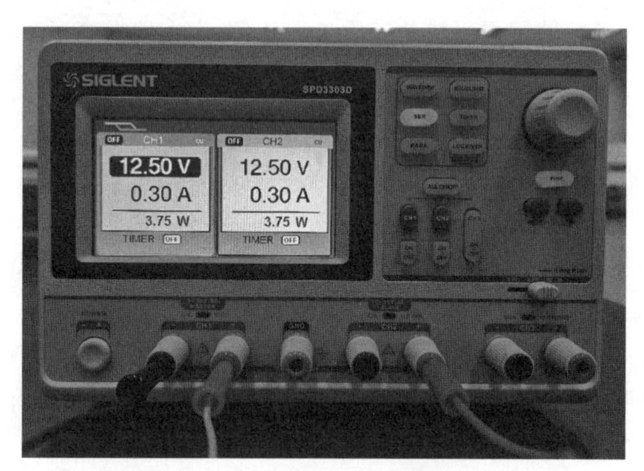

图 2.2.5　＋/－12.5V 电源的设置和连接

(7) 按下 CH1 通道的“ON/OFF”按键，打开电源输出。

2.2.5　并联输出模式

在并联输出模式下，电源内部自动将 CH1 和 CH2 的正负极分别连接在一起，CH1 为控制通道。并联后，输出电流能力为单通道电流的两倍。

具体操作步骤如下：

(1) 按下“PARA”键，启动并联模式，按键灯点亮。

(2) 连接负载到面板的 CH1＋和 CH1－。

(3) 按下 CH1 输出键，打开输出，按键灯点亮，接线方式如图 2.2.6 所示。

图 2.2.6　并联后通道的接线

2.3　函数信号发生器

函数信号发生器可以提供电子测试所需的各种电信号，可以产生正弦波、方波、三角波等函数信号，有些产品还能产生调频、调幅等信号，因而函数信号发生器被广泛应用于测量测试领域。

本书以 SDG1000 系列的产品为例，讲述函数信号发生器的使用方法。SDG1000 系列高性能函数信号发生器采用直接数字合成(DDS)技术，可生成精确、稳定、纯净、低失真的输出信号。SDG1000 系列函数信号发生器提供了便捷的操作界面、优越的技术指标及人性化的图形风格，可帮助用户更快地完成工作任务，大大地提高了工作效率。

2.3.1　SDG1000 系列函数信号发生器的性能特点

SDG1000 系列函数信号发生器具有如下性能特点。

- DDS 技术，双通道输出，每通道输出波形最高可达 50 MHz。
- 125MSa/s 采样率，每通道 14 Bit 垂直分辨率，每通道可达 16 kpts(每秒 16 000 个采样点)存储深度。
- 输出 5 种标准波形，内置 48 种任意波形，最小频率分辨率可达 1 μHz。
- 频率特性如下。

正弦波：1 μHz～50 MHz。

方波：1 μHz～25 MHz。

锯齿波/三角波：1 μHz～300 kHz。

脉冲波：500 μHz～5 MHz。

白噪声：50 MHz 带宽(−3 dB)。

任意波：1 μHz～5 MHz。

- 内置高精度、宽频带频率计，频率范围为 100 mHz～200 MHz。
- 丰富的调制功能：AM、DSB-AM、FM、PM、FSK、ASK、PWM，以及输出线性/对数扫描和脉冲串波形。
- 标准配置接口：USB Host、USB Device，支持 U 盘存储和软件升级，可选配 GPIB 接口。

• 仪器内部提供 10 个非易失性存储空间以存储用户自定义的任意波形，通过上位机软件可编辑和存储更多任意波形。

• 任意波编辑软件提供 9 种标准波形：Sine、Square、Ramp、Pulse、ExpRise、ExpFall、Sinc、Noise 和 DC，可满足最基本的需求。同时还为用户提供了手动绘制、点点之间的连线绘制、任意点编辑的绘制方式，使创建复杂的波形轻而易举。多文档界面的管理方式可使用户同时编辑多个波形文件。

2.3.2　SDG1000 系列函数信号发生器的面板图及功能

SDG1000 系列函数信号发生器向用户提供了明晰、简洁的前面板，如图 2.3.1 所示。前面板包括 3.5 英寸(8.89 cm)TFT-LCD 显示屏、参数操作键、波形选择键、数字键、模式/辅助功能键、方向键、调节旋钮和通道切换键等。

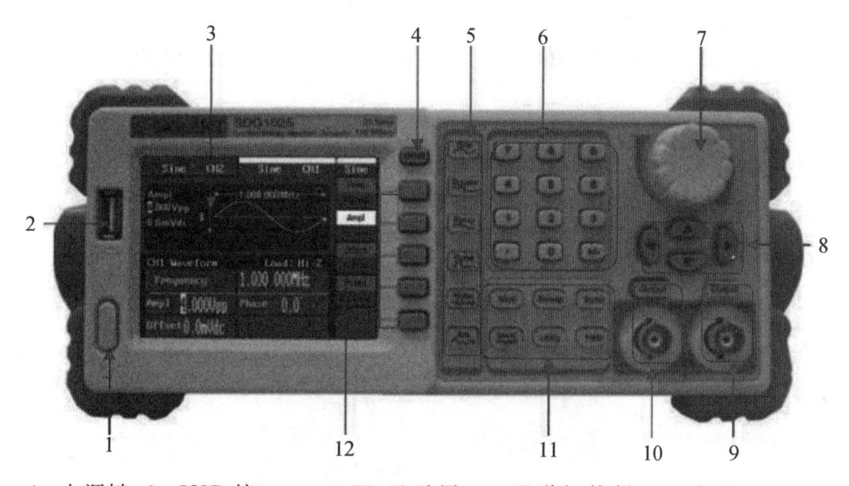

1. 电源键；2. USB 接口；3. LCD 显示屏；4. 通道切换键；5. 波形选择键；6. 数字键；7. 调节旋钮；8. 方向键；9. CH1 输出及控制旋钮；10. CH2 输出及控制旋钮；11. 模式/辅助功能键；12. 菜单软键。

图 2.3.1　SDG1000 系列函数信号发生器的前面板

2.3.3　SDG1000 系列函数信号发生器的常规显示界面

SDG1000 系列函数信号发生器的常规显示界面如图 2.3.2 所示，主要包括通道显示区、操作菜单区、波形显示区和参数显示区。通过操作菜单区我们可以选择需要更改的参数，如频率/周期、幅值/高电平、偏移量/低电平、相位等参数，来获得所需要的波形。

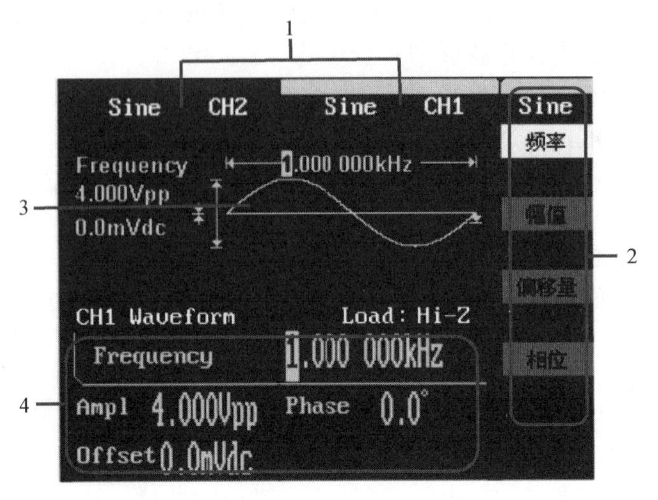

1. 通道显示区；2. 操作菜单区；3. 波形显示区；4. 参数显示区。

图 2.3.2 SDG1000 系列函数信号发生器的常规显示界面

2.3.4 数字输入控制

SDG1000 系列函数信号发生器的数字输入操作面板如图 2.3.3 所示，包含了数字键、旋钮和方向键。

图 2.3.3 SDG1000 系列函数信号发生器的数字键、调节旋钮和方向键

有以下两种方法可改变波形的参数值。

(1) 通过数字键输入参数。选中对应参数后，直接利用数字键键入数值，再选择屏幕右侧的单位所对应的软键，即可改变参数值。

(2) 通过调节旋钮改变参数。先用方向键将光标移动到需要更改的数据位，然后旋转调节旋钮改变该位数值。旋钮的输入范围是 0～9，旋钮顺时针旋转一格，数值增加 1。

2.3.5 波形设置时的通道切换

SDG1000 系列函数信号发生器有两个输出通道，每个通道可以单独设置不同的输出波形。在设置波形时要注意是否选择了对应的通道。轻按屏幕右侧一列按键最上方的“CH1/CH2”键，即可在通道 1 和通道 2 之间切换。LCD 显示屏最上方标签及屏幕中间都会显示当前设置的是哪个通道，如图 2.3.4 所示。图中两个矩形框都标出了当前选中的通道。

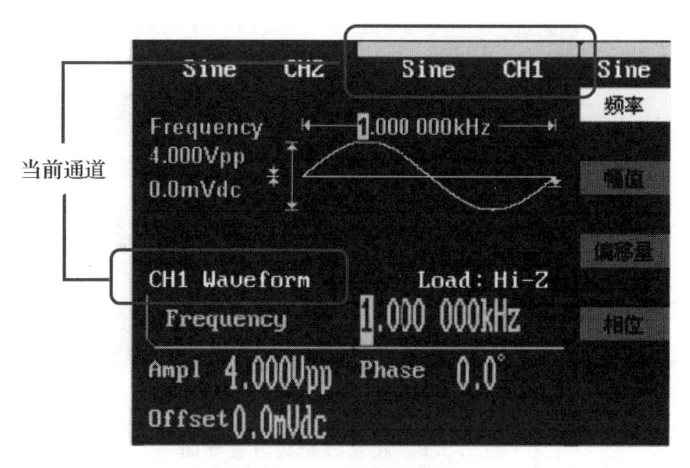

图 2.3.4 当前设置通道

2.3.6 通道输出控制

SDG1000 系列函数信号发生器的两个通道输出的 BNC 接口上方有两个输出控制按键,如图 2.3.5 所示。使用该按键,将开启/关闭前面板的输出接口的信号输出。按下相应通道上方的"Output"按键,该按键将会点亮,其对应通道输出信号。再次按下"Output"按键,按键熄灭,输出关闭。

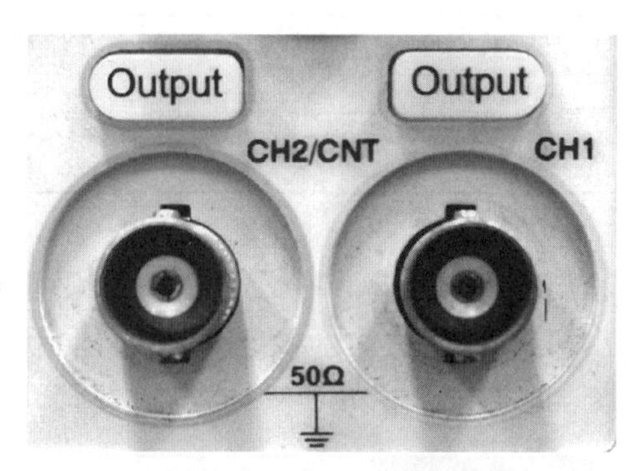

图 2.3.5 输出控制按键

2.3.7 常用波形输出

SDG1000 系列函数信号发生器的操作面板上有 6 个标准波形按键,从上到下分别为"Sine""Square""Ramp""Pulse""Noise""Arb",分别为正弦波、方波、锯齿波/三角波、脉冲波、噪声和任意波形设置按键。各种波形的参数设置方法基本相同。

1. 正弦波

按下"Sine"按键,该按键将会被点亮,LCD 显示屏中将出现正弦波的操作菜单,通过对正弦波的波形参数进行设置,可输出相应波形。图 2.3.6 为正弦波参数设置界面。

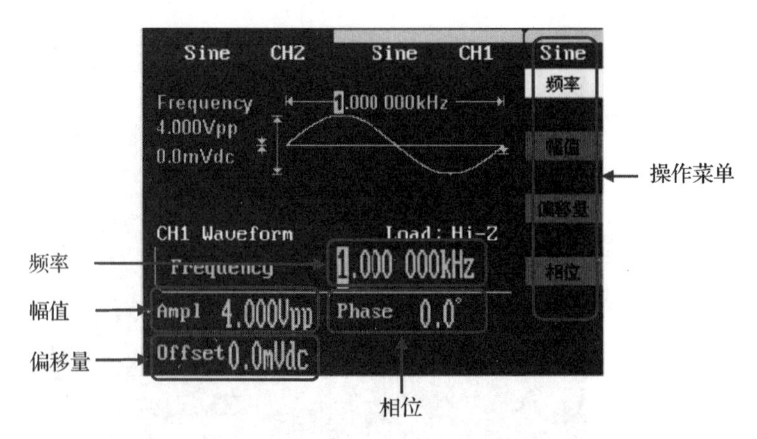

图 2.3.6 正弦波参数设置界面

设置正弦波的参数主要包括频率/周期、幅值/高电平、偏移量/低电平、相位/同相位。改变相应的参数值，可输出相应的波形。屏幕右侧的波形参数与其右侧的功能按键一一对应(表 2.3.1)。

表 2.3.1 正弦波操作菜单说明

功能菜单	设置说明
频率/周期	设置波形频率/周期，按下右侧功能按键，可在频率与周期之间切换
幅值/高电平	设置波形幅值/高电平，按下右侧功能按键，可在幅值与高电平之间切换
偏移量/低电平	设置波形偏移量/低电平，按下右侧功能按键，可在偏移量与低电平之间切换
相位/同相位	设置波形的相位或设置成与另一通道相位相同，按下右侧功能按键，可在两者之间切换

(1) 设置信号频率。

选择频率参数，可以设置频率值。当频率参数被选中时("频率"高亮显示)，直接通过数字键输入频率值，屏幕下方会显示输入的数值，同时屏幕右方会显示频率的单位，如图 2.3.7 所示。按下其右侧的软键，可完成频率参数的设置。

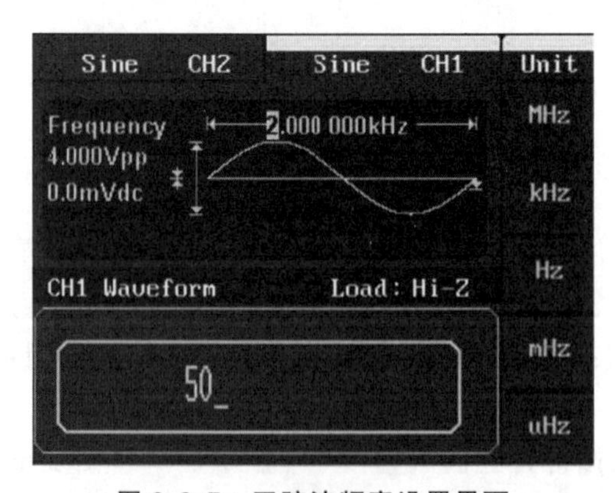

图 2.3.7 正弦波频率设置界面

当频率参数被选中时，也可以直接通过旋转调节旋钮来改变频率的值。如果不是希

望直接设置频率，而是设置信号的周期，则可以在正弦波形的设置界面轻按频率/周期右侧的软键，使“周期”高亮显示。然后就可以通过直接输入或旋转调节旋钮来改变周期值。

(2) 设置幅值和偏移量。

设置正弦波的幅值和偏移量有两种方法：一种方法是通过设置幅值和偏移量来实现，另一种方法是通过设定信号的最大值和最小值来完成。具体可以根据实际需求进行选择。可以在操作菜单中按“幅值/高电平”和“偏移量/低电平”边上的软键来实现两种方法的切换。

现在以幅值和偏移量为例，介绍设置方法。当幅值参数被选中时(“幅值”高亮显示)，直接通过数字键输入参数值，屏幕下方会显示输入的数值，同时屏幕右方会显示电压的单位，如图 2.3.8 所示。按下右侧对应的软键，可完成幅值参数的设置。

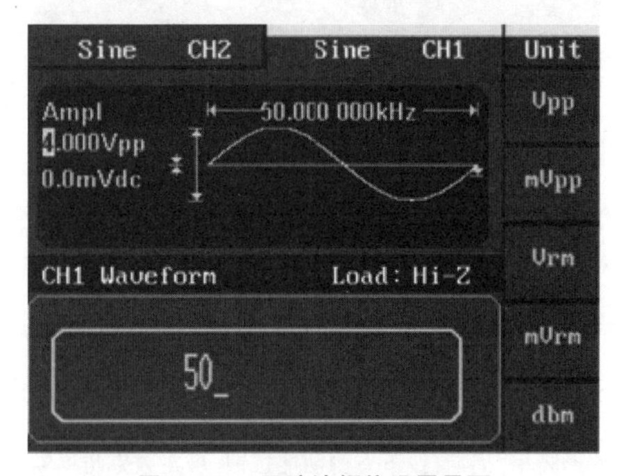

图 2.3.8　正弦波幅值设置界面

如果还需要设置偏移量，则在操作菜单选中“偏移量”，然后以与输入幅值相同的方法完成设置。除直接输入偏移量参数之外，还可以通过旋转调节旋钮改变数值。

(3) 设置相位。

选中相位参数后，既可通过数字键直接输入参数值，然后通过功能按键选择相应的参数单位(图 2.3.9)；也可移动方向键，选中某个数据位，再通过旋转调节旋钮改变数值。

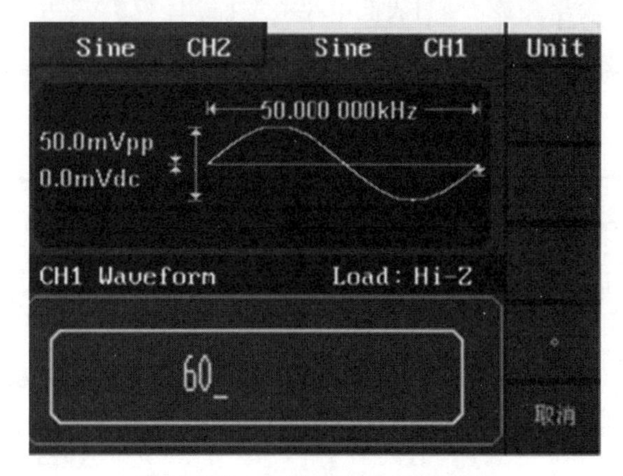

图 2.3.9　正弦波相位设置界面

2. 方波

按下“Square”按键，该按键将会被点亮，LCD 显示屏中将出现如图 2.3.10 所示的方波幅值设置界面，波形图标变为方波，通过对方波的波形参数进行设置，可输出相应的波形。

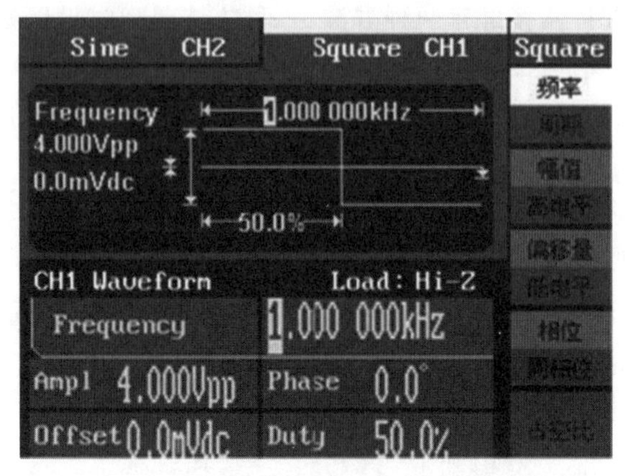

图 2.3.10　方波幅值设置界面

表 2.3.2 列出了方波的操作菜单，包括频率/周期、幅值/高电平、偏移/低电平、相位/同相位、占空比，通过对方波的波形参数进行设置，可输出相应的波形。参数的设置方法与正弦波基本类似，此处不再赘述。

表 2.3.2　方波操作菜单说明

功能菜单	设置说明
频率/周期	设置波形频率/周期，按下右侧功能按键，可在频率与周期之间切换
幅值/高电平	设置波形幅值/高电平，按下右侧功能按键，可在幅值与高电平之间切换
偏移量/低电平	设置波形偏移量/低电平，按下右侧功能按键，可在偏移量与低电平之间切换
相位/同相位	设置波形的相位或设置成与另一通道相位相同，按下右侧功能按键，可在两者之间切换
占空比	设置方波的占空比

【例 2-2】 通道 1 输出频率 5 kHz、低电平 0 V、高电平 5 V、占空比 20%的方波信号。

(1) 通过按压屏幕右边的通道选择键 CH1/2，切换到 CH1，屏幕中间会显示“CH1 Waveform”。

(2) 按下方波选择键 Square，将波形切换到方波，该按键会被点亮。

(3) 按压屏幕上“频率/周期”对应的按键，使光标停留在“频率”上。

(4) 旋转调节旋钮，调节频率到 5 kHz，或者在键盘上输入“5”，然后按下屏幕右侧“kHz”对应的按键。

(5) 按压屏幕上“幅值/高电平”对应的按键，使光标停留在“高电平”上。

(6) 旋转调节旋钮，调节“High1”电压到 5 V，或者在键盘上输入“5”，然后按下屏幕右侧“V”对应的按键。

(7) 按压屏幕上“偏移量/低电平”对应的按键，使光标停留在“低电平”上。

(8) 旋转调节旋钮，调节“Low1”电压到 0 V，或者在键盘上输入“0”，然后按下屏幕右侧“V”对应的按键。

(9) 按压屏幕上“占空比”对应的按键。

(10) 旋转调节旋钮，调节“Duty”到 20%，或者在键盘上输入“20”，然后按下屏幕右侧“%”对应的按键。

(11) 按下 CH1 接口上方的输出按键 ，按键将会被点亮，此时 CH1 口将会输出设置好的信号，如图 2.3.11 所示。

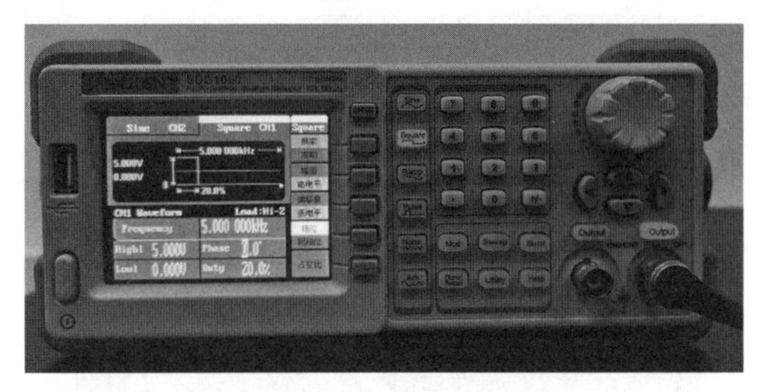

图 2.3.11 信号发生器参数设置

3. 锯齿波/三角波

按下“Ramp”按键，该按键将会被点亮，LCD 显示屏中将出现锯齿波/三角波的操作菜单，通过对锯齿波/三角波的波形参数进行设置，可输出相应的波形。三角波幅值设置界面如图 2.3.12 所示。

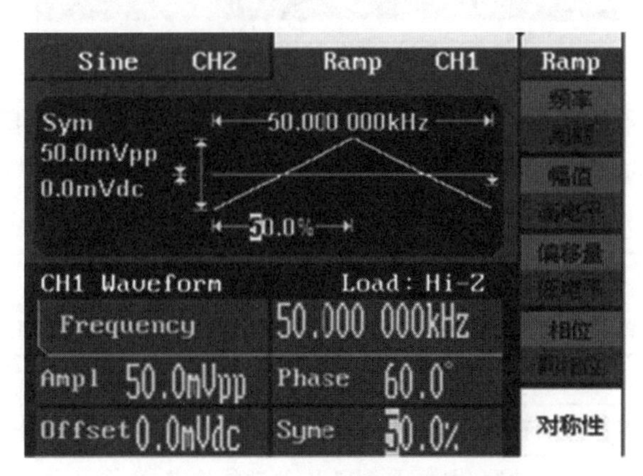

图 2.3.12 三角波幅值设置界面

通过设置频率/周期、幅值/高电平、偏移量/低电平、相位/同相位、对称性，可以得到不同参数的锯齿波/三角波。锯齿波/三角波操作菜单说明见表 2.3.3。

表 2.3.3 锯齿波/三角波操作菜单说明

功能菜单	设置说明
频率/周期	设置波形频率/周期，按下右侧功能按键，可在频率与周期之间切换
幅值/高电平	设置波形幅值/高电平，按下右侧功能按键，可在幅值与高电平之间切换

续表

功能菜单	设置说明
偏移量/低电平	设置波形偏移量/低电平，按下右侧功能按键，可在偏移量与低电平之间切换
相位/同相位	设置波形的相位或设置成与另一通道相位相同，按下右侧功能按键，可在两者之间切换
对称性	设置锯齿波/三角波上升沿占空比

4. 脉冲波

按下“Pulse”按键，该按键将会被点亮，LCD显示屏中将出现脉冲波的操作菜单，通过对脉冲波的波形参数进行设置，可输出相应的波形。脉冲波参数设置界面如图2.3.13所示。

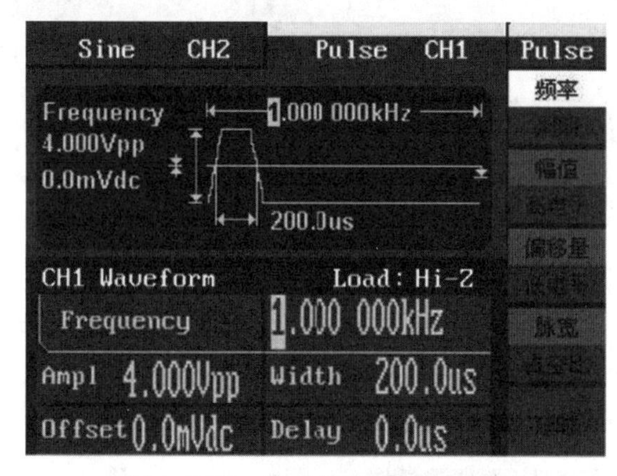

图2.3.13　脉冲波参数设置界面

通过设置频率/周期、幅值/高电平、偏移量/低电平、脉宽/占空比、延时，改变相应的参数值，可输出相应的波形。脉冲被操作菜单说明如表2.3.4所示。

表2.3.4　脉冲波操作菜单说明

功能菜单	设置说明
频率/周期	设置波形频率/周期，按下右侧功能按键，可在频率与周期之间切换
幅值/高电平	设置波形幅值/高电平，按下右侧功能按键，可在幅值与高电平之间切换
偏移量/低电平	设置波形偏移量/低电平，按下右侧功能按键，可在偏移量与低电平之间切换
脉宽/占空比	设置波形的脉宽/占空比，按下右侧功能按键，可在脉宽与占空比之间切换
延时	设置脉冲波的延时时间

5. 噪声信号

按下“Noise”按键，该按键将会被点亮，LCD显示屏中将出现噪声波的操作菜单，通过对噪声波的波形参数进行设置，可输出相应的波形。噪声信号只有方差和均值两个参数，分别代表噪声波形的标准差和平均值。

6. 任意波形信号

按下“Arb”按键，该按键将会被点亮。用户可以调用内建的数学函数创建波形，也可

以调用已存波形。对于调用的波形，仍旧可以设置频率/周期、幅值/高电平、偏移量/低电平、相位/同相位等参数，获得需要的波形。

2.3.8　调制波形输出

SDG1000 系列函数信号发生器提供了丰富的调制功能，包括 AM、DSB-AM、FM、PM、FSK、ASK 和 PWM，根据不同的调制类型，需要设置不同的调制参数。幅度调制（AM）时，可对调幅频率、调制深度、调制波形和信源类型进行设置。其他类型的调制波形也可以设置相应的调制参数。

本书将以 AM 调制为例对调制波形的设置做一个介绍。在 AM 调制中，依据幅度调制原理，已调制波形由载波和调制波组成，载波的幅度随调制波的幅度变化而变化。

在设置 AM 调幅波的时候，需要提前设置好载波信号。可以按图 2.3.7 中正弦波的设置方法设置好正弦波，该正弦波将会作为调幅信号的载波。设置完载波信号后，按“Mod”调制按键，将会出现如图 2.3.14 所示的调制操作界面。

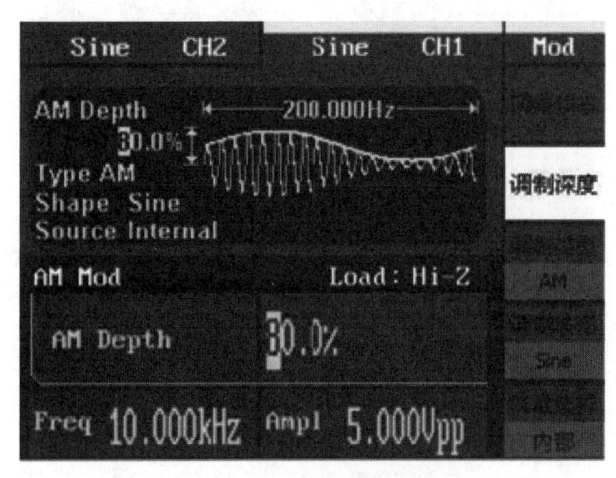

图 2.3.14　调制操作界面

先轻按调制操作界面右侧“调制类型”按键，将调制类型设为 AM。然后按“调制波形”，选择需要的调制波类型，再通过修改调幅频率和调制深度，设置调制波的频率和调制深度。表 2.3.5 列出了幅度调制操作菜单说明。

表 2.3.5　幅度调制操作菜单说明

功能菜单	设置说明
调幅频率	设置调制波形的频率，频率范围为 2 mHz～20 kHz（只用于内部信源）
调制深度	设置调制波形幅度变化的范围
调制类型	幅度调制
调制波形	可以选择调制波形为正弦波，若选择其他波形为调制波，可选调制波形有 Square、Triangle、UpRamp、DnRamp、Arb 等
信源选择	可以选择内部信号作为调制波，若选择外部输入信号作为调制波，需要通过后面板接口“Modulation In”输入

【例 2-3】　通道 2 输出调制深度为 50％的 AM 调幅波，其中载波频率为 455 kHz、峰

峰值为 2 V 的正弦波，调制信号为 1 kHz 的正弦波。

(1) 通过按压屏幕右边的通道选择键 CH1/2，切换到 CH2，屏幕中间会显示"CH2 Waveform"。

(2) 按下正弦波选择键 Sine，将波形切换到正弦波。

(3) 按下屏幕上"频率/周期"对应的按键，使光标停留在"频率"上。

(4) 将频率调整到 455 kHz。

(5) 按下屏幕上"幅值/高电平"对应的按键，使光标停留在"幅值"上。

(6) 旋转调节旋钮，调节"Amp2"电压到 2Vpp，或者在键盘上输入"2"，然后按下屏幕右侧"Vpp"对应的按键。

(7) 按下屏幕上"偏移量/低电平"对应的按键，使光标停留在"偏移量"上。

(8) 旋转调节旋钮，调节"Offset"电压到 0 V，或者在键盘上输入"0"，然后按下屏幕右侧"V"对应的按键。

(9) 按下调制按键 Mod，进入调制模式，该按键将会被点亮。

(10) 按下屏幕上"调制类型"对应的按键，切换到"AM"。

(11) 按下屏幕上"调制波形"对应的按键，切换到"Sine"。

(12) 按下屏幕上"调幅频率"对应的按键，并设置到 1 kHz。

(13) 按下屏幕上"调制深度"对应的按键，并设置到 50%。

(14) 按下 CH2 接口上方的输出按键，按键指示灯将点亮，此时 CH2 口将输出设置好的调幅波。

2.4 数字示波器

示波器是电子设备检测中非常重要的测试仪器，它可以用来观察电路中各点的波形，也可以对信号的幅度、频率等参数进行测量。本书将以 SDS1102X 型数字示波器为例，介绍示波器的使用方法。

2.4.1 SDS1102X 型数字示波器的技术参数

SDS1102X 型数字示波器的主要技术参数如下。

- 通道数：2。
- 带宽(−3 dB)：100 MHz。
- 垂直分辨率：8 bit。
- 垂直挡位(探头比 1X)：500μV/div ～ 10 V/div。
- 增益精度：±3.0%。
- 水平挡位：2.0 ns/div ～ 50 s/div。
- 显示模式：Y-T、X-Y、Roll。

- 实时采样率：1 GSa/s(单通道)、500 MSa/s(双通道)。
- 存储深度：最大 14 Mpts/CH(单通道)、7 Mpts/CH (双通道)。

2.4.2 SDS1102X 型数字示波器的前面板

SDS1102X 型数字示波器的前面板如图 2.4.1 所示。

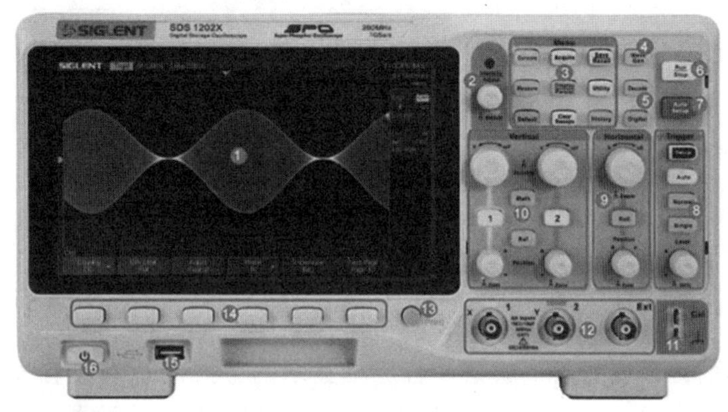

1. 屏幕显示区；2. 多功能旋钮；3. 常用功能区；4. 内置信号源；5. 解码功能选件；6. 停止/运行；7. 自动调整；8. 触发控制系统；9. 水平控制系统；10. 垂直通道控制区；11. 补偿信号输出端/接地端；12. 模拟通道输入端；13. 打印键；14. 菜单软键；15. USB 端口；16. 电源软开关.

图 2.4.1 SDS1102X 型数字示波器的前面板

2.4.3 示波器功能检查与补偿

在使用示波器时首先要确认示波器及探头的好坏，可以通过测量校准端的电压波形来确认示波器及探头是否正常。

1. 示波器功能检查

通过示波器功能检查可以快速判断示波器及探头的好坏，便于后续的测试。具体检查步骤如下：

(1) 按 Default，将示波器恢复为默认设置。

(2) 将探头 BNC 端连接示波器的通道输入端。

(3) 将探头的接地鳄鱼夹与示波器的接地端相连，探头的测试端连接示波器校准信号输出端，如图 2.4.2 所示。

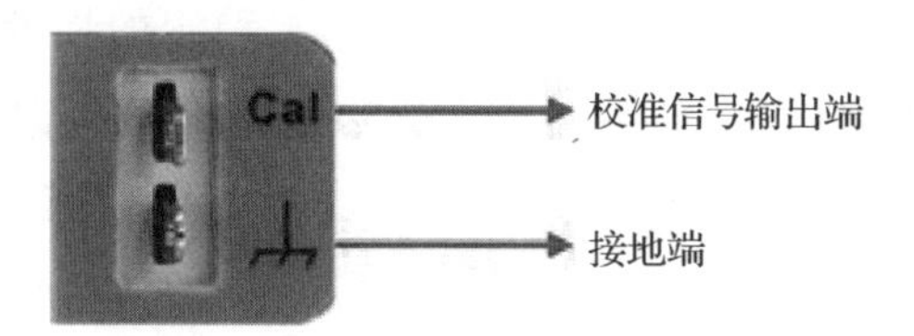

图 2.4.2 补偿信号输出端/接地端

(4) 按 Auto Setup 键。

(5) 观察示波器显示屏上的波形，正常情况下应显示如图 2.4.3 所示的波形。

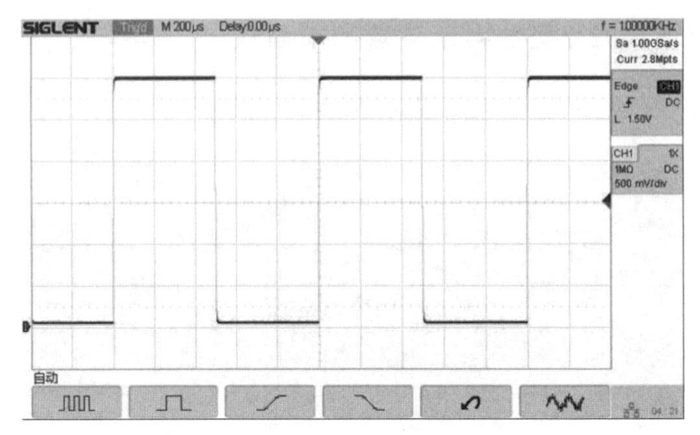

图 2.4.3　功能检查波形

(6) 用同样的方法检测其他通道。若屏幕显示的方波的边沿略有失真，请执行下面的“探头补偿”。若无法正常显示方波，则表明探头已经损坏或示波器对应输入通道损坏。

2. 探头补偿

首次使用探头时，应进行探头补偿调节，使探头与示波器输入通道匹配。未经补偿或补偿偏差的探头会导致测量偏差或错误。探头补偿步骤如下：

(1) 执行上面的“功能检查”中的步骤(1)至步骤(5)。

(2) 检查所显示的波形形状，并与图 2.4.4 对比。

图 2.4.4　补偿波形

(3) 用非金属质地的螺丝刀调整探头上的低频补偿调节孔，直到显示的波形如图 2.4.4 中的“适当补偿”为止。

2.4.4　运行控制

示波器右上角有两个运行控制键，有自动调整参数和暂停波形更新的功能。

Auto Setup：按下该键，开启自动调整参数功能。当有稳定的周期信号输入时，示波器将根据输入信号自动调整垂直挡位、水平时基及触发方式，使波形以最佳方式显示。

Run Stop：按下该键，可将示波器的运行状态设置为“运行”或“停止”。在“运行”状态下，该键黄灯被点亮，示波器正常刷新；在“停止”状态下，该键红灯被点亮，示波器停止刷新。

2.4.5　垂直系统设置

1. 垂直控制按键及旋钮

垂直控制按键及旋钮的分布如图 2.4.5 所示。

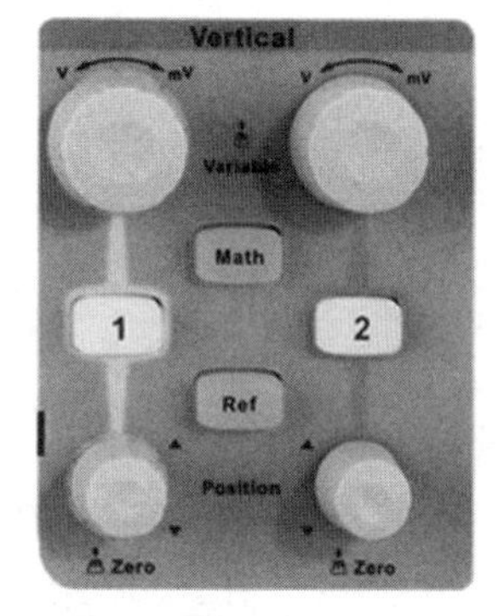

图 2.4.5　垂直控制按键及旋钮

1 :该按键为模拟输入通道的控制键。不同通道标签用不同颜色标识,且屏幕中波形颜色和输入通道的颜色相对应。按下通道按键,可打开相应通道及其菜单;再次按下通道按键,则关闭该通道。

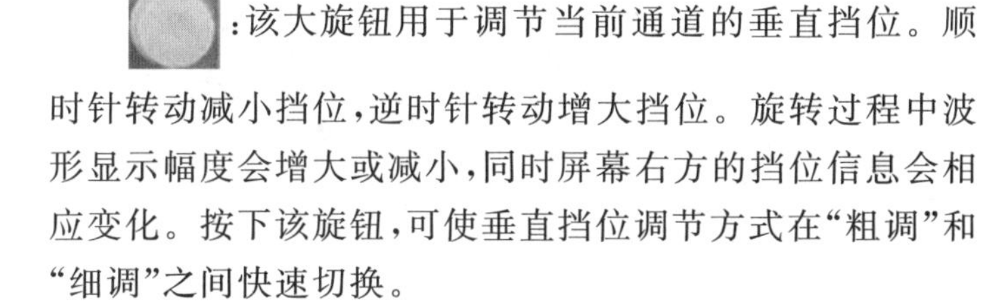

:该大旋钮用于调节当前通道的垂直挡位。顺时针转动减小挡位,逆时针转动增大挡位。旋转过程中波形显示幅度会增大或减小,同时屏幕右方的挡位信息会相应变化。按下该旋钮,可使垂直挡位调节方式在“粗调”和“细调”之间快速切换。

:该小旋钮用于调节对应通道波形的垂直位移。旋转过程中波形会上下移动,同时屏幕中下方显示的位移信息会相应变化。按下该按钮,可将垂直位移恢复为 0。

Math :按下该键,打开波形运算菜单,可进行加、减、乘、除、快速傅里叶变换(FFT)、积分、微分、平方根等运算。

Ref :按下该键,打开波形参考功能,可将实测波形与参考波形相比较,以判断电路故障。

2. 开启通道

SDS1102X 型数字示波器有 2 个模拟输入通道 CH1、CH2,每个通道有独立的垂直控制系统,且这 2 个通道的垂直控制系统设置方法完全相同。此处及后续内容均以通道 1 为例做介绍。

测量之前,首先要将示波器通道 1 的探头连接至待测电路,然后按下示波器前面板的通道键 1 ,该按键灯将被点亮,显示屏上将会显示通道 1 的波形。再按一下 1 键,则该通道的显示将会被关闭。示波器的 2 个通道可以根据测试需求同时或单独打开。打开通道后,可根据输入信号调整通道的垂直挡位、水平时基及触发方式等参数,使波形显示易于观察和测量。

3. 调节垂直位移和挡位

当波形位置偏上或偏下,则可以通过调节垂直位移来修正。而显示的波形垂直幅度太小或太大时,需要通过调节垂直挡位来调整。

(1) 调节垂直位移。

当打开示波器的通道后,在屏幕的左侧会出现与通道颜色相同的箭头。该箭头指示了该通道的电压零点的位置,如图 2.4.6 左侧箭头所示。当该通道波形的上下位置不合

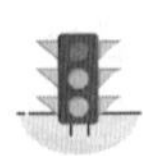

适而需要调整时可以通过旋转该通道的"Position"旋钮来调节上下位置。顺时针旋转,波形向上移动;逆时针旋转,波形向下移动。点按该旋钮,可以使波形的垂直位移直接恢复为0,也就是波形零点直接回到屏幕的垂直中心。

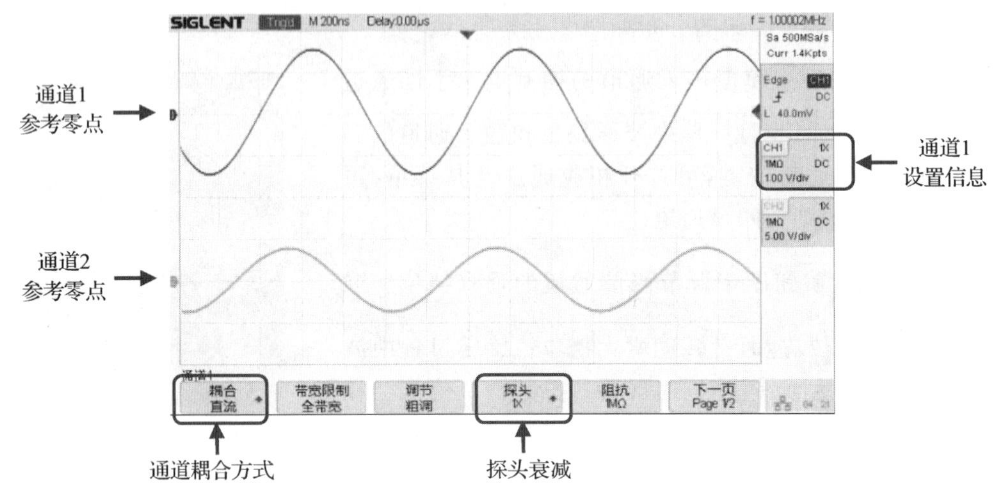

图 2.4.6 通道信息

(2) 调节垂直挡位。

如果波形在垂直方向显示的幅度太小或太大,可以通过调节对应通道的"Vertical"旋钮来改变垂直挡位。顺时针转动减小挡位,逆时针转动增大挡位。当调节挡位时,屏幕右侧状态栏中的挡位信息也跟着实时变化。在如图2.4.6所示屏幕右侧通道1的设置信息中,可以看到1.00 V/div(这是指垂直方向一格代表电压变化1.00 V)。

4. 设置探头衰减比

示波器探头有不同的衰减比,比较常用的有"1×"和"10×",分别代表探头对输入信号无衰减和10:1的衰减。在示波器中也需要设置通道探头的衰减比,见图2.4.6屏幕下方显示的"探头 1×"。这个值必须和实际连接示波器的探头的衰减比一致,否则测量的电压值会和实际值不同。设置时,首先按对应通道键,选中该通道,然后连续按"探头"对应的软键切换所需探头比,或使用多功能旋钮进行选择。

5. 设置通道耦合方式

在默认情况下,示波器为直流耦合方式,这样观察到的波形既包含直流分量,也包含交流分量。但有些时候需要观察一个直流信号中的交流成分,比如说观察直流电压中的纹波,这就需要将通道的耦合方式设为交流(AC)。

具体设置方法为:按对应的通道键选择通道,然后连续按"耦合"对应的软键,切换耦合方式,或使用多功能旋钮进行选择。图2.4.6屏幕右侧对应通道信息中显示的"DC"即代表通道的耦合方式为直流。若为交流耦合,则显示"AC"。

2.4.6 水平系统设置

1. 水平控制按键及旋钮

水平控制按键及旋钮的分布如图2.4.7所示。

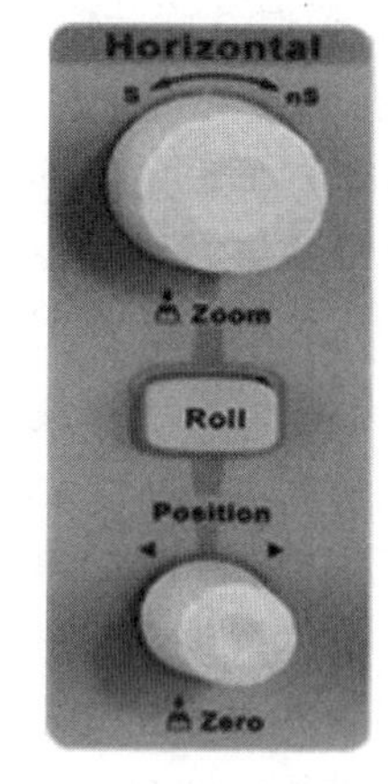

图 2.4.7　水平控制按键及旋钮

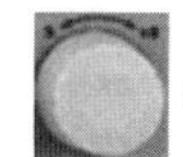：水平挡位调节旋钮（大旋钮），用于修改水平时基挡位。顺时针旋转减小时基，逆时针旋转增大时基。在修改过程中，所有通道的波形在水平方向被拉伸或压缩，同时屏幕上方的时基信息也相应变化。

：触发点水平位置调节旋钮（小旋钮）。旋转该旋钮时，触发点相对于屏幕中心左右移动。在调节过程中，所有通道的波形同时左右移动，屏幕上方的触发位移信息也会相应变化。按下该旋钮，可将触发位移恢复为 0。

Roll：按下该键，快速进入滚动模式。屏幕上波形将从右往左实时滚动。若原先水平时基小于 50 ms/div，则会自动更改到 50 ms/div。滚动模式的时基范围为 50 ms/div～50 s/div。

2. 调整水平时基挡位

如果波形在水平方向太密或者太疏，可以通过旋转水平挡位调节旋钮来改变。调节旋钮的时候，相应的参数也会改变，图 2.4.8 中显示了相应的参数信息。图中“M 200 ns”即波形的时基为 200 ns/div，水平方向一格代表的时间为 200 ns。因为不同通道的波形显示是同步的，所以各个通道使用相同的时基。屏幕右上角还显示了示波器的采样率和存储深度。采样率也会随着水平时基的变化而变化。存储深度是指一次触发采集的波形中所能存储的波形点数。

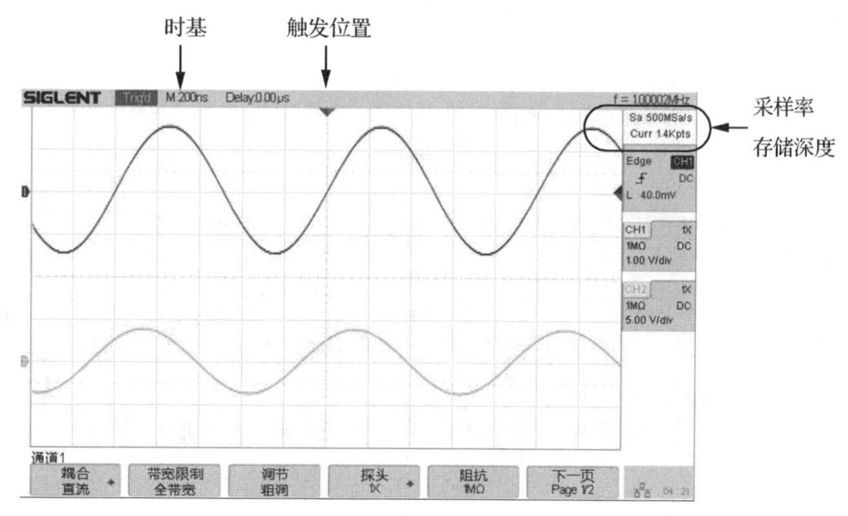

图 2.4.8　波形水平参数信息

3. 调整水平位置

当需要改变波形水平方向位置时，旋转触发点水平位置调节旋钮可以调整触发位置，使波形左右移动，图 2.4.8 中屏幕上方的“▼”指示了触发位置。顺时针旋转使波形水平向右移动,逆时针旋转使波形水平向左移动。默认设置下,波形位于屏幕水平中心位置。

4. 滚动模式

当按下前面板的"Roll"键,或水平挡位大于或等于 50 ms 时,示波器会进入滚动模式。在该模式下,示波器不触发。波形自右向左滚动刷新显示,在滚动模式中,波形水平位移和触发控制不起作用,水平挡位的调节范围为 50 ms～50 s。

5. 切换水平时基模式

一般情况下,观察波形都是 YT 模式,也就是水平方向是时间,垂直方向是电压幅度。然而在有些情况下,还可以将时基显示模式切换为 XY 模式。在这种模式下,X、Y 轴分别表示通道 1 和通道 2 的电压幅值。图 2.4.9 就是通过李萨如图形(Lissajous-Figure)来观察两个同频率正弦波的相位关系,此时示波器工作在 XY 模式。YT 模式和 XY 模式的切换可以通过按示波器前面板的"Acquire"键后,再按屏幕下方选择菜单中的"XY 关闭"或"XY 开启"来实现。

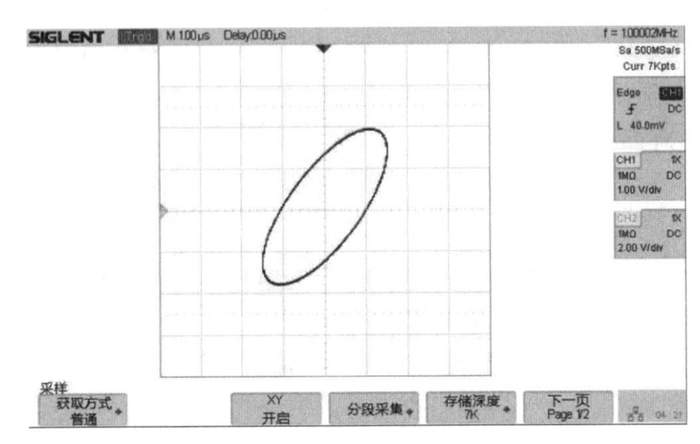

图 2.4.9 示波器的李萨如图形

【例 2-4】 观察周期信号波形。

(1) 用函数信号发生器生成正弦波并连接到示波器的输入端 CH1。

(2) 按下按键 1 并点亮,打开 CH1 的波形。

(3) 调节"Horizontal"区域中的大旋钮,改变波形水平方向的时间分辨率,使波形显示 2～3 个周期。

(4) 调节"Horizontal"区域中的小旋钮,可以左右移动波形。

(5) 调节"Vertical"区域中的大旋钮,改变波形的垂直方向的电压分辨率,使波形在垂直方向上不超出屏幕显示范围。

(6) 调节"Trigger"区域的"Level"旋钮,改变触发电平,使波形稳定地显示在屏幕上,如图 2.4.10 所示。

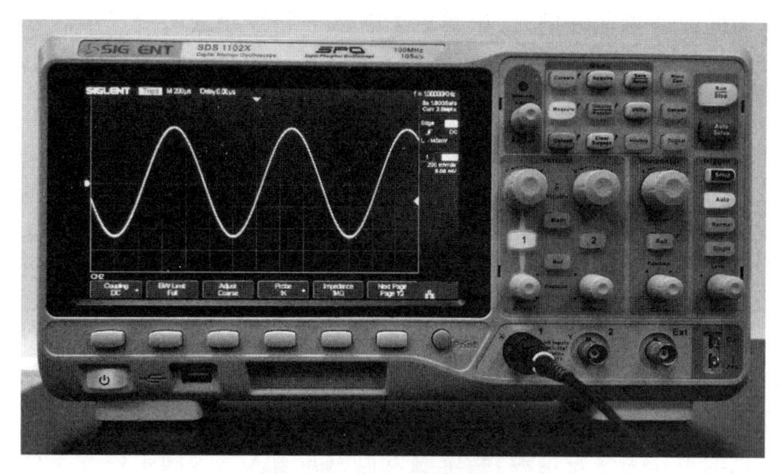

图 2.4.10　测量周期信号

2.4.7　触发控制

触发，是指按照需求设置一定的触发条件，当波形流中的某一个波形满足这一条件时，示波器即时捕获该波形与其相邻部分，并显示在屏幕上。只有稳定的触发才有稳定的显示。触发电路保证每次捕获的波形都满足设置的触发条件，使得本次采集的波形与前一次采集的波形相重叠，从而能够在屏幕上稳定地显示。

1. 触发控制面板及触发方式的选择

SDS1102X 型数字示波器前面板的触发控制按键和旋钮如图 2.4.11 所示。

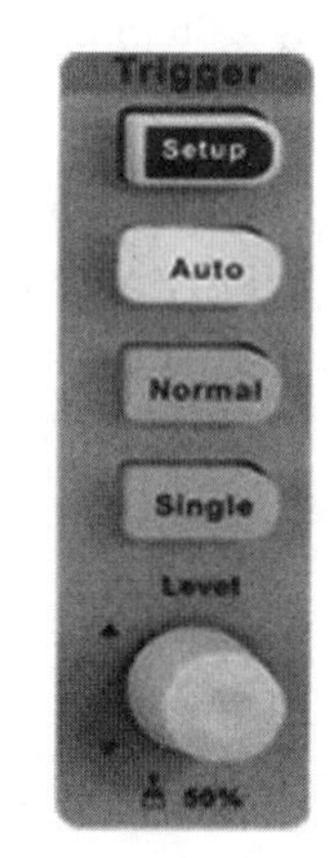

图 2.4.11　触发控制按键及旋钮

Setup：按下该键，打开触发功能菜单。SDS1102X 型数字示波器提供边沿、斜率、脉宽、视频、窗口、间隔、超时、欠幅、码型和串行总线（IIC/SPI/URAT/RS232）等丰富的触发类型。

Auto：按下该键，切换触发模式为 Auto（自动）模式。在该模式下，如果指定时间内未找到满足触发条件的波形，示波器将强制采集一帧波形数据，并在屏幕上显示。该触发方式适用于测量直流信号或电压幅值不断变化的信号。

Normal：按下该键，切换触发模式为 Normal（正常）模式。在该模式下，只有在满足指定的触发条件后才会进行触发并刷新波形；否则，示波器屏幕上将维持前一次触发波形不变。该触发方式适用于较长时间满足一次触发条件的情形。

Single：按下该键，切换触发模式为 Single（单次）模式。当输入的信号满足触发条件时，示波器即进行捕获并将波形稳定显示在屏幕上。此后，即使再有满足触发条件的信号，示波器也不予理会。需要再次测量时，须再次按下“Single”键。该方式适用于测量偶

然出现的单次事件或非周期性信号，也适用于抓取毛刺等异常信号。

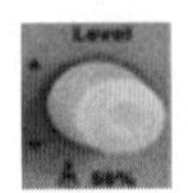

：旋转触发电平旋钮，设置触发电平。顺时针转动旋钮增大触发电平，逆时针转动旋钮减小触发电平。在修改过程中，触发电平上下移动，同时屏幕右上方显示的触发电平值相应变化。按下该按钮，可快速将触发电平改变至对应通道波形中心位置。

2. 触发信源的选择

SDS1102X 型数字示波器的触发信源包括模拟（CH1、CH2）通道、外触发（EXT TRIG）通道、市电信号（AC Line）通道，可按示波器前面板触发控制区中的"Setup"键后再按下"信源"，选择所需的触发信源（CH1/CH2/EXT TRIG/AC Line）。大部分情况下，选择模拟通道作为触发信源。

当选择模拟通道作为触发信源，指定触发信源的输入信号满足触发条件时，示波器会完成一次触发，并将捕获的波形显示在屏幕上。为了保持波形的稳定，应选择稳定的触发信源。例如，CH1 和 CH2 分别连接到两组波形相位关系保持相对稳定的正弦信号。如果 CH1 输入波形比较平滑，而 CH2 输入波形上有较多的干扰信号，此时就可以选择 CH1 作为触发信源，而不选择 CH2。因为若选择 CH2 作为触发信源，CH2 波形上的干扰信号有可能触发示波器而导致波形不稳定。

需要注意的一点是，在显示多通道波形时，如果不同通道信号之间的相位不保持稳定，则示波器无法使所有通道的波形稳定地显示在屏幕上。

3. 边沿触发类型的设置

SDS1102X 型数字示波器提供边沿、斜率、脉宽等多种触发类型，而最常用的为边沿触发类型。本书以边沿触发为例介绍触发的设置。

边沿触发类型通过查找波形上的指定边沿（上升沿、下降沿、交替）来识别触发。在图 2.4.12 所示的波形中，触发电平为虚线所示。若选择上升沿触发，则触发会发生在触发点 1；若选择下降沿触发，则触发发生在触发点 2；若为交替触发，则触发点 1 和触发点 2 都有可能引起触发。因而，对于普通正弦信号，一般不选择交替触发，否则会引起波形左右跳动。

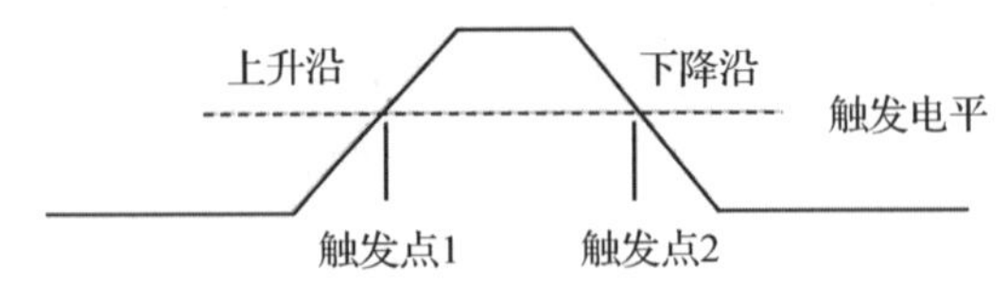

图 2.4.12 边沿触发类型

边沿触发类型设置方法如下：

（1）在前面板的触发控制区按下"Setup"键，打开触发功能菜单。

（2）在"触发"菜单下，按"类型"软键，旋转多功能旋钮，选择"边沿"，并按下该旋钮，以选中"边沿"触发。

（3）选择合适的触发信源。当前所选择的触发信源（如 CH1）显示在屏幕右上角的触发信息状态栏中。只有选择已接入信号的通道作为触发信源，才有可能得到稳定的触发。

(4) 按下“斜率”,旋转多功能旋钮,选择任一边沿类型(上升沿、下降沿、交替),并按下旋钮以确认。所选边沿类型将显示在屏幕右上角的触发信息状态栏中(图 2.4.13)。

(5) 旋转触发电平旋钮,调节触发电平至触发源信号的最大值与最小值之间,使波形稳定触发。也可通过按下该旋钮,使触发电平自动设置到触发源信号幅值的 50%。

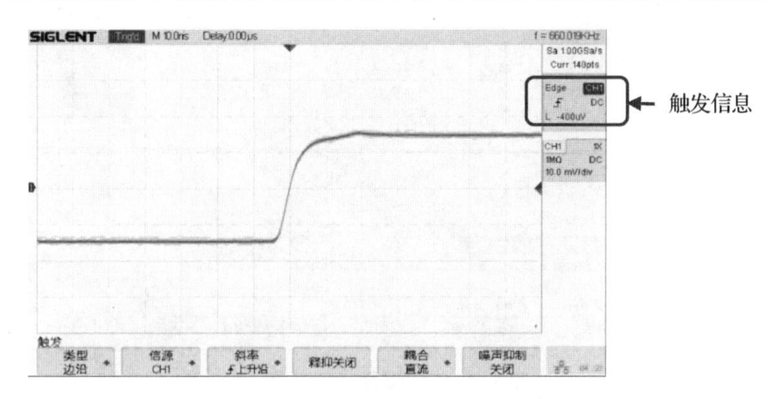

图 2.4.13　边沿触发波形

【例 2-5】 示波器的触发设置。

(1) 用函数信号发生器生成正弦波并连接到示波器的输入端 CH1。

(2) 按下“Trigger”区域中的 Setup 按键,屏幕下方出现信号“触发”菜单,如图 2.4.14 所示。

图 2.4.14　信号触发菜单

(3) 单击信源下面的按键,将触发源设置到 CH1。

(4) 根据需求选择合适的触发类型、触发沿等。

(5) 旋动“Trigger”区域的“Level”旋钮,调节触发电平,当触发电平不在波形范围内时,可以观察到波形会左右移动。

(6) 调节触发电平到波形最大值和最小值范围内,波形将稳定地显示在屏幕上。

2.4.8　测量功能

在 SDS1102X 型数字示波器中使用测量功能“Measure”可对波形进行自动测量。自动测量包括电压参数测量、时间参数测量和延迟参数测量。例如,峰峰值、有效值、频率、占空比等参数均可使用测量功能直接读取。

按以下方法选择参数进行自动测量。

(1) 按下“Measure”键,屏幕下方会出现“自动测量”菜单。

(2) 按下“信源”软键,旋转多功能旋钮,选择要测量的波形通道。通道只有在开启状态下才能被选择。

(3) 按下“类型”软键,屏幕上出现如图 2.4.15 所示的测量参数选择菜单。旋转多功能旋钮，选择要测量的参数并按下，该参数测量值即显示在屏幕底部。该测量值的颜色与对应通道波形的颜色相同。

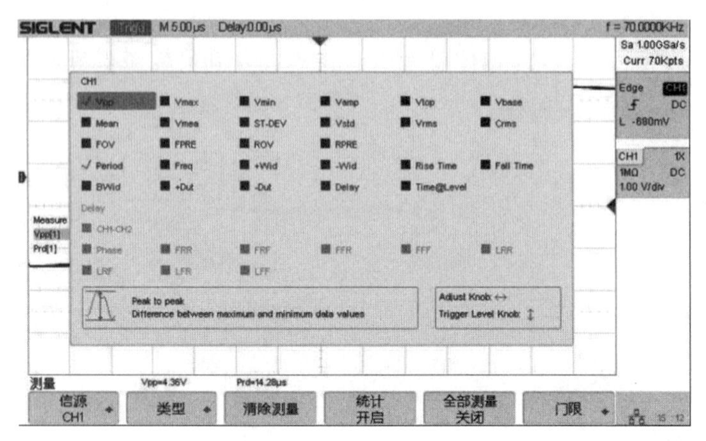

图 2.4.15 测量类型选择

(4) 若要测量多个参数值，可继续选择参数。屏幕底部最多可同时显示 5 个参数值，并按照选择的先后次序依次排列。此时若要继续添加下一个参数，则当前显示的第一个参数值将自动被删除。

(5) 当通道 1 和通道 2 均被打开时，勾选“CH1-CH2”后，还可以对两个通道波形的相位差及延迟进行测量。

(6) 按下“清除测量”软键，可清除当前屏幕显示的所有测量参数。若要清除当前显示参数中的某一个，可以旋转多功能旋钮至需要清除的参数并按下旋钮，此时该参数前的勾选符号即会消除，同时屏幕下方的测量参数也会消失。

【例 2-6】 使用测量功能添加 CH1 峰峰值、CH1 频率和 CH2 峰峰值，并在屏幕下方显示。

(1) 将示波器的 CH1 和 CH2 分别接入待测信号。

(2) 按下“Measure”按键 Measure ，打开“测量”菜单。

(3) 按下“信源”对应的按键，将信源切换到 CH1。

(4) 按下“类型”对应的按键，打开类型选择界面。

(5) 调节键盘左上角的多功能旋钮，将光标移动到“Vpp”和“Freq”上，分别按下多功能旋钮，CH1 的峰峰值和频率将显示在屏幕下方，颜色与 CH1 波形的颜色相同。

(6) 按下“信源”对应的按键，并将信源切换到 CH2。

(7) 按下“类型”对应的按键，并选择“Vpp”，CH2 的峰峰值也将显示在屏幕下方，颜色与 CH2 波形的颜色相同，如图 2.4.16 所示。

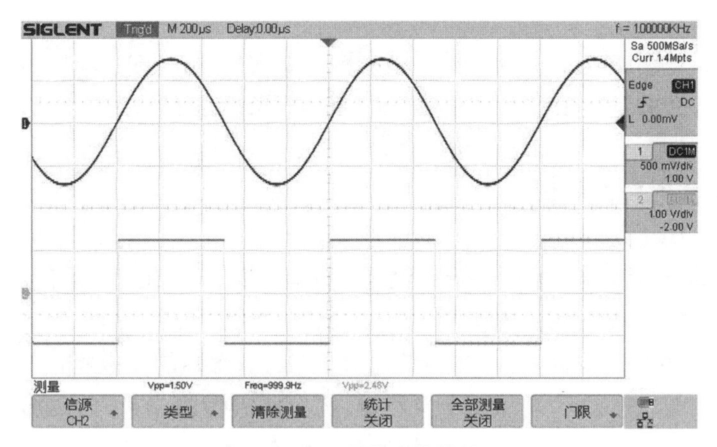

图 2.4.16　测量功能的使用

2.4.9　光标功能

利用示波器的光标功能可以手动测量信号的电压、时间及相位。光标测量界面如图 2.4.17 所示。

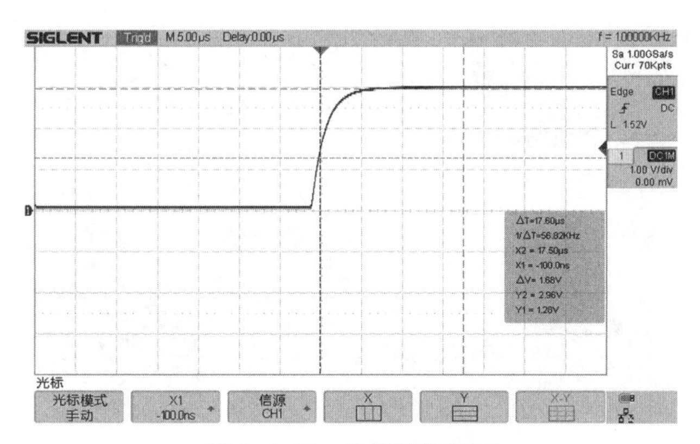

图 2.4.17　光标测量界面

示波器的光标包含 X 和 Y 两种，分别可以用来手动测量时间和电压。

1. X、Y 光标

(1) X 光标。

X 光标为用于测量水平时间(若为"Math"通道且选择了 FFT 数学函数时，X 光标指示频率)的垂直虚线。一共有两条 X 光标，分别为 X1 和 X2。调节多功能旋钮，可以移动 X1 或 X2 光标。同时 X1 和 X2 光标对应的时间及两者的时间差 ΔT 和倒数 $1/\Delta T$ 显示在当前光标信息区域。

按下多功能旋钮，可以在 X1、X2 和 X1－X2 之间切换。只有当前被选中的光标可以通过选中多功能旋钮来移动。当 X1－X2 被选中时，X1 和 X2 光标将同时移动且保持间隔不变。

（2）Y 光标。

Y 光标为用于测量电压的水平虚线。当信源为“Math”通道时，测量单位对应于“Math”通道所选择的数学函数。与 X 光标一样，Y 光标也有两条，且可以通过按下多功能旋钮，在 Y1、Y2 和 Y1－Y2 之间切换。

2. 使用光标进行测量

光标测量方法如下：

（1）按下示波器前面板的“Cursors”键开启光标，并进入“光标”菜单。

（2）按下“光标模式”软键，选择“手动”或“追踪”模式。在“手动”模式下，可以单独调整和测量 X 和 Y 的光标位置；而在“追踪”模式下，X、Y 光标的交点将沿着波形移动。

（3）按下“信源”键，然后调节多功能旋钮，选择所需信源。可选择的信源包括模拟通道 CH1/CH2 及 MATH 波形。信源必须为开启状态，才能被选择。

（4）选择并移动光标进行测量。

若要测量时间值，可使用多功能旋钮将 X1 和 X2 调至所需位置后读取其对应的时间值或时间差。

若要测量电压值，可使用多功能旋钮将 Y1 和 Y2 调至所需位置后读取其对应的电压值或电压差。

图 2.4.18 显示了测量波形峰峰值和周期的方法，图中的 ΔV 和 ΔT 分别为波形的峰峰值及周期。

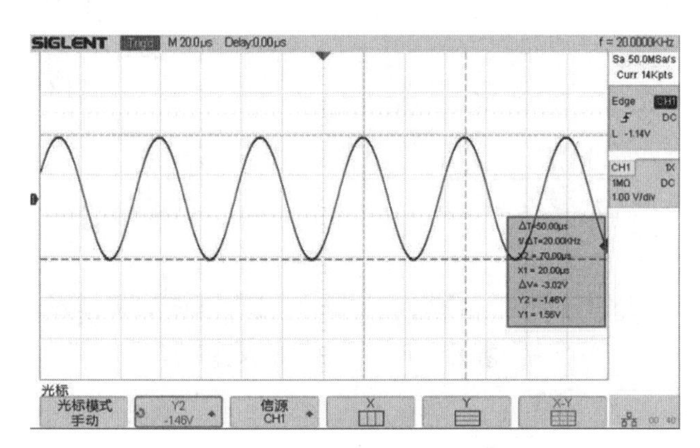

图 2.4.18　波形的峰峰值及周期测量

【例 2-7】 利用光标测量 CH1 波形的周期和 CH2 波形的峰峰值。

（1）将示波器的 CH1 和 CH2 分别接入信号。

（2）按下“Cursors”按键 Cursors ，打开“光标”菜单。

（3）按下“光标模式”对应的按键，将其切换到“手动”模式。

（4）按下“信源”对应的按键，将信源切换到 CH1。

（5）按下“X”对应按键，切换到时间测量模式。

（6）调节键盘左上角的多功能旋钮，将光标移动到 CH1 波形的一个特征点。

（7）按下多功能旋钮，将另一光标变为高亮。

（8）调节多功能旋钮，将另一光标移动到与第一个特征点相邻周期的对应特征点。

(9) 屏幕右方的 ΔT 即为 CH1 波形的周期。

(10) 按下“信源”对应的按键，将信源切换到 CH2。

(11) 按下“Y”对应按键，切换到电压测量模式。

(12) 调节多功能旋钮，将光标移动到 CH2 波形的最大值。

(13) 按下多功能旋钮，使另一光标变高亮显示。

(14) 调节多功能旋钮，将光标移动到 CH2 波形的最小值。

(15) 屏幕右方的 ΔV 即 CH2 波形的峰峰值，如图 2.4.19 所示。

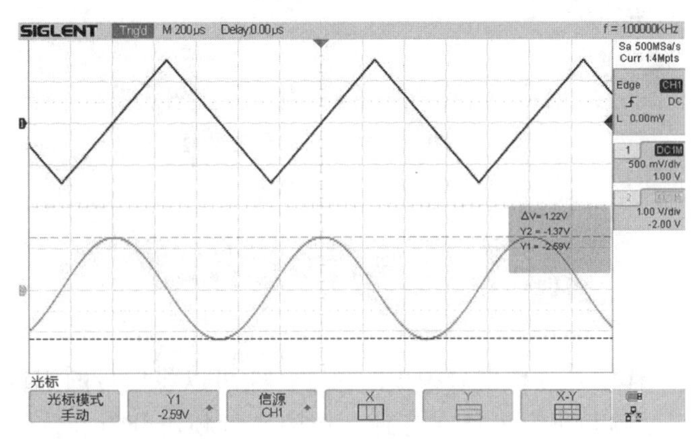

图 2.4.19 示波器的光标测量

2.4.10 数学波形运算功能

SDS1102X 型数字示波器支持的数学波形运算包括算数运算（加、减、乘、除）、FFT 及数学函数运算（微分、积分、平方根）。

在有些电路中，需要测量某两个节点之间的波形，而这两个节点均不是地线。在这种情况下，如果没有差分探头就无法直接测量。此时可以用两个通道分别测量这两个节点的波形，再利用示波器的波形运算功能将两个通道的波形相减来实现。

【例 2-8】 测量电路中某两个节点间的差分电压波形。

(1) 将待测电路的两个节点分别连接到示波器的 CH1 和 CH2。

(2) 按下示波器“Vertical”区域的“Math”键 Math ，打开“数学波形”菜单，该波形为白色，并用“M”标记。

(3) 按下“操作”对应按键，旋转多功能旋钮，选择“－”。

(4) 按下“信源 A”对应按键，旋转多功能旋钮，选择 CH1 通道。

(5) 按下“信源 B”对应按键，旋转多功能旋钮，选择 CH2 通道，此时“Math”波形即为 CH1－CH2。

(6) 按下“垂直挡位”对应按键，旋转多功能旋钮，设置合适的电压挡位。

(7) 按下“垂直位移”对应按键，旋动多功能旋钮，使波形上下移动至合适位置，如图 2.4.20 所示。

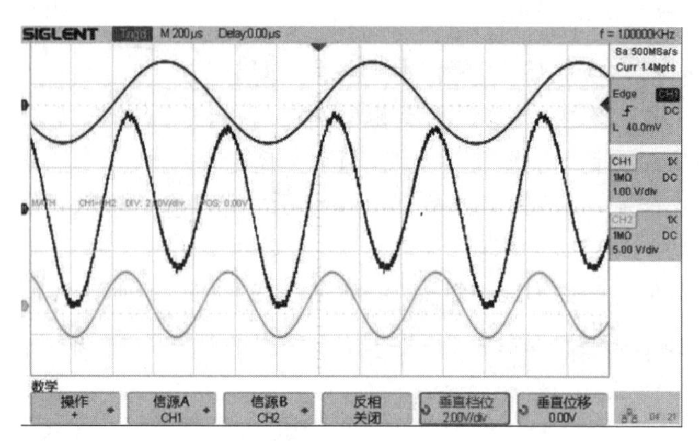

图 2.4.20　差分电压波形的测量

2.5　频谱分析仪

频谱分析仪是一种用于分析信号频谱的仪器。它可以将信号的能量分布按频率进行可视化，从而帮助工程师和研究人员在各种领域中进行频谱分析和信号处理。频谱分析仪在通信、音频、无线电、医学、科学研究等领域中都有广泛的应用。本书以 SSA3015X Plus 型频谱仪为例，介绍频谱仪的使用方法。

2.5.1　SSA3015X Plus 型频谱仪技术参数

SSA3015X Plus 型频谱仪的主要技术参数如下。

- 频率范围：9 kHz～7.5 GHz。
- 显示平均噪声电平：低于－165 dBm/Hz。
- 相位噪声：低于－98 dBc/Hz。
- 分辨率带宽(RBW)：1 Hz～1 MHz。
- 频率计数器分辨率：0.01 Hz。
- 全幅度精度：小于 0.7 dB。
- 高级测量功能：CHP、ACPR、OBW、CNR、Harmonic、TOI、Monitor。
- 调制信号分析：AM、FM、PM、ASK、FSK、MSK、PSK、QAM。

2.5.2　SSA3015X Plus 型频谱仪的前面板

SSA3015X Plus 型频谱仪的前面板如图 2.5.1 所示。

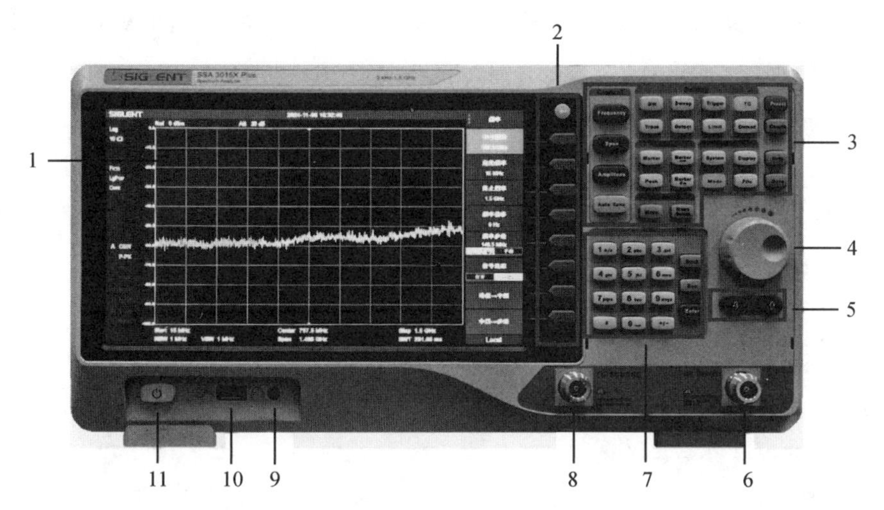

1. 屏幕显示区；2. 菜单控制键；3. 功能菜单键；4. 方向旋钮；5. 方向选择键；6. 射频输入端；7. 数字/字母键；8. 跟踪源输出端；9. 3.5 mm 耳机接口；10. USB 接口；11. 电源开关。

图 2.5.1　SSA3015X Plus 型频谱仪的前面板

2.5.3　频率设定

点击“Frequency”按键 Frequency ，进入频率设定界面，如图 2.5.2 所示。在此界面可以设定频谱分析仪与频率相关的各项参数。与频率范围相关参数主要有 3 个：中心频率 f_{center}、起始频率 f_{start} 和终止频率 f_{stop}。它们之间满足关系：$f_{center}=(f_{start}+f_{stop})/2$。

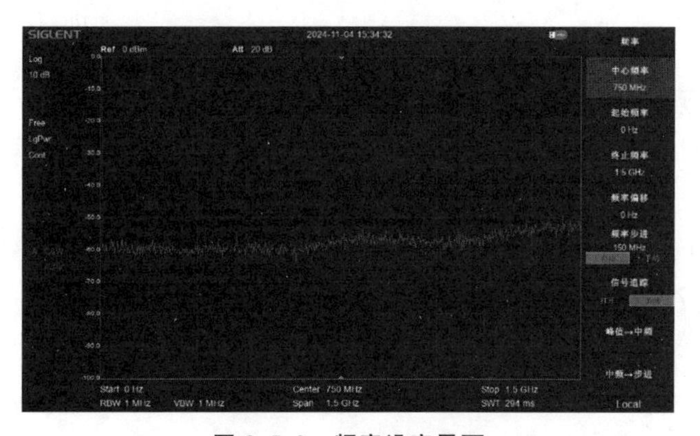

图 2.5.2　频率设定界面

与频率相关的还有一个参数为扫宽 f_{span}，它与 f_{start}、f_{stop} 的关系是：$f_{span}=f_{stop}-f_{start}$。选择屏幕右侧频率菜单对应按键，可以修改与频率相关的参数值。

1. 中心频率

修改中心频率，可以设置当前屏幕的中心频点并在网格底部显示，在中心频率下方则显示的是扫宽的值。修改中心频率时，起始频率和终止频率将在保持扫宽不变(当起始频率或终止频率到达边界除外)的条件下一同被修改。扫宽也可以单独设定,可以按下 Span 按键来设定扫宽的值。

2. 起始频率和终止频率

除了可以通过设定中心频率和扫宽来确定频率扫描范围外,也可以通过分别设置起始频率和终止频率来设定。在修改起始频率或终止频率时,扫宽也会相应地发生变化。

2.5.4 幅值设定

按下 Amplitude 按键,可以设置频谱分析仪的各项幅度参数。通过调节这些参数,可以将被测信号以某种易于观察且使测量误差最小的方式显示在当前窗口中。下面分别介绍其中几个重要的幅度参数。

1. 参考电平

设置参考电平,表示当前网格能显示的最大功率/电平值。该值显示于屏幕左上角。参考电平表明了频谱分析仪当前动态范围的上限,当待测信号的能量超出参考电平时,可能会产生非线性失真甚至发出过载警告。因此,需要了解待测信号的电压范围并谨慎选择参考电平,以得到最佳的测量效果,并保护频谱分析仪。

2. 衰减

合理地设置输入衰减,可以防止大信号失真及减少小信号的噪声。

输入衰减可设置为自动、手动衰减两种模式。

- 自动模式下衰减值根据前置放大器状态和当前参考电平的值自动调整。
- 手动模式下将开启前置放大器,输入衰减最大可以设置为 51 dB。

3. 单位

幅度的单位可选 dBm、dBmV、dBμV、Volts 和 Watts,默认为 dBm。

各单位之间的换算关系如下:

$$\text{dBm}=10\lg\left(\frac{\text{Volts}^2}{R}\times\frac{1}{1\text{mW}}\right)$$

$$\text{dB}\mu\text{V}=20\lg\left(\frac{\text{Volts}}{1\mu\text{V}}\right)$$

$$\text{dBmV}=20\lg\left(\frac{\text{Volts}}{1\text{mV}}\right)$$

$$\text{Watts}=\frac{\text{Volts}^2}{R}$$

其中,R 代表输入阻抗,默认为 50 Ω。可以在"修正"菜单中选择输入阻抗为 75 Ω 或 50 Ω。此处的阻抗选择仅代表数值计算,不代表实际阻抗的切换。切换输入阻抗后,功率类单位的显示不会有变化,幅度和能量类单位将根据选定的阻抗值发生相应变化。

2.5.5 扫描参数

按下 Sweep 键,可以设置扫描参数,包括扫描方式、分辨率带宽、扫描模式等。

1. 扫描方式

频谱仪的扫描方式可以设置成“连续”或“单次”。默认设置为“连续”扫描，系统自动发送触发初始化信号，并且在每次扫描结束后，直接进入触发条件判断环节。若设置为“单次”扫描方式，则还需要设置扫描次数。系统执行指定的扫描次数后会自动停止。

2. 分辨率带宽

按下面板上的 BW 键，可以设置分辨率带宽(RBW)以分辨两个频率相近的信号。减小 RBW，可以获得更高的频率分辨率，但会导致扫描时间变长。

3. 扫描模式

扫描模式包括“自由”“扫描”“FFT”三个模式。在“自由”模式下，频谱分析仪根据当前所处的分辨率带宽，自动选择“扫描”模式或“FFT”模式，以达到最快的扫描速度。当 RBW 小于或等于 10 kHz 时，自动选择“扫描”模式；当 RBW 大于 10 kHz 时，自动选择“FFT”模式。在“扫描”模式下，以逐点扫描的方式进行，适用于 RBW 在 30 Hz～1 MHz 的情况；在“FFT”模式下，频谱仪以并行扫描的方式进行，适用于 RBW 在 1 Hz～10 kHz 的情况。

2.5.6 峰值搜索

按下 Peak 键，可以打开“峰值搜索”菜单，执行峰值搜索功能。光标会自动跳动到信号频谱的最大峰上，并在屏幕右上方显示对应的频率值和幅值，如图 2.5.3 所示。

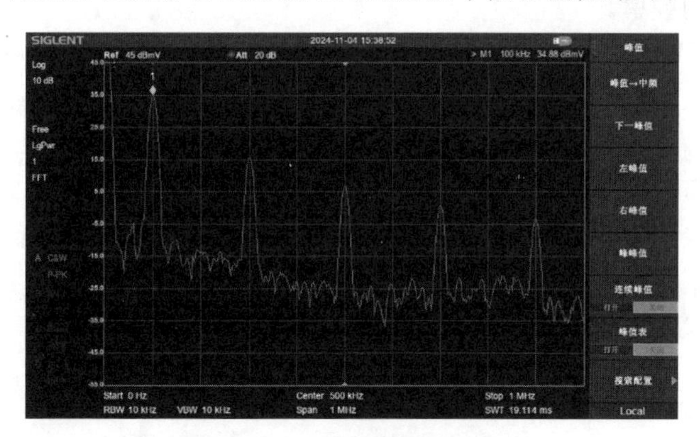

图 2.5.3 “峰值搜索”菜单

1. 光标移动

为了测量不同的峰的数据，可以单击屏幕上的“左峰值”或“右峰值”，让光标跳动到左边的峰或右边的峰。如果要查找频谱曲线上幅度仅次于当前峰值的曲线峰，可以通过单击“下一峰值”来实现。需要注意的是，只有大于峰值阈值的峰才能被判定为曲线峰。

2. 搜索配置

在峰值搜索的过程中，频谱仪会根据峰值阈值来判定曲线峰。因此，为了正确地搜索峰值，需要人工设定阈值。在“峰值搜索”菜单中，单击“搜索配置”按键，打开峰值搜索的配置菜单。在此菜单中，单击“峰值阈值”，只有大于该阈值的峰才能被判定为曲线峰。如

果需要查找峰谷，也可以将峰值类型修改为“最小值”。

3. 峰值表

如果需要测量所有满足阈值条件的峰值，可以在“峰值搜索”菜单中单击“峰值表”，则所有满足阈值条件的曲线峰都会标注，对应的频率和幅度都会显示在屏幕下方的表格中。

【例 2-9】 测量 200 mVpp、100 kHz 的三角波的频谱，峰的幅值用电压显示。

(1) 信号发生器输出 200 mVpp、100 kHz 的三角波，并从频谱仪的“RF INPUT”端输入。

(2) 按下“Control”区域的 Frequency 按键。

(3) 按下屏幕上的“起始频率”并输入 0 Hz。

(4) 按下屏幕上的“终止频率”并输入 1 MHz。

(5) 按下“Setting”区域的 BW 按键。

(6) 按下屏幕上的“分辨率带宽”，并将其设为 3 kHz。

(7) 按下“Control”区域的 Amplitude 按键。

(8) 适当调整衰减和参考电平，使显示的频谱稳定。

(9) 按压屏幕上的“单位”并选择“Volts”。

(10) 按下“Marker”区域的 Peak 按键，光标自动跳到最大峰值，屏幕右上方会显示峰值电压和对应的频率。

(11) 按下屏幕上的“搜索配置”，并设定合适的峰值阈值(大于噪声电平且小于需要测量的峰值)。

(12) 按下屏幕上的“左峰值”或“右峰值”，使光标在不同的频率峰间切换，记录不同峰值的频率和电压。

(13) 按下屏幕上的“峰值表”，可以显示所有的峰值，如图 2.5.4 所示。

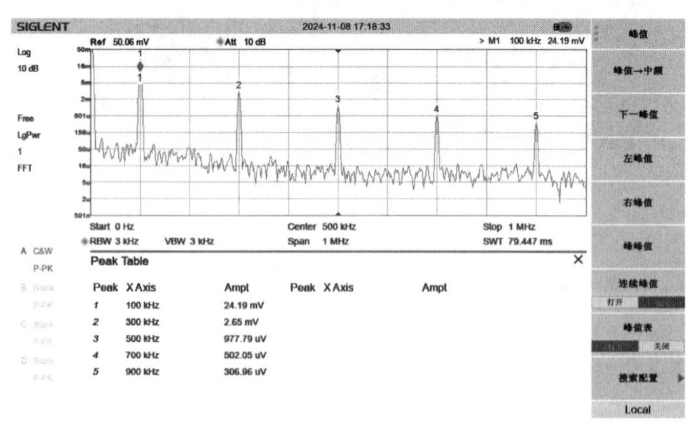

Peak	X Axis	Ampt	Peak	X Axis	Ampt
1	100 kHz	24.19 mV			
2	300 kHz	2.65 mV			
3	500 kHz	977.79 uV			
4	700 kHz	502.05 uV			
5	900 kHz	306.96 uV			

图 2.5.4 频谱的峰值表

电路分析实验

为了使学生能更好地理解“电路分析”课程中的理论，本书选取了“电路分析”中的一些知识点，设计了五个“电路分析”的验证性实验：戴维南定理、叠加定理与置换定理、一阶电路的动态响应、二阶电路的动态响应、串联谐振电路。

学生通过合理选用实验仪器及设备，搭建实验系统，完成数据获取、波形绘制等操作，并能够运用所学理论知识解释实验现象，分析实验数据与参数变化的关系，总结数据背后的电路规律。

为顺利完成实验，学生需要按照以下要求进行。

• 实验前：预习实验内容，理解实验原理与操作步骤，利用 NI Multisim 仿真软件对实验电路进行仿真。

• 实验中：要求学生认真制作电路，根据实验步骤，熟练使用实验仪器，如实记录实验原始数据，并利用预习时得到的仿真数据初步判断实验原始数据的正确性；如果仿真数据与实测数据存在较大误差，应及时查找原因并重新测量。

• 实验后：学生根据电路元件的实际值，利用 NI Multisim 仿真软件重新对电路进行仿真，撰写实验报告。

3.1　戴维南定理

【实验目的】

• 理解并熟练掌握戴维南定理。

• 熟练掌握等效电路参数测量方法。

• 掌握电源外特性的测试方法。

• 熟练掌握电路板的焊接技术和直流稳压电源、多用表及其他仪器仪表的使用方法。

【实验原理】

1. 戴维南定理概述

戴维南定理是电路理论中的一个重要概念，该定理为线性二端网络（单端口网络）提供了一种等效电路的表示方法，使得在分析复杂电路时可以简化问题，更容易地计算电路的响应，如负载电压和电流。此外，戴维南定理还可以用来分析电路的最大功率传输问题。

戴维南定理可描述为：任何线性有源二端网络都可以用一个独立的电压源（戴维南电压源）和一个串联电阻（戴维南电阻）来等效替代，而不改变原网络对外部负载的影响。这个等效电路在电压源和串联电阻的共同作用下，与原网络对任何外部负载的电压和电流响应是相同的。图 3.1.1 所示为戴维南定理等效原理图。

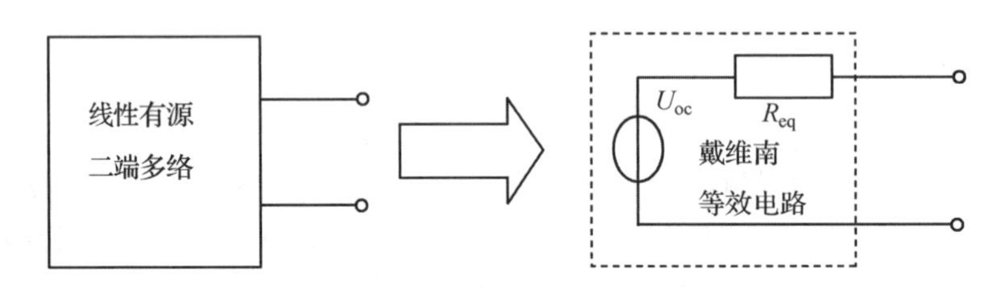

图 3.1.1　戴维南定理等效原理图

2. 戴维南定理等效电路的计算方法

戴维南定理的等效电路中包含两个电路参数：戴维南等效电压源开路电压 U_{oc} 和戴维南等效电阻 R_{eq}。

（1）戴维南等效电压源开路电压 U_{oc} 的计算。

在原线性有源二端网络的负载断开的情况下，计算两个端点之间的开路电压 U_{oc}，这个电压就是戴维南等效电压源的电压。电压源的方向与所求开路电压的方向有关。在实验中，可以使用多用表的电压挡测量两个端点之间的开路电压 U_{oc} 来获得。

（2）戴维南等效电阻 R_{eq} 的计算。

在原线性有源二端网络的负载断开的情况下，改变原网络中的独立电压源为短路，原网络中的独立电流源为开路，然后计算两个端点之间的等效电阻，这个电阻就是戴维南等效电阻 R_{eq}。理论上通常根据电路的连接方式（串联、并联等），使用相应的电阻组合规则来计算戴维南等效电阻 R_{eq}。如果这个二端网络较为复杂，则可以将其分解为多个简单的子网络，分别计算每个子网络的戴维南等效电阻，再根据电阻组合规则来计算整个网络的戴维南等效电阻 R_{eq}。在实验中，等效电阻 R_{eq} 常用下列方法获得：

① 直接测量法。

首先，在原线性有源二端网络的负载断开的情况下，将原网络中的独立电源置零（电压源为短路，电流源为开路）成为一个线性无源二端网络；其次，在断开的原负载的两端测量两个节点间的电阻值。当这个线性无源二端网络不存在受控源时，电路仅由其内部电阻决定，此时可直接用多用表的欧姆挡测量内部电阻的阻值，即戴维南等效电阻 R_{eq}。

② 开路电压、短路电流计算法。

首先，在原线性有源二端网络的负载断开的情况下，使用多用表的电压挡测量两个端点之间的开路电压 U_{oc}；然后，使用多用表的电流挡测量两个端点之间的短路电流 I_{sc}；最后，戴维南等效电阻 R_{eq} 可以通过公式 $R_{eq}=\frac{U_{oc}}{I_{sc}}$ 得到。

③ 负载替换法。

首先，将原线性有源二端网络的负载断开，再通过测量开路电压 U_{oc} 来确定戴维南等

效电压源电压；然后，将一个已知电阻值的固定电阻 R_o 连接到负载的位置，测量固定电阻的两端电压 U_o；最后，戴维南等效电阻 R_{eq} 可以通过公式 $R_{eq}=\frac{R_o(U_{oc}-U_o)}{U_o}$ 得到。

【实验准备】

(1) 阅读戴维南定理的相关知识，了解戴维南等效电路中等效参数的理论计算和实验测量的方法。

(2) 使用 NI Multisim 软件绘制如图 3.1.2 所示的实验电路，使用交互式仿真，测量实验电路的戴维南等效电路的等效参数，并记录到表 3.1.2 中。

(3) 使用 NI Multisim 软件绘制如图 3.1.2 所示的实验电路，使用 1.2.4 节中介绍的参数扫描分析方法仿真，获得当负载电阻值发生改变时负载两端的电压与流过它的电流数据，并记录到表 3.1.3 中，绘制电路的外特性曲线。

(4) 在 NI Multisim 软件中，根据交互式仿真得到戴维南等效电路的等效参数，绘制戴维南等效电路，再次使用 1.2.4 节中介绍的参数扫描分析方法从理论上获得当负载电阻值发生改变时负载两端的电压与流过它的电流，绘制戴维南等效电路的外特性曲线，同样记录到表 3.1.3 中。

【实验器材】

直流稳压电源一台、多用表两只、通用电路板一块、电阻若干。

【实验内容与步骤】

本实验是戴维南定理的验证性实验，实验电路如图 3.1.2 所示，需要验证电路等效前后对负载的影响是否一致，即等效前后的外特性是否一致。

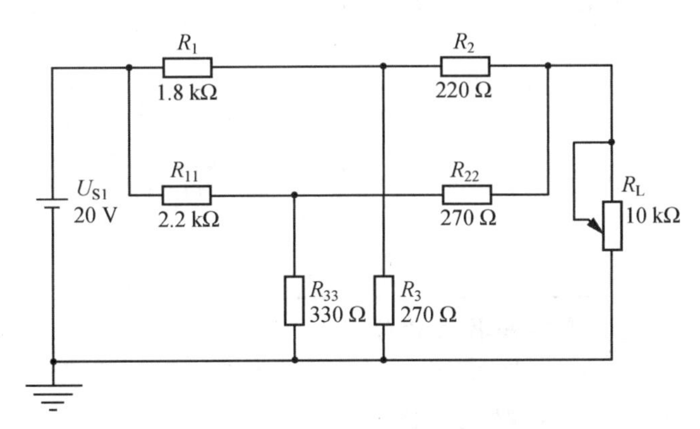

图 3.1.2　戴维南定理实验电路

测量实验电路中需要用到的电阻的实际阻值，并填入表 3.1.1 中。

表 3.1.1　实验电路中用到的电阻的实际阻值

电阻	R_1	R_2	R_3	R_{11}	R_{22}	R_{33}
阻值/Ω						

1. 戴维南等效电路中等效参数的测量

(1) 在通用电路板上按照图 3.1.3 焊接实验电路，按照图 3.1.2 连接电源U_{S1}和负载电阻R_L。

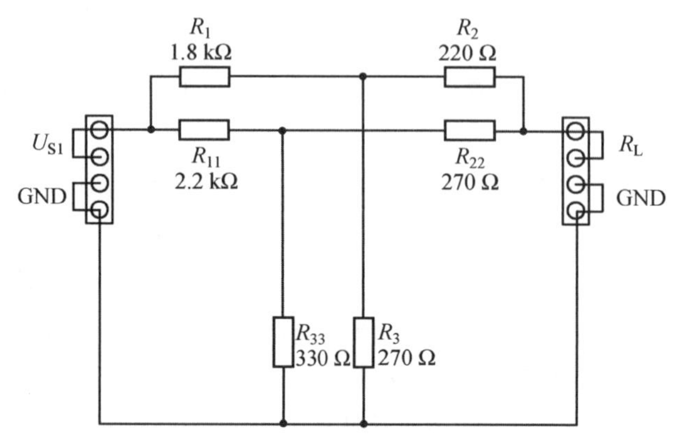

图 3.1.3　实验电路布局图

(2) 测量端口的开路电压 U_{oc}和短路电流 I_{sc}，计算等效电阻 R_{eq}，并填入表 3.1.2 中。

(3) 将电源移除，并将此处短接，用多用表的欧姆挡测量等效电阻，与(2)所得结果进行比较，并将结果填入表 3.1.2 中。

表 3.1.2　原电路中的电路参数

实验前的仿真数据	开路电压 U_{oc}	短路电流 I_{sc}	等效电阻 R_{eq}（计算值）	等效电阻 R_{eq}（测量值）
实验数据	开路电压 U_{oc}	短路电流 I_{sc}	等效电阻 R_{eq}（计算值）	等效电阻 R_{eq}（测量值）
实验后的仿真数据	开路电压 U_{oc}	短路电流 I_{sc}	等效电阻 R_{eq}（计算值）	等效电阻 R_{eq}（测量值）

2. 原电路和等效电路的外特性比较

(1) 在如图 3.1.2 所示搭建的原电路中，改变负载电阻 R_L 的值，用多用表分别测量原电路的负载电压和负载电流，填入表 3.1.3 中。

(2) 根据表 3.1.2 中所测得的开路电压 U_{oc}和等效电阻 R_{eq}，利用直流稳压电源产生一个电压值为 U_{oc}的电压源 U_e，调节滑动变阻器，得到一个电阻值为 R_{eq}的电阻，使用原电路中同样的负载电阻 R_L，得到原电路的戴维南等效电路，在通用电路板上按照图 3.1.4(b)所示焊接实验电路，按图 3.1.4(a)所示连接电源U_e和负载电阻R_L。

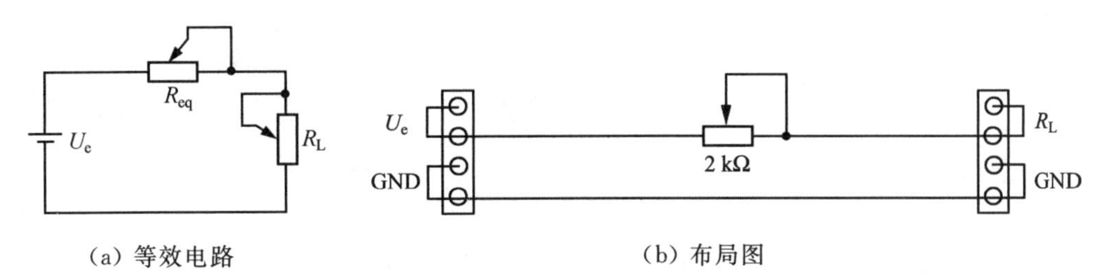

(a) 等效电路　　　　(b) 布局图

图 3.1.4　等效电路布局图

(3) 在戴维南等效电路中，改变负载电阻 R_L 的值，用多用表分别测量等效电路的负载电压和负载电流，填入表 3.1.3 中。

(4) 根据表 3.1.3 中的数据绘制电路的外特性曲线(负载特性曲线)，横坐标为电流，纵坐标为电压。

表 3.1.3　电路的外特性测量数据

	负载电阻/Ω	负载电压/V		负载电流/mA	
		原电路	等效电路	原电路	等效电路
实验前的仿真数据	300				
	600				
	900				
	1 200				
	1 500				
	1 800				
	2 100				
	2 400				
	2 700				
	3 000				
	负载电阻/Ω	负载电压/V		负载电流/mA	
		原电路	等效电路	原电路	等效电路
实验数据	300				
	600				
	900				
	1 200				
	1 500				
	1 800				
	2 100				
	2 400				
	2 700				
	3 000				

续表

	负载电阻/Ω	负载电压/V		负载电流/mA	
		原电路	等效电路	原电路	等效电路
实验后的仿真数据	300				
	600				
	900				
	1 200				
	1 500				
	1 800				
	2 100				
	2 400				
	2 700				
	3 000				

【实验要求与注意事项】

(1) 由于电流表的内阻很小,使用电流表时为防止电流过大而损坏电流表,先使用大量程(A)进行粗测,再使用常规量程(mA)进行精确测量。

(2) 实验中元器件的参数应使用实际测量值。实际测量值和元器件的标称值是有差别的,等效电源电压及等效电阻理论值的计算要以实际测量值为依据而非标称值。

(3) 掌握测量点个数及间距的选取方法。为确保外特性测量点分布的合理性,应先测量最大值与最小值,然后基于外部特性的线性特性来均匀地选择测量点。

(4) 在使用多用表测量电阻时,要确保该电阻是独立的,未与其他元器件串联或并联,也不要带电测量。因为电阻的测量原理是以一个恒定电流流过电阻,并通过测量电阻两端的电压来计算得到电阻值,如果在测量电阻时存在外接电路,会造成测量结果的不准确。

(5) 注意电压源为零、电流源为零的含义,以及实际操作方法。

【实验报告】

请按照附录实验报告模板的框架结构完成其中所有部分的内容。特别地,把对下面问题的回答写入实验报告中。

(1) 简述戴维南等效电路的实验原理及实验步骤。

(2) 把实验时焊接电路板的电路参数数据、实验后根据电路元器件的实际值重新仿真得到的数据分别填入表 3.1.2、表 3.1.3 中。

(3) 对表 3.1.2 中的实测数据和实验后的仿真数据进行比较,它们存在误差吗?如果存在,分析两者存在误差的原因。

(4)根据表 3.1.3 中的实测数据,在同一个坐标下绘制原电路、等效电路的外特性曲线,比较两条曲线的分布,分析两者存在误差的原因。

(5) 根据表 3.1.3 中实验后的仿真数据,在同一个坐标下绘制原电路、等效电路的外特性曲线。

(6) 将(4)中的两条实际电路的外特性曲线与(5)中的电路外特性曲线进行对比，分析两者存在误差的原因。

(7) 根据(4)、(6)的分析，实验能否验证戴维南定理？给出结论。

(8) 写下本次实验的心得，提出一些问题或建议。

3.2　叠加定理与置换定理

【实验目的】

- 深刻理解和掌握叠加定理与置换定理。
- 熟练掌握电路板的焊接技术和直流稳压电源、多用表及其他仪器仪表的使用方法。

【实验原理】

1. 叠加定理

叠加定理指出：在线性电路中，若有多个独立电源共同作用于电路，电路中的任一支路电压或电流等于各个电源单独作用时在该支路产生的电压或电流的代数和。下面用图 3.2.1 所示的电路对叠加定理进行简单说明。

图 3.2.1(a)是一个含有两个独立电源的电路，R_2所在的支路电流为 i_2；图 3.2.1(b)是电压源 u_S单独作用，而电流源 i_S被置为零时的电路，这时电流源支路是处于断路(open circuit，缩写为 OC)状态，R_2所在的支路电流为 i_2'；图 3.2.1(c)是电流源 i_S单独作用，而电压源 u_S被置为零时的电路，这时电压源支路是处于短路(short circuit，缩写为 SC)状态，R_2所在的支路电流为 i_2''。

则根据叠加定理，应满足关系：$i_2=i_2'+i_2''$。

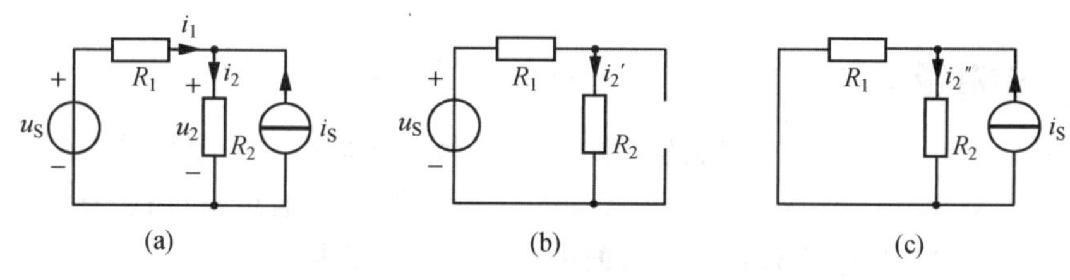

图 3.2.1　叠加定理示例电路

在实际应用中，叠加定理具有以下重要作用。

- 简化电路分析：对于复杂电路，可以利用叠加定理将多个电源的作用分解为单个电源的作用，分别计算后再叠加。这样，原本复杂的电路问题就可以转化为多个简单电路问题进行求解。

- 检验电路设计：在设计电路时，可以利用叠加定理检验电路是否满足线性叠加特性。若电路中的元器件和电源均满足线性关系，则电路设计合理；反之，电路则可能存在问题。

2. 置换定理

置换定理可以表述为:在任意线性电路中,若某一支路的电压和电流分别为 U 和 I,将该支路替换为一个电压为 U 的独立电压源(或电流为 I 的独立电流源),则电路中其余部分的电压、电流分布保持不变。下面通过图 3.2.2 所示的示意图对置换定理进行简单说明。

任何一个复杂的线性电路都可以看成是端口在右侧的单端口线性网络 N_R 和端口在左侧的单端口线性网络 N_L 相互连接而成的,连接两个网络的支路电流的电流值为 i,端口电压的电压值为 u,电流和电压的方向如图 3.2.2(a)所示。

根据置换定理可知,可以将图 3.2.2(a)中的单端口线性网络 N_L 用一个独立的电压源来置换,如图 3.2.2(b)所示,这个电压源的电压值为 u,方向和原电路一致;也可以将图 3.2.2(a)中的单端口线性网络 N_L 用一个独立的电流源来置换,如图 3.2.2(c)所示,这个电流源的电流值为 i,方向和原电路一致。

将图 3.2.2(a)中的单端口线性网络 N_R 也可以做类似置换。

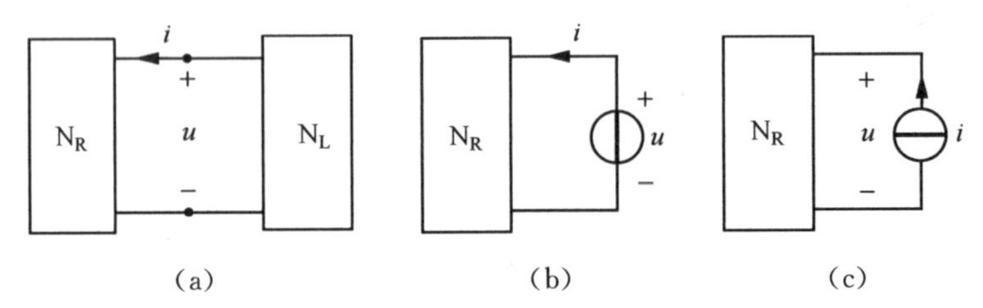

图 3.2.2　置换定理示意电路

置换定理在工程中具有广泛的应用,以下列举几个典型场景。

- 电路故障诊断:当电路发生故障时,可以利用置换定理,将故障支路替换为等效电源,从而分析故障对电路其他部分的影响,为故障诊断提供依据。
- 电路优化设计:在电路设计过程中,可以利用置换定理对电路进行简化,以便于分析和优化电路性能。

【实验准备】

(1) 阅读叠加定理与置换定理的相关知识,以及本实验中关于定理的验证方案。

(2) 使用 NI Multisim 软件绘制如图 3.2.3 所示的实验电路,使用交互式仿真,测量验证方案中指定支路的电流和指定节点的电压是否符合叠加定理,填写表 3.2.2。

(3) 使用 NI Multisim 软件绘制如图 3.2.3 所示的实验电路,使用交互式仿真,填写表 3.2.3、表 3.2.4,验证置换定理。

【实验器材】

多用表两台、直流稳压电源一台、通用电路板一块、电阻若干。

【实验内容与步骤】

本实验是叠加定理与置换定理的验证性实验,实验电路如图 3.2.3 所示。

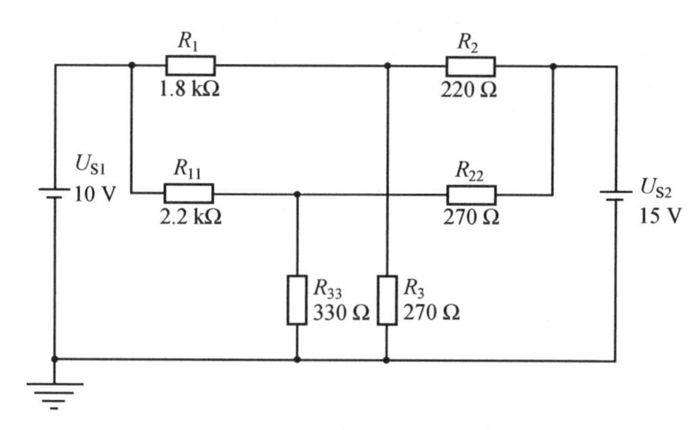

图 3.2.3　叠加定理与置换定理的验证性实验电路

将测量实验电路中需要用到的电阻的实际阻值记录在表 3.2.1 中。

表 3.2.1　实验电路中用到的电阻的实际阻值

电阻	R_1	R_2	R_3	R_{11}	R_{22}	R_{33}
阻值/Ω						

1. 验证叠加定理

(1) 在通用电路板上按照图 3.2.4 所示焊接电路，并按图 3.2.3 所示连接电源U_{S1}和U_{S2}。

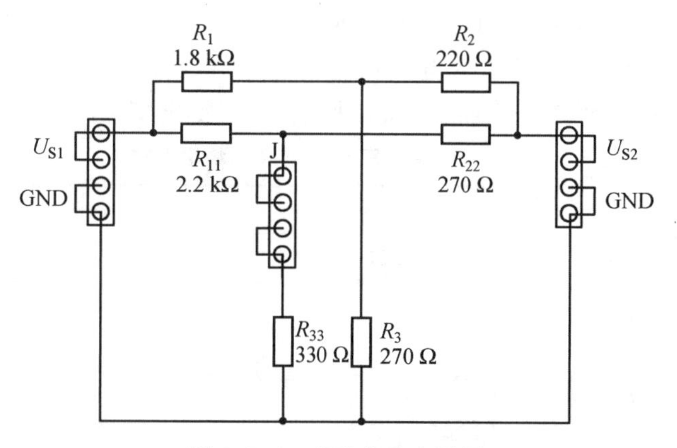

图 3.2.4　实验电路布局图

(2) 设置 $U_{S1}=10$ V，$U_{S2}=15$ V，测量电阻 R_{33}所在支路的电流 I_{R33}和电阻 R_3的电压 U_{R3}，并记录在表 3.2.2 中。

(3) 设置 $U_{S1}=10$ V，$U_{S2}=0$ V，测量电阻 R_{33}所在支路的电流 I_{R33}和电阻 R_3的电压 U_{R3}，并记录在表 3.2.2 中。

(4) 设置 $U_{S1}=0$ V，$U_{S2}=15$ V，测量电阻 R_{33}所在支路的电流 I_{R33}和电阻 R_3的电压 U_{R3}，并记录在表 3.2.2 中。

(5) 根据表 3.2.2 中的测量数据，验证叠加定理。

表 3.2.2　叠加定理验证用到的测量数据

	U_{S1}/V	U_{S2}/V	U_{R3}/V	I_{R33}/A
实验前的仿真数据	10	15		
	10	0		
	0	15		
实验数据	U_{S1}/V	U_{S2}/V	U_{R3}/V	I_{R33}/A
	10	15		
	10	0		
	0	15		
实验后的仿真数据	U_{S1}/V	U_{S2}/V	U_{R3}/V	I_{R33}/A
	10	15		
	10	0		
	0	15		

2．验证置换定理

（1）设置$U_{S1}=10$ V，$U_{S2}=15$ V，测量电阻R_{33}的电压U_{R33}和电阻R_3的电压U_{R3}，并记录在表 3.2.3 中。

（2）保持电路其他参数不变，将电阻R_{33}所在支路断开，用一个独立电压源代替原支路，即将直流稳压电源的电压值调整为电阻R_{33}的电压值U_{R33}，并用该直流稳压电源代替原电路中的电阻R_{33}，测量电阻R_3的电压U_{R3}，并记录在表 3.2.4 中。

（3）比较表 3.2.3 和表 3.2.4 的测量数据，验证置换定理。

表 3.2.3　置换定理原电路的测量数据

	U_{S1}/V	U_{S2}/V	U_{R33}/V	U_{R3}/V
实验前的仿真数据	10	15		
实验数据	U_{S1}/V	U_{S2}/V	U_{R33}/V	U_{R3}/V
	10	15		
实验后的仿真数据	U_{S1}/V	U_{S2}/V	U_{R33}/V	U_{R3}/V
	10	15		

表 3.2.4　电路替换后的测量数据

	U_{S1}/V	U_{S2}/V	替换电压源/V	U_{R3}/V
实验前的仿真数据	10	15		
实验数据	U_{S1}/V	U_{S2}/V	替换电压源/V	U_{R3}/V
	10	15		
实验后的仿真数据	U_{S1}/V	U_{S2}/V	替换电压源/V	U_{R3}/V
	10	15		

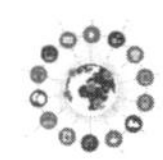

【实验要求与注意事项】

(1) 注意电压源为零、电流源为零的含义，以及实际操作方法。

(2) 不能忽视电压、电流的正负号记录，因为实际的电压和电流是有方向的。

(3) 连接电流表时，应先断开电路，再把电流表串联在电路中，以防电流过大损坏电流表。

【实验报告】

请按照附录实验报告模板的框架结构完成其中所有部分的内容。特别地，把对下面问题的回答写入实验报告中。

(1) 简述叠加定理与置换定理的实验原理及实验步骤。

(2) 把实验前对实验电路的仿真数据、实验时焊接电路板的测量数据、实验后根据电路元器件的实际值重新仿真得到的数据分别记录到表 3.2.2 至表 3.2.4 中。实验报告中要重新制表，记录实测数据和实验后的仿真数据。

(3) 对表 3.2.2 至表 3.2.4 中的实测数据进行处理，观察能否验证叠加定理和置换定理。

(4) 将实际测量数据与表 3.2.2 至表 3.2.4 中的实验后的仿真数据进行对比，比较一致性。对于数据中的差异情况，找出原因，并进行误差分析。

(5) 写下本次实验的心得，提出一些问题或建议。

3.3　一阶电路的动态响应

【实验目的】

- 掌握一阶电路动态响应特性的相关理论。
- 掌握使用示波器测量时间常数的方法。
- 掌握电路板的焊接方法及电路调试技术。

【实验原理】

一阶电路是指电路中只包含一个电容(C)或一个电感(L)的电路。由于电感和电容是储能元器件，当电路开关闭合或断开、电源接入或移除、电路元器件突然替换或改变等时，电容两端的电压未发生突变，流过电感的电流也未发生突变，此时电路中的电压、电流进入动态过程，可以用一阶微分方程来描述，称之为动态分析。一阶电路的动态分析包括零输入响应、零状态响应和全响应。

零输入响应发生在电路中储能元器件能量不为零，且无电源输入情况下。电路的动态过程根据其电容或电感的初始能量状态及电路中电容、电感和电阻的值确定。

对于图 3.3.1 所给出的一阶 RC 电路，当 $U_S=0$，电容的初始电压 $u_C(0^-)=U_0$ 时，电路的零输入响应为

$$u_C(t)=U_0\mathrm{e}^{-\frac{t}{RC}}, \ t\geqslant 0$$

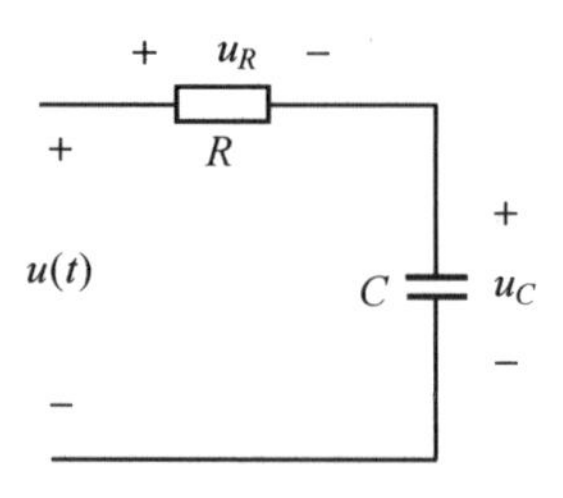

图 3.3.1　一阶 RC 电路

电容电压随时间变化的波形如图 3.3.2 所示，它是单调下降的。当 $t=\tau=RC$ 时，$u_C(\tau)=U_0\mathrm{e}^{-1}=0.368U_0$，$\tau$ 称为该电路的时间常数。

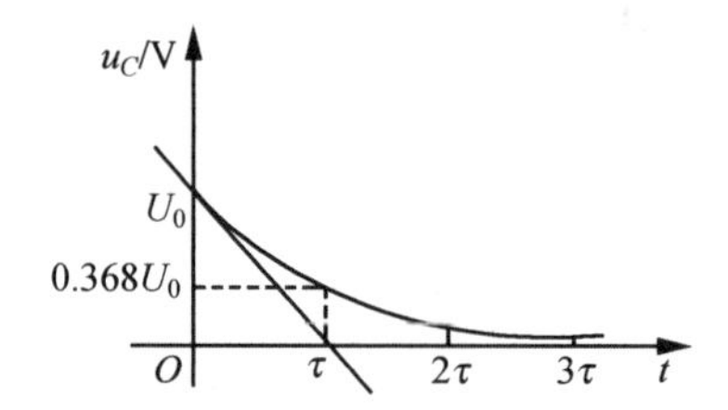

图 3.3.2　零输入响应

零状态响应发生在电路中的储能元器件(如电感或电容)没有初始能量存储的情况下，电路发生换路，外部有新的能量输入，电路的动态过程根据外部输入信号及电路中电容、电感及电阻的值确定。

对于图 3.3.1 所给出的一阶 RC 电路，当电容电压的初始值 $u_C(0^-)=0$，而输入为阶跃电压 $u(t)=U_S\varepsilon(t)$时，电路的零状态响应为

$$u_C(t)=U_S(1-\mathrm{e}^{-\frac{t}{RC}}), \quad t\geqslant 0$$

电容电压随时间变化的波形如图 3.3.3 所示，电容电压由零逐渐上升到 U_S，电路时间常数 $\tau=RC$ 决定上升的快慢，当 $t=\tau$ 时，$u_C(t)=(1-\mathrm{e}^{-1})U_S=0.632U_S$。一般经过 $3\tau\sim5\tau$ 的响应时间，可以近似认为电路达到稳态。

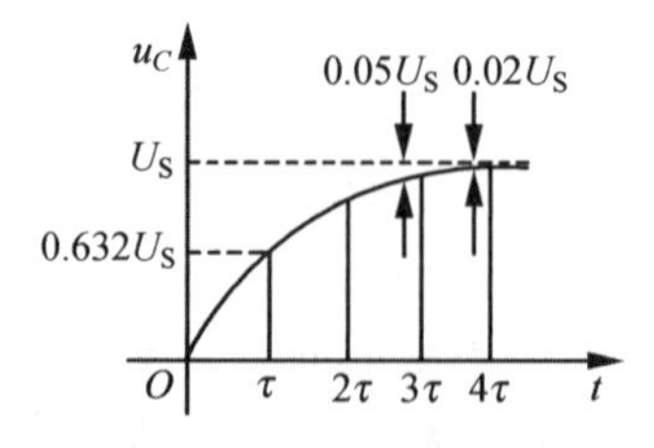

图 3.3.3　零状态响应

全响应发生在电路中的储能元器件(如电感或电容)有初始能量存储的情况下，电路发生换路，外部又有新的能量输入，电路的动态过程根据其电容或电感的初始能量状态和

外部输入信号及电路中电容、电感和电阻的值共同确定。可以看出，全响应是由零输入响应和零状态响应叠加而成的。

如图 3.3.1 所示的一阶 RC 电路，当电路的输入电压 $u(t)$ 为阶跃信号 $U_S\varepsilon(t)$（$\varepsilon(t)$ 为单位阶跃函数）时，在 $t=0$ 时刻发生换路，假设电容电压的初始值为 u_C，则根据回路的电压方程：

$$RC\frac{\mathrm{d}u_C}{\mathrm{d}t}+u_C=U_S$$

可得全响应为

$$u_C(t)=U_S+(U_0-U_S)\mathrm{e}^{-\frac{t}{RC}},\ t\geqslant 0$$

【实验准备】

（1）认真阅读实验原理部分，弄清一阶电路的零输入响应、零状态响应及全响应的概念，能够使用“电路分析”课程中所学的求解一阶电路动态响应的三要素法对一阶 RC 电路的动态响应进行理论分析。

（2）使用 NI Multisim 软件绘制如图 3.3.4 所示的电路，采用交互式仿真方法，利用软件中所提供的虚拟示波器（选择泰克示波器会更加真实一些），学习测量时间常数 τ 的方法，根据实验内容与步骤调整 R_1、C_1 的值，测量数据，并将仿真数据记入表 3.3.2 至表 3.3.6 中。

【实验器材】

函数信号发生器一台、示波器一台、多用表一只、通用电路板一块、电阻若干、电容若干。

【实验内容与步骤】

本实验是一阶 RC 电路的动态响应分析的验证性实验，实验电路如图 3.3.4 所示，需要观察并绘制一阶 RC 电路的零状态响应及零输入响应的波形，并测量电路的时间常数 τ。

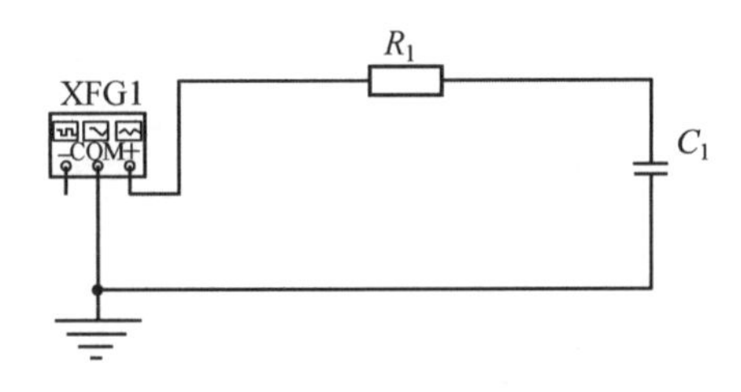

图 3.3.4　一阶 RC 电路

由于一阶 RC 电路的动态过程持续时间非常短暂，而且换路现象的发生有着偶然性，示波器很难捕捉到电路的零状态响应和零输入响应。实验中将输入信号由一个阶跃信号替换为一个周期性的方波信号，如果方波的周期足够长的话，用方波信号的上升沿模拟换路中的开关闭合，引入新的能量，代表一次零状态响应过程，用方波信号的下降沿模拟换路中的开关断开，电路的动态过程仅依赖于电容存储的能量，代表一次零输入响应过程，这样在示波器上就可以重复性地看到零状态响应和零输入响应的波形。

测量实验电路中需要用到的电阻、电容的实际值，记录在表 3.3.1 中。

表 3.3.1　实验中用到的元器件的实际值

R_1理论值/Ω	R_1实际值/Ω	C_1理论值/nF	C_1实际值/nF
1 000		100	
330		10	

1．测量不同 RC 组合下的时间常数 τ 值

（1）在通用电路板上按照图 3.3.4 所示焊接实验电路，可参照图 3.3.5 进行电路布局。需要注意的是，实验中要求观察在不同的时间常数下的动态响应波形，所以在制作电路时要考虑到如何在不损坏元器件的情况下切换元器件。

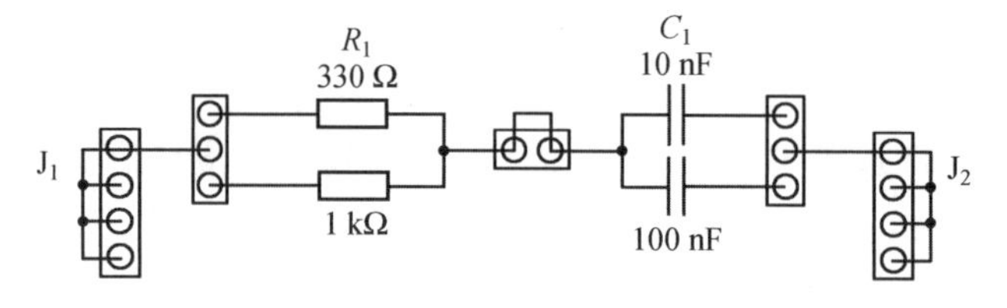

图 3.3.5　实验电路布局图

（2）在如图 3.3.5 所示的电路中选取表 3.3.2 中的 RC 组合（通过跳线帽选择元器件），接入 800 Hz、占空比 50％、0～5 V 的方波信号，信号发生器正极接 J1，负极接 J2，同时使用示波器的 CH1、CH2 通道分别观测输入电压波形和电容电压波形，注意示波器接地线与 J2 相连；测量 R、C 四种组合情况下电路的时间常数 τ，记录在表 3.3.2 中。（要求测量而非理论计算）

表 3.3.2　不同 RC 组合下的时间常数的测量

	电阻 R_1/Ω	电容 C_1/nF	时间常数 τ/μs
实验前的仿真数据	1 000	100	
	1 000	10	
	330	100	
	330	10	
	电阻 R_1/Ω	电容 C_1/nF	时间常数 τ/μs
实验数据	1 000	100	
	1 000	10	
	330	100	
	330	10	
	电阻 R_1/Ω	电容 C_1/nF	时间常数 τ/μs
实验后的仿真数据	1 000	100	
	1 000	10	
	330	100	
	330	10	

（3）比较不同 RC 组合下的时间常数，和理论值进行比较，分析并得出结论。

2. 观察一阶 RC 电路的电容电压的零状态响应和零输入响应波形

(1) 在如图 3.3.5 所示的电路中选取 $R_1=1\ 000\ \Omega$、$C_1=100$ nF，从左侧接入 800 Hz、占空比 50%、0～5 V 的方波信号，同时使用示波器的 CH1、CH2 通道分别观测输入电压波形和电容电压波形；测量电容电压的零状态响应中响应时间为 τ、2τ、3τ、4τ 时的电压值，记录到表 3.3.3 中。

表 3.3.3　零状态响应下的电容电压测量($R_1=1\ 000\ \Omega$、$C_1=100$ nF)

实验前的仿真数据	响应时间	τ	2τ	3τ	4τ
	电压/V				
实验数据	响应时间	τ	2τ	3τ	4τ
	电压/V				
实验后的仿真数据	响应时间	τ	2τ	3τ	4τ
	电压/V				

(2) 在同样情况下，测量电容电压的零输入响应中响应时间为 τ、2τ、3τ、4τ 时的电压值，记录到表 3.3.4 中。

表 3.3.4　零输入响应下的电容电压测量($R_1=1\ 000\ \Omega$、$C_1=100$ nF)

实验前的仿真数据	响应时间	τ	2τ	3τ	4τ
	电压/V				
实验数据	响应时间	τ	2τ	3τ	4τ
	电压/V				
实验后的仿真数据	响应时间	τ	2τ	3τ	4τ
	电压/V				

(3) 根据表 3.3.3、表 3.3.4 中的数据绘制电容电压的零状态响应和零输入响应波形。

3. 观察一阶 RC 电路的电阻电压的零状态响应和零输入响应波形

(1) 在如图 3.3.5 所示的电路中选取 $R_1=1\ 000\ \Omega$、$C_1=100$ nF，从 J1 接入 800 Hz、占空比 50%、0～5 V 的方波信号，同时使用示波器的 CH1、CH2 通道分别观测输入电压和电容电压波形。

(2) 使用示波器的"Math"功能，选择"减法"运算，根据基尔霍夫电压定律可知，电阻电压为输入电压与电容电压的差值，所以选择"CH1－CH2"，即可在示波器上看到电阻电压波形。

(3) 测量电阻电压的零状态响应中响应时间为 τ、2τ、3τ、4τ 时的电压值，记录到表 3.3.5 中。

(4) 在同样情况下，测量电阻电压的零输入响应中响应时间为 τ、2τ、3τ、4τ 时的电压值，记录到表 3.3.6 中。

表 3.3.5 零状态响应下的电阻电压测量($R_1=1\ 000\ \Omega$、$C_1=100\ \text{nF}$)

实验前的仿真数据	响应时间	τ	2τ	3τ	4τ
	电压/V				
实验数据	响应时间	τ	2τ	3τ	4τ
	电压/V				
实验后的仿真数据	响应时间	τ	2τ	3τ	4τ
	电压/V				

表 3.3.6 零输入响应下的电阻电压测量($R_1=1\ 000\ \Omega$、$C_1=100\ \text{nF}$)

实验前的仿真数据	响应时间	τ	2τ	3τ	4τ
	电压/V				
实验数据	响应时间	τ	2τ	3τ	4τ
	电压/V				
实验后的仿真数据	响应时间	τ	2τ	3τ	4τ
	电压/V				

(5) 根据表 3.3.5、表 3.3.6 中的数据绘制电阻电压的零状态响应和零输入响应波形。

【实验要求与注意事项】

(1) 本实验中信号的频率以函数信号发生器的频率为准,信号的电压振幅以示波器的测量值为准。

(2) 注意示波器的接地端和函数信号发生器的接地端必须接在一起。

(3) 在观察和记录各信号波形时,注意它们和输入信号的相位(时间)关系,应同时使用双通道。

(4) 在测量波形数据时,要尽可能使波形的幅度占满屏幕,但不要超出屏幕范围,这样可以使测量的精度提高。

(5) 在测量过程中一定要保证每次的动态响应时间足够长,电路进入稳态,否则测量的数据是不准确的。

(6) 对时间常数 τ 的测量,使用示波器的“光标”功能,以“电容电压的零状态响应曲线”为例,在“光标”菜单中使用“跟踪”方式,先通过在垂直方向上找到波形上当 $t=\tau$ 时电压为 $0.632U_S$的点所在的位置,然后从水平方向上测量从换路开始到这个点所在位置的时间。

【实验报告】

请按照附录实验报告模板的框架结构完成其中所有部分的内容。特别地,把对下面问题的回答写入实验报告中。

(1) 简述一阶 RC 电路的动态响应的相关理论及相关实验步骤。

(2) 把实验前对实验电路的仿真数据、实验时焊接电路板的测量数据、实验后根据电

路元件的实际值重新仿真得到的数据记录分别到表 3.3.2 至表 3.3.6 中。实验报告中要重新制表，记录实测数据和实验后的仿真数据。

(3) 将表 3.3.2 中实测的时间常数与实验后仿真得到的时间常数比较，进行误差分析。

(4) 根据表 3.3.3 至表 3.3.4 中的实测数据和实验后的仿真数据，在同一张图中绘制电容电压的零状态响应和零输入响应波形，比较实测和仿真两种情况下的电容电压的零状态响应和零输入响应波形，验证动态响应理论的正确性。

(5) 根据表 3.3.5 至表 3.3.6 中的实测数据和实验后的仿真数据，在同一张图中绘制电阻电压的零状态响应和零输入响应波形，比较实测和仿真两种情况下的电阻电压的零状态响应和零输入响应波形，验证动态响应理论的正确性。

(6) 将电容电压的零状态响应和零输入响应波形与电阻电压的零状态响应和零输入响应波形进行比较，给出结论。

(7) 写下本次实验的心得，提出一些问题或建议。

3.4　二阶电路的动态响应

【实验目的】

- 深刻理解和掌握二阶电路的零输入响应、零状态响应及全响应。
- 深刻理解欠阻尼、临界阻尼和过阻尼的意义。
- 研究电路元器件参数对二阶电路动态响应的影响。
- 掌握电路板的焊接及电路调试技术。

【实验原理】

二阶电路是指电路中包含两种储能元器件，即电容(C)和电感(L)的电路。这里以二阶 RLC 串联电路为例，简单介绍二阶电路的动态响应。二阶 RLC 串联电路如图 3.4.1 所示。

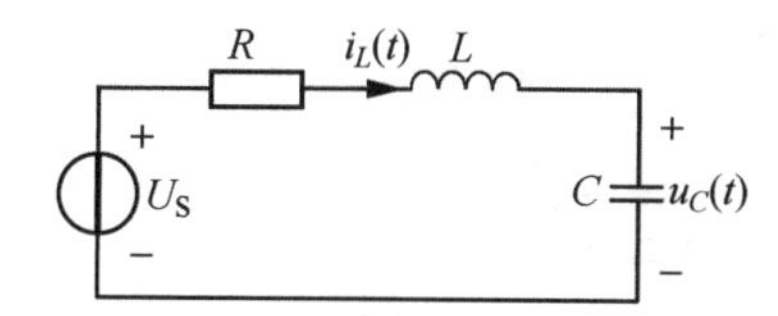

图 3.4.1　二阶 *RLC* 串联电路

电路的动态过程可以用下述二阶线性常系数微分方程来描述：

$$LC\frac{d^2u_C}{dt^2}+RC\frac{du_C}{dt}+u_C=U_S \tag{3.4.1}$$

由于图 3.4.1 所示电路是串联电路，回路电流 $i(t)$ 即为流过电感、电容的电流，有 $i(t)$

$=i_L(t)=i_C(t)$，根据电容电压与流过电容的电流之间的关系 $i_C(t)=C\dfrac{\mathrm{d}u_C}{\mathrm{d}t}$，在换路的 0^- 时刻，有电容电压的初始值为 $u_C(0^-)=U_0$，电感电流的初始值为 $i_L(0^-)=I_0$，电容电流的初始值为 $i_C(0^-)=C\left.\dfrac{\mathrm{d}u_C(t)}{\mathrm{d}t}\right|_{t=0^-}=i_L(0^-)=I_0$。

求解该微分方程，可以得到电容上的电压 $u_C(t)$。

为了解式(3.4.1)的二阶微分方程，首先要得到它的特征方程：

$$LCp^2+RCp+1=0$$

可以解出特征值为

$$p_{1,2}=-\frac{R}{2L}\pm\sqrt{\left(\frac{R}{2L}\right)^2-\frac{1}{LC}}=-\alpha\pm\sqrt{\alpha^2-{\omega_0}^2} \tag{3.4.2}$$

其中，定义衰减系数(阻尼系数)$\alpha=\dfrac{R}{2L}$，自由振荡角频率(固有频率)$\omega_0=\dfrac{1}{\sqrt{LC}}$。下面根据初始条件的不同，分情况来讨论式(3.4.1)的解。

1. 零输入响应

电路在没有外施激励时，由动态元器件的初始储能引起的响应，称为零输入响应。RLC 串联零输入响应电路如图 3.4.2 所示。设电容已经充电，$u_C(0^-)=U_0$，$i(0^-)=0$，$U_S=0$。

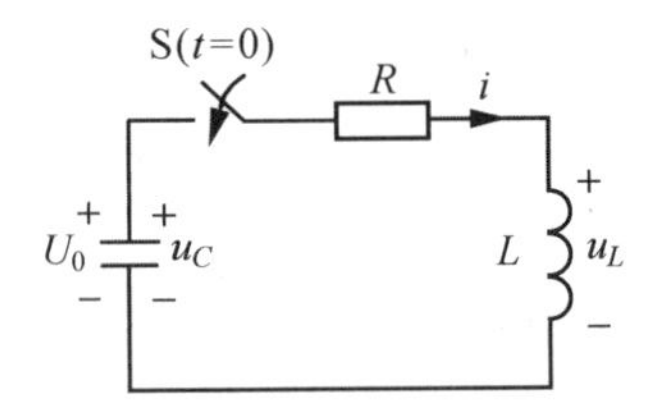

图 3.4.2　RLC 串联零输入响应电路

此时，电路的动态过程可以用下述二阶线性常系数微分方程来描述：

$$LC\frac{\mathrm{d}^2u_C}{\mathrm{d}t^2}+RC\frac{\mathrm{d}u_C}{\mathrm{d}t}+u_C=0 \tag{3.4.3}$$

该微分方程是式(3.4.1)的齐次方程，它的解 $u_C(t)$ 为电路中电容的零输入响应。

根据特征值 $p_{1,2}$ 的不同情况，电路的零输入响应有着不同形式。

- 当 $R>2\sqrt{\dfrac{L}{C}}$ 时，$p_{1,2}$ 为两个不相等的实数根，微分方程的解的形式为 $A_1\mathrm{e}^{p_1t}+A_2\mathrm{e}^{p_2t}$，$A_1$、$A_2$ 的值由初始条件决定。

- 当 $R=2\sqrt{\dfrac{L}{C}}$ 时，$p_{1,2}$ 为两个相等的实数根，微分方程的解的形式为 $A_1\mathrm{e}^{p_1t}+A_2t\mathrm{e}^{p_1t}$，$A_1$、$A_2$ 的值由初始条件决定。

- 当 $R<2\sqrt{\dfrac{L}{C}}$ 时，$p_{1,2}$ 为两个共轭的复数根，微分方程的解的形式为 $\mathrm{e}^{-\frac{R}{2L}t}(A_1\cos\omega t+A_2\sin\omega t)$，其中 $\omega=\sqrt{\dfrac{1}{LC}-\left(\dfrac{R}{2L}\right)^2}$，$A_1$、$A_2$ 的值由初始条件决定。

具体来说，当 $R>2\sqrt{\frac{L}{C}}$ 时，响应是非振荡性的，称为过阻尼情况，电路响应为

$$u_C(t)=\frac{U_0}{p_2-p_1}(p_2\mathrm{e}^{p_1t}-p_1\mathrm{e}^{p_2t}),\ t\geqslant 0$$

$$i(t)=\frac{-U_0}{L(p_2-p_1)}(\mathrm{e}^{p_1t}-\mathrm{e}^{p_2t}),\ t\geqslant 0$$

响应曲线如图 3.4.3 所示。可以看出：$u_C(t)$ 由两个单调下降的指数函数组成，为非振荡的过渡过程，整个放电过程中电流为正值，且当 $t_m=\frac{\ln\frac{p_2}{p_1}}{p_1-p_2}$ 时电流有极大值。

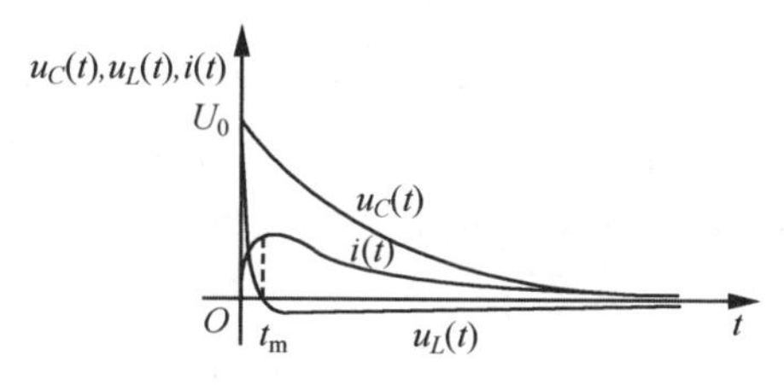

图 3.4.3　二阶电路的过阻尼过程响应曲线

当 $R=2\sqrt{\frac{L}{C}}$ 时，响应临界振荡，称为临界阻尼情况，电路响应为

$$u_C(t)=U_0(1+\alpha t)\mathrm{e}^{-\alpha t},\ t\geqslant 0$$

$$i(t)=\frac{U_0}{L}t\,\mathrm{e}^{-\alpha t},\ t\geqslant 0$$

响应曲线如图 3.4.4 所示。

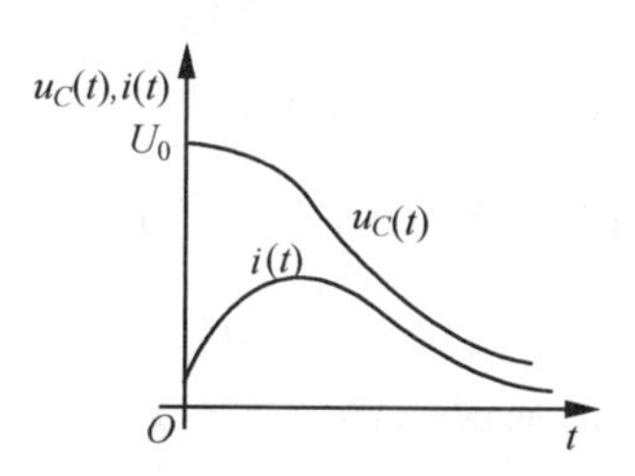

图 3.4.4　二阶电路的临界阻尼过程响应曲线

当 $R<2\sqrt{\frac{L}{C}}$ 时，响应是振荡性的，称为欠阻尼情况，电路响应为

$$u_C(t)=\frac{\omega_0}{\omega_d}U_0\mathrm{e}^{-\alpha t}\sin(\omega_d t+\beta),\ t\geqslant 0$$

$$i(t)=\frac{U_0}{\omega_d L}\mathrm{e}^{-\alpha t}\sin(\omega_d t),\ t\geqslant 0$$

其中，衰减振荡角频率 $\omega_d=\sqrt{\omega_0{}^2-\alpha^2}=\sqrt{\frac{1}{LC}-\left(\frac{R}{2L}\right)^2}$，$\beta=\arctan\frac{\omega_d}{\alpha}$。响应曲线如图 3.4.5 所示。

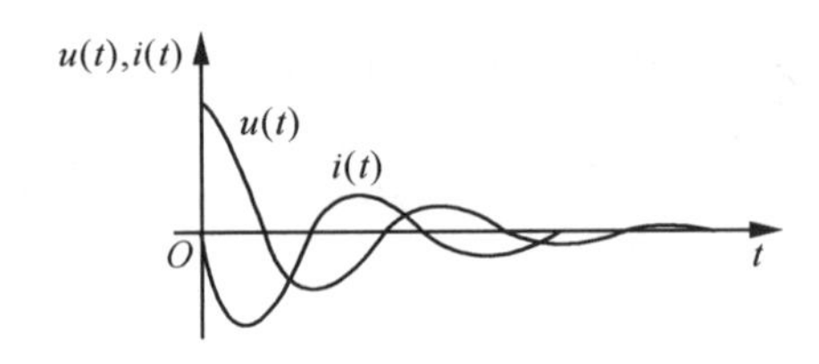

图 3.4.5　二阶电路的欠阻尼过程响应曲线

当 $R=0$ 时，响应是等幅振荡性的，称为无阻尼情况，电路响应为

$$u_C(t)=U_0\cos\omega_0 t,\ t\geqslant 0$$

$$i(t)=\frac{U_0}{\omega_0 L}\sin\omega_0 t,\ t\geqslant 0$$

响应曲线如图 3.4.6 所示。理想情况下，此时的电压、电流是一组相位差为 90°的曲线，由于无能耗，所以是等幅振荡，等幅振荡角频率即为自由振荡角频率 ω_0。在无源网络中，由于导线、电感的直流电阻和电容器的介质损耗存在，R 不可能为零，故实验中不可能出现等幅振荡。

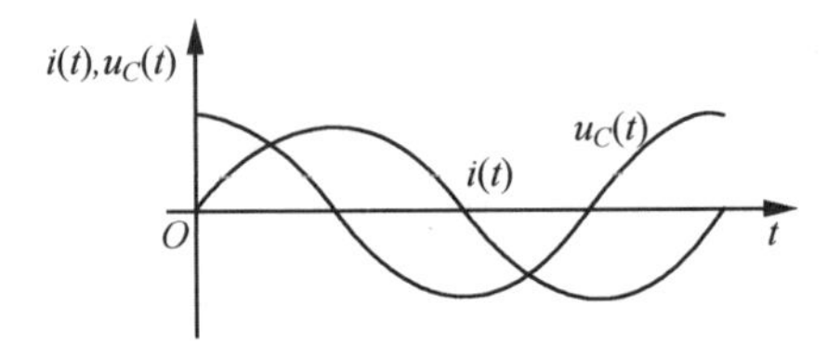

图 3.4.6　二阶电路的无阻尼过程响应曲线

2. 零状态响应

动态电路的初始储能为零，由外施激励引起的电路响应，称为零状态响应。此时，电路的动态过程可以用下述二阶线性常系数微分方程来描述：

$$LC\frac{\mathrm{d}^2 u_C}{\mathrm{d}t^2}+RC\frac{\mathrm{d}u_C}{\mathrm{d}t}+u_C=U_S$$

该式与式(3.4.1)一致，此时的 $u_C(0^-)=0$，$i(0^-)=0$，电路的初始状态为零。该微分方程为非齐次微分方程，所以它的通解形式为 $u_C(t)=u_{C1}(t)+u_{C2}(t)$，其中，$u_{C1}(t)$为齐次方程的解，也就是零输入响应，$u_{C2}(t)$为非齐次方程的特解。

根据特征值 $p_{1,2}$ 的不同情况，电路的零状态响应有着不同形式。

当 $R>2\sqrt{\frac{L}{C}}$ 时，$p_{1,2}$ 为两个不相等的实数根，响应是非振荡性的，此时响应为过阻尼零状态响应，电容电压的表达式为

$$u_C(t)=U_S-\frac{U_S}{p_2-p_1}(p_2 e^{p_1 t}-p_1 e^{p_2 t}),\ t\geqslant 0$$

当 $R=2\sqrt{\frac{L}{C}}$ 时，$p_{1,2}$ 为两个相等的实数根，响应是临界振荡，此时响应为临界阻尼零状态响应，电容电压的表达式为

$$u_C(t)=U_S-U_S(1+\alpha t)e^{-\alpha t},\ t\geqslant 0$$

当 $R<2\sqrt{\frac{L}{C}}$ 时，$p_{1,2}$ 为两个共轭的复数根，响应是振荡性的，为欠阻尼零状态响应，电容电压的表达式为

$$u_C(t)=U_S\left[1-\frac{\omega_0}{\omega_d}e^{-\alpha t}\sin(\omega_d t+\beta)\right],\ t\geqslant 0$$

比较电容电压的零状态响应表达式和零输入响应表达式，可以看出两者的变化趋势是基本一致的。

3. 欠阻尼状态下衰减振荡角频率 ω_d 和衰减系数 α 的测定

当二阶电路的动态响应表现为欠阻尼时，其动态响应的波形如图 3.4.7 所示，动态响应表达式中的衰减振荡角频率 ω_d 和衰减系数 α 可通过实验方法进行测量，方法如下：

以方波信号作为电路的输入信号，使方波周期 $T\ll\alpha$，从示波器上观察如图 3.4.7 所示的欠阻尼响应的波形，用示波器上的"光标"功能，读出振荡周期 T_d，则

$$\omega_d=\frac{2\pi}{T_d}$$

$$\alpha=\frac{1}{T_d}\ln\frac{h_1}{h_2}$$

式中，h_1、h_2 分别是两个连续波峰的峰值。

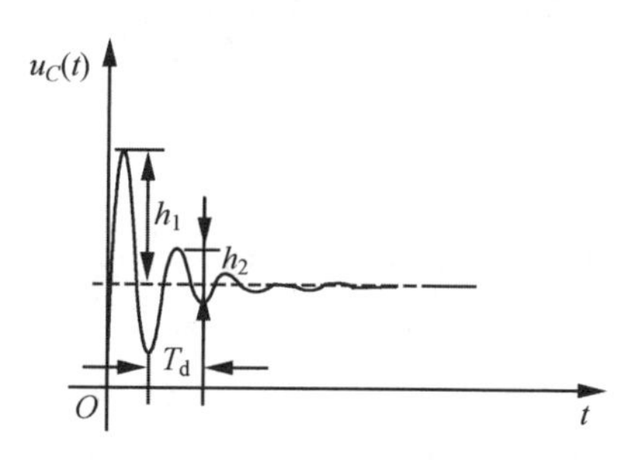

图 3.4.7　二阶欠阻尼响应的波形

4. 状态轨迹

状态轨迹能够直观地展示二阶电路中元件上的电压和流过它的电流随时间的变化情况。通过观察状态轨迹，可以了解电路在不同输入或扰动下的响应特性，如是否出现振荡、振荡的幅度和频率等。在实际的电路设计中，通过观察状态轨迹，可以发现电路的过阻尼、欠阻尼或临界阻尼情况，从而对电路参数进行优化，以达到最佳的性能。

对于图 3.4.1 所示的二阶 RLC 串联电路，可以用两个一阶微分方程的联立(状态方程)来求解：

$$\begin{cases}\dfrac{du_C(t)}{dt}=\dfrac{i_L(t)}{C}\\[2ex]\dfrac{di_L(t)}{dt}=-\dfrac{Ri_L(t)}{L}-\dfrac{u_C(t)}{L}+\dfrac{U_S}{L}\end{cases}$$

已知电路的初始值为 $u_C(0^-)=U_0$，$i_L(0^-)=I_0$，其中 $u_C(t)$ 和 $i_L(t)$ 为状态变量，对于所有 $t\geqslant 0$ 的不同时刻，由 $u_C(t)$ 和 $i_L(t)$ 分别作为横竖坐标，在二维平面上绘制出的曲线就形成了状态轨迹，如图 3.4.8 所示为欠阻尼状态下的状态轨迹。

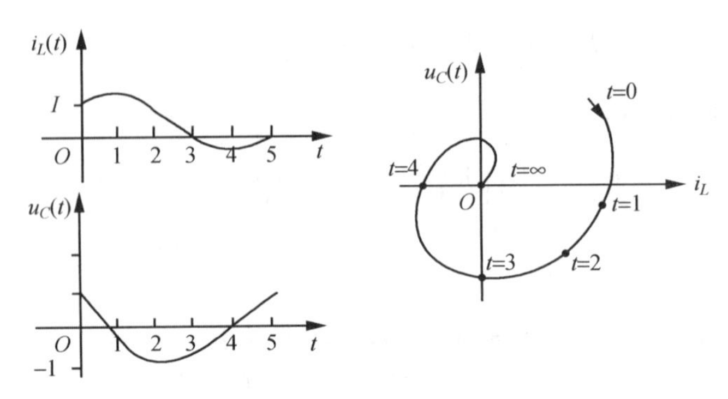

图 3.4.8　欠阻尼状态下的状态轨迹

【实验准备】

（1）认真阅读实验原理部分，学习二阶电路的动态响应的相关理论，复习推导相关公式。

（2）了解欠阻尼、过阻尼和临界阻尼系统的特点。

（3）使用 NI Multisim 软件绘制如图 3.4.9 所示的电路，当电感 L 取 4.7 mH 和 10 mH 时，对电路中的电阻 R_2 进行参数扫描，使用瞬态分析方法，观察二阶电路动态响应的过阻尼、欠阻尼和临界阻尼现象，找到对应的临界阻尼状态对应的电阻值，并将数据记入表 3.4.2、表 3.4.4 中。

（4）使用 NI Multisim 软件绘制如图 3.4.9 所示的电路，当电感 L 取 4.7 mH 和 10 mH 时，使用 NI Multisim 软件仿真，选择合适的电阻阻值，在示波器上实验，测量欠阻尼状态下衰减振荡角频率 ω_d 和衰减系数 α，并将数据记入表 3.4.3、表 3.4.5 中。

（5）使用 NI Multisim 软件绘制如图 3.4.9 所示的电路，选择合适的电阻阻值，在示波器上观察电路处于欠阻尼状态和过阻尼状态时的状态轨迹，记入表 3.4.6 中。

【实验器材】

通用电路板一块、函数信号发生器一台、数字示波器一台、多用表一只、元器件若干。

【实验内容与步骤】

实验电路如图 3.4.9 所示。本实验要观察欠阻尼、过阻尼和临界阻尼这三种情况下的动态响应，根据实验原理中关于三种情况的分析，可知当电路中的电阻发生变化时，动态响应波形会随之改变，实验电路中用一个固定电阻 R_1 与一个电位器 R_2 串联。利用电位器可方便地调整阻值，观察现象。而固定电阻 R_1 则作为采样电阻，方便通过测量它上面的电压变化来获得回路电流的波形。

由于二阶电路的动态过程持续时间非常短暂，而且换路现象的发生有着偶然性，示波器很难捕捉到电路的零状态响应和零输入响应。实验中将输入信号由一个阶跃信号替换为一个周期性的方波信号，如果方波的周期足够长的话，用方波信号的上升沿模拟换路中的开关闭合，引入新的能量，代表一次零状态响应过程；用方波信号的下降沿模拟换路中

的开关断开，电路的动态过程仅依赖于电容存储的能量，代表一次零输入响应过程。这样在示波器上就可以重复性地看到零状态响应和零输入响应的波形。

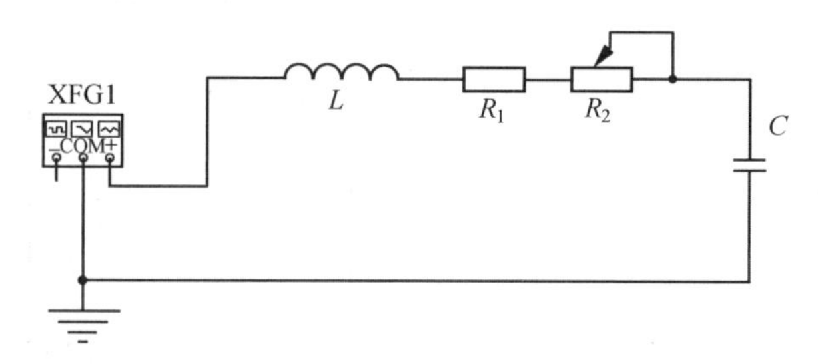

图 3.4.9　二阶电路的动态响应实验电路

测量实验电路中需要用到的元器件的实际值，并记入表 3.4.1 中。

表 3.4.1　实验中用到的元器件的实际值

R_1 理论值/Ω	R_1 实际值/Ω	C 理论值/nF	C 实际值/nF	4.7 mH 电感内阻/Ω	10 mH 电感内阻/Ω
100		22			

注意：电感值使用标称值，但电感内阻对电路响应影响较大，在分析运算时需要考虑进去。

1. 观察二阶电路过阻尼、临界阻尼和欠阻尼下的电容电压的动态响应曲线

（1）在通用电路板上按照图 3.4.9 所示焊接实验电路，可参照图 3.4.10 布局电路。需要注意的是，实验中要求观察不同的电感对动态响应波形的影响，所以在制作电路时要考虑到如何在不损坏元器件的情况下切换元器件。

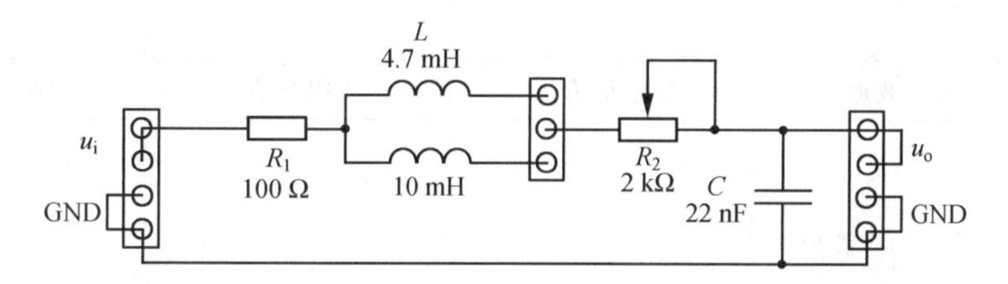

图 3.4.10　实验电路布局图

（2）在如图 3.4.10 所示的电路中选取 $R_1=100\ \Omega$、$L=4.7$ mH、$C=22$ nF，从左侧接入 1 kHz、占空比 50%、0～5 V 的方波信号 u_i，同时使用示波器的 CH1、CH2 通道分别观测输入电压波形和电容电压波形。

（3）调节电位器 R_2，观察二阶电路的零输入响应和零状态响应，由过阻尼过渡到临界阻尼，最后过渡到欠阻尼的变化过程，分别定性地描绘、记录响应的典型变化波形，记入表 3.4.2 中。

（4）将表 3.4.2 与实验准备时得到的 NI Multisim 仿真数据进行比较，并进行数据分析。

表 3.4.2　二阶电路过阻尼、临界阻尼、欠阻尼时的典型波形(L=4.7 mH、C=22 nF)

	响应波形	过阻尼 R_2=	临界阻尼 R_2=	欠阻尼 R_2=
实验前的仿真数据	零输入响应波形			
	零状态响应波形			
	响应波形	过阻尼 R_2=	临界阻尼 R_2=	欠阻尼 R_2=
实验数据	零输入响应波形			
	零状态响应波形			
	响应波形	过阻尼 R_2=	临界阻尼 R_2=	欠阻尼 R_2=
实验后的仿真数据	零输入响应波形			
	零状态响应波形			

注意：在测量 R_2 的阻值时，一定要保证电路是断开的。

(5) 调节电位器 R_2，使示波器上显示稳定的欠阻尼响应波形，定量测量此时电路的衰减振荡角频率 ω_d 和衰减系数 α，按表 3.4.3 记录数据。(表中 R 的值应为 R_1、R_2、电感 L 的阻值、信号源内阻之和。)

表 3.4.3　二阶电路欠阻尼时的数据(L=4.7 mH、C=22 nF)

	R	L	C	振荡周期 T_d	第一波峰峰值 h_1	第二波峰峰值 h_2
实验前的仿真数据						
	$R_2=$			理论值		测量值
	衰减振荡角频率 ω_d					
	衰减系数 α					
	R	L	C	振荡周期 T_d	第一波峰峰值 h_1	第二波峰峰值 h_2
实验数据						
	$R_2=$			理论值		测量值
	衰减振荡角频率 ω_d					
	衰减系数 α					
	R	L	C	振荡周期 T_d	第一波峰峰值 h_1	第二波峰峰值 h_2
实验后的仿真数据						
	$R_2=$			理论值		测量值
	衰减振荡角频率 ω_d					
	衰减系数 α					

2. 观察电感变化对二阶电路过阻尼、临界阻尼和欠阻尼下的电容电压的动态响应的影响

(1) 在如图 3.4.10 所示的电路中选取 R_1=100 Ω、L=10 mH、C=22 nF,从左侧接入 1 kHz,占空比 50%、0~5 V 的方波信号 u_i,同时使用示波器的 CH1、CH2 通道分别观测输入电压波形和电容电压波形。

(2) 调节电位器 R_2,观察二阶电路的零输入响应和零状态响应,由过阻尼过渡到临界阻尼,最后过渡到欠阻尼的变化过程,分别定性地描绘、记录响应的典型变化波形,记录在表 3.4.4 中。

(3) 将表 3.4.4 与实验准备时得到的 NI Multisim 仿真数据进行比较,并进行数据分析。

表 3.4.4　二阶电路过阻尼、临界阻尼、欠阻尼时的典型波形(L=10 mH、C=22 nF)

	响应波形	过阻尼 $R_2=$	临界阻尼 $R_2=$	欠阻尼 $R_2=$
实验前的仿真数据	零输入响应波形			
	零状态响应波形			

续表

	响应波形	过阻尼 $R_2=$	临界阻尼 $R_2=$	欠阻尼 $R_2=$
实验数据	零输入响应波形			
	零状态响应波形			
	响应波形	过阻尼 $R_2=$	临界阻尼 $R_2=$	欠阻尼 $R_2=$
实验后的仿真数据	零输入响应波形			
	零状态响应波形			

注意：在测量 R_2 的阻值时，一定要保证电路是断开的。

(4) 调节电位器 R_2，使示波器上显示稳定的欠阻尼响应波形，定量测量此时电路的衰减振荡角频率 ω_d 和衰减系数 α，按表 3.4.5 记录数据。(表中 R 的值应为 R_1、R_2、电感 L 的阻值、信号源内阻之和。)

表 3.4.5 二阶电路欠阻尼时的数据($L=10$ mH、$C=22$ nF)

	R	L	C	振荡周期 T_d	第一波峰峰值 h_1	第二波峰峰值 h_2
实验前的仿真数据						
	$R_2=$			理论值	测量值	
	衰减振荡角频率 ω_d					
	衰减系数 α					
	R	L	C	振荡周期 T_d	第一波峰峰值 h_1	第二波峰峰值 h_2
实验数据						
	$R_2=$			理论值	测量值	
	衰减振荡角频率 ω_d					
	衰减系数 α					

续表

<table>
<tr><td rowspan="6">实验后的
仿真数据</td><td>R</td><td>L</td><td>C</td><td colspan="2">振荡周期 T_d</td><td>第一波峰峰值 h_1</td><td>第二波峰峰值 h_2</td></tr>
<tr><td></td><td></td><td></td><td colspan="2"></td><td></td><td></td></tr>
<tr><td colspan="3">$R_2=$</td><td colspan="3">理论值</td><td>测量值</td></tr>
<tr><td colspan="3">衰减振荡角频率 ω_d</td><td colspan="3"></td><td></td></tr>
<tr><td colspan="3">衰减系数 α</td><td colspan="3"></td><td></td></tr>
</table>

3．观察二阶电路过阻尼、临界阻尼和欠阻尼下的电容电压的动态响应状态轨迹

（1）在如图 3.4.10 所示的电路中选取 $L=10$ mH，从左侧接入 1 kHz、占空比 50%、0～5 V的方波信号 u_i，同时使用示波器的 CH1、CH2 通道分别接到如图 3.4.11 所示的位置；在示波器的“Acquire”中，将示波器显示方式设置为“X-Y”。由于 CH1 通道测得的是波形为 u_i-u_{R1} 的电压，u_i是一个方波信号，可知 CH1 通道测得的电压波形与回路电流的相位正好相反，只需要在 CH1 菜单设置里选择“反相”，那么 CH1 通道的波形与回路电流的相位相同，电压的大小与电流成正比，同时，“耦合方式”选择“AC”，在这种情况下可以对状态轨迹进行定性的观察。

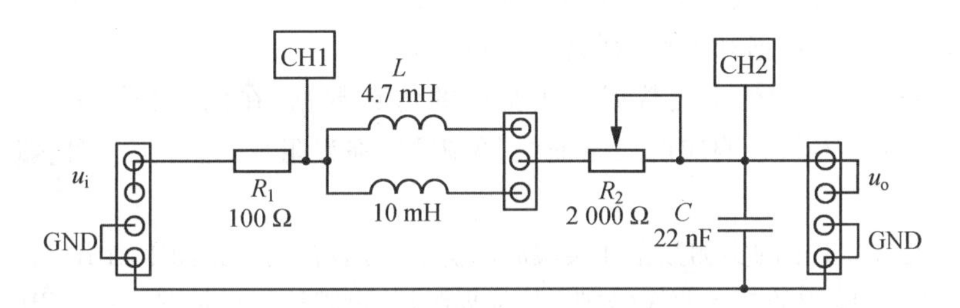

图 3.4.11　示波器测试点示意图

（2）调节电位器 R_2，观察二阶电路的零输入响应和零状态响应，由过阻尼过渡到临界阻尼，最后过渡到欠阻尼的变化过程中状态轨迹的变化，定性地描绘过阻尼、欠阻尼时的典型状态轨迹，并填入表 3.4.6 中。

表 3.4.6　电容电压的状态轨迹

过阻尼时的状态轨迹	欠阻尼时的状态轨迹

【实验要求与注意事项】

（1）本实验中信号的频率以函数信号发生器的频率为准，信号的电压振幅以示波器的测量值为准。

（2）对于回路的总电阻，要考虑到实际电感器自身的直流电阻和电流取样电阻 R_1。

(3) 调节 R_2时，要细心、缓慢，临界阻尼要找准。

(4) 为清楚观察波形，可将一个完整周期内的波形尽可能放大。

(5) 弄清利用示波器测得的响应曲线计算欠阻尼状态的衰减常数 α 和振荡频率 ω_d的理论依据。

(6) 由于示波器的探头 CH1、CH2 的接地端是连在一起的，所以根据图 3.4.10 无法直接测量电路中的电阻电压。在用示波器观察状态轨迹时，通过实验内容与步骤中的测量方法及在电路中串联的采样电阻 R_1，得到与回路电流成正比的电阻电压，从而实现对状态轨迹定性的测量。

【实验报告】

请按照附录实验报告模板的框架结构完成其中所有部分的内容。特别地，把对下面问题的回答写入实验报告中。

(1) 简述二阶 *RLC* 串联电路的动态响应的相关理论、实验内容和实验步骤。

(2) 把实验前对实验电路的仿真数据、实验时焊接电路板的测量数据、实验后根据电路元器件的实际值重新仿真得到的数据分别记录到表 3.4.2 至表 3.4.6 中。实验报告中要重新制表，记录实测数据和实验后的仿真数据。

(3) 根据表 3.4.2 中的实测数据和实验后的仿真数据，在同一张图中画出包含二阶电路的零输入响应、零状态响应的三条曲线(欠阻尼、临界阻尼、过阻尼三种情况)，标出相应阻值。

(4) 根据表 3.4.4 中的实测数据和实验后的仿真数据，在同一张图中画出包含二阶电路的零输入响应、零状态响应的三条曲线(欠阻尼、临界阻尼、过阻尼三种情况)，标出相应阻值。

(5) 根据(3)、(4)的结果分析电感的变化对二阶电路动态响应的影响。

(6) 根据表 3.4.3 和表 3.4.5 的实测数据和实验后的仿真数据，定量计算在不同电路参数下电路的衰减常数 α 和衰减振荡角频率 ω_d。

(7) 根据(6)得到的实测数据计算结果观察 ω_d和 α 的变化趋势，分析衰减振荡角频率 ω_d及衰减系数 α 对波形的影响。

(8) 将(3)、(4)、(6)得到的实测数据结果与实验后的仿真数据结果进行比较，分析产生误差的原因。

(9) 对表 3.4.6 中得到的实测状态轨迹进行定性分析，总结通过状态轨迹能得到哪些有益的结论。

(10) 归纳、总结电路和元件参数的改变对响应变化趋势的影响。

(11) 写下本次实验的心得，提出一些问题或建议。

进一步思考，并回答以下问题：

① 如果矩形脉冲的频率提高(如 2 kHz)，对所观察到的波形是否有影响?

② 当 *RLC* 电路处于过阻尼情况时，若再增加回路的电阻 *R*，对过渡过程有何影响?当电路处于欠阻尼状态时，若再减小回路的电阻 *R*，对过渡过程又有何影响? 为什么? 在什么情况下电路达到稳态的时间最短?

③ 在欠阻尼过渡过程中，电路中能量的转化情况如何?

3.5　串联谐振电路

【实验目的】

- 加深对串联谐振电路条件及特性的理解。
- 掌握谐振频率的测量方法。
- 测定 RLC 串联谐振电路的频率特性曲线。
- 理解品质因数 Q 和通频带 BW 的物理意义及测定方法。
- 熟练掌握电路板的焊接技术和信号发生器、示波器及其他仪器仪表的使用方法。

【实验原理】

串联谐振是指在含有电感(L)和电容(C)的串联电路中，当电路中的电感电压和电容电压大小相等、相位相反，使得电路中的总电压与电流同相位时，电路达到的一种特定的工作状态。在这种状态下，电路对外加交流电源呈现的阻抗最小，电路中的电流达到最大值。

图 3.5.1(a)是一个 RLC 串联电路，激励电源 $u(t)$是一个角频率为 ω 的正弦信号，幅值为 U_S。图 3.5.1(b)是该电路的相量图，该电路的阻抗为 $Z=R+\mathrm{j}\left(\omega L-\frac{1}{\omega C}\right)$。其中，感抗和容抗都与输入信号的角频率 ω 有关。

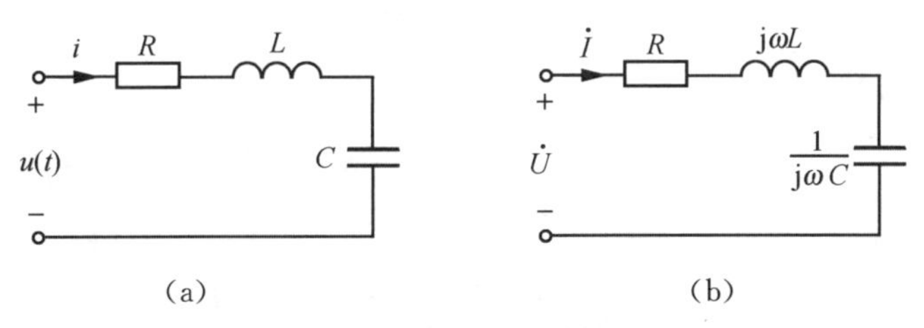

图 3.5.1　*RLC* 串联谐振电路

由于阻抗是一个复向量，可以表示为模和辐角的形式：阻抗的模代表了阻抗的大小，$|Z|=\sqrt{R^2+\left(\omega L-\frac{1}{\omega C}\right)^2}$；辐角 $\varphi=\arctan\frac{\omega L-\frac{1}{\omega C}}{R}$，也称为阻抗角。

当 $\omega L-\frac{1}{\omega C}=0$ 时，电路中的电流与激励电压同相，电路处于谐振状态，此时的谐振角频率 $\omega_0=\frac{1}{\sqrt{LC}}$，谐振频率 $f_0=\frac{1}{2\pi\sqrt{LC}}$。

从谐振频率的计算公式可以看出，谐振频率 ω_0 仅与元器件 L、C 的数值有关，而与电阻 R 和激励电源 $u(t)$的角频率 ω 无关。当 $\omega<\omega_0$ 时，阻抗角 $\varphi<0$，电路呈容性；当 $\omega>\omega_0$ 时，阻抗角 $\varphi>0$，电路呈感性。

1. 电路处于谐振状态时的特性

• 阻抗最小化：在串联谐振电路中，当电感器的感抗值 ωL 等于电容器的容抗值$\frac{1}{\omega C}$时，电路的总阻抗 $Z_0=R$，$|Z_0|$有最小值，这意味着电路对电流的阻碍作用最小，整个回路相当于一个纯电阻电路。

• 电流最大化：在输入信号电压的幅值U_S一定的情况下，由于阻抗最小，电路中的电流达到最大值。

• 电压分布：在谐振状态下，电感、电容上的电压幅值相同，相位相反，电阻电压的幅值 U_R 达到最大。

2. 谐振曲线

电路中电压与电流随频率变化的特性称为频率特性，它们的幅值随频率变化的曲线称为幅频特性曲线，它们的相位随频率变化的曲线称为相频特性曲线。这里研究的是幅频特性曲线，也称为谐振曲线。

如图 3.5.1 所示的电路中，在 U_S、R、L、C 固定的条件下，有

回路电流值 $I=\dfrac{U_S}{\sqrt{R^2+\left(\omega L-\dfrac{1}{\omega C}\right)^2}}$

电阻电压值 $U_R=RI=\dfrac{R}{\sqrt{R^2+\left(\omega L-\dfrac{1}{\omega C}\right)^2}}U_S$

电容电压值 $U_C=\dfrac{1}{\omega C}I=\dfrac{1}{\omega C\sqrt{R^2+\left(\omega L-\dfrac{1}{\omega C}\right)^2}}U_S$

电感电压值 $U_L=\omega LI=\dfrac{\omega L}{\sqrt{R^2+\left(\omega L-\dfrac{1}{\omega C}\right)^2}}U_S$

改变电源角频率 ω，可得到如图 3.5.2 所示的响应电压的幅值 U_R、U_C、U_L 的谐振曲线。从图中可以看出，U_R的最大值在谐振角频率 ω_0 处，此时 $U_L=U_C=QU_S$，Q 为电路的品质因数，定义见式(3.5.1)。U_C的最大值在 $\omega<\omega_0$ 处，U_L 的最大值在 $\omega>\omega_0$ 处。

注意，只有当 $Q>\frac{1}{\sqrt{2}}$时，U_C 和 U_L 曲线才出现最大值，否则 U_C将单调下降趋于 0，U_L将单调上升趋于 U_S。

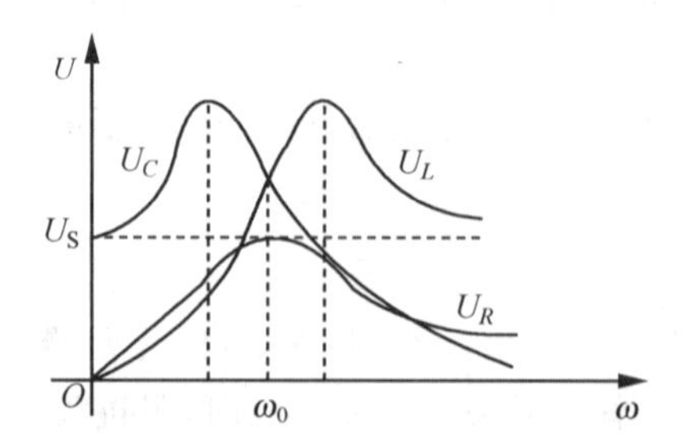

图 3.5.2 不同电源角频率 ω 时电路响应的谐振曲线

3. 电路的通频带 BW 和品质因数 Q

(1) 电路的通频带。电路的通频带是指电路能够有效传输信号的频率范围，又称频带宽度(Band Width，简称 BW)，通常以 3 dB 点(信号幅度下降到最大值的 $1/\sqrt{2}$)来定义。对于图 3.5.1 所示的 RLC 串联电路，称回路电流下降到峰值的 0.707 倍时所对应的频率为截止频率，介于两截止频率间的频率范围，即为 BW，如图 3.5.3 所示。

(2) 电路的品质因数。品质因数一般以 Q 表示，可以定义为电路发生谐振时，电感上的电压(或电容上的电压)与激励电压之比，即

$$Q=\frac{U_L(\omega_0)}{U_S}=\frac{U_C(\omega_0)}{U_S}=\frac{\omega_0 L}{R}=\frac{1}{R}\sqrt{\frac{L}{C}} \tag{3.5.1}$$

也可以定义为谐振频率 f_0 与电路的 3 dB 带宽 BW 的比值，即 $Q=\frac{f_0}{\mathrm{BW}}$。

品质因数 Q 是衡量谐振电路性能的一个重要参数，图 3.5.3 给出了在不同 Q 值时 RLC 串联电路中电流的频率特性曲线，采用了归一化的纵坐标 I/I_0。在电路发生谐振时，电路表现为纯阻性，电流 I 达到最大值 I_0，此时曲线有最大值 1。电路的 Q 值与电路的通频带 BW 成反比，Q 值愈大，曲线尖峰值愈陡峭，其选择性就愈好，但电路通过的信号频带越窄，即通频带越窄。

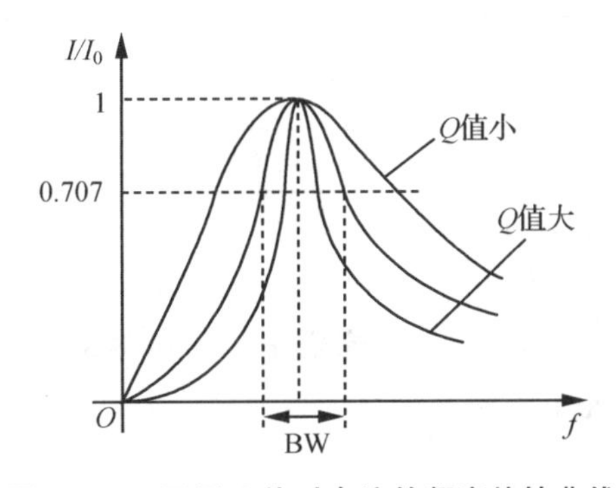

图 3.5.3　不同 Q 值时电流的频率特性曲线

【实验准备】

(1) 认真阅读实验原理部分，学习电路处于谐振状态时的特性及谐振曲线的相关理论。

(2) 使用 NI Multisim 软件参照图 3.5.4 绘制 RLC 串联电路，按照实验内容中介绍的谐振频率的测量方法，根据表 3.5.2 给定的电路参数，选用交互式仿真方法测量谐振频率，并将测量数据记录在表 3.5.2 中。

(3) 使用 NI Multisim 软件参照图 3.5.4 绘制 RLC 串联电路，按照表 3.5.2 中不同 L、R 的组合方式，根据表 3.5.3、表 3.5.5、表 3.5.7、表 3.5.9 的测量要求，选取自己擅长的分析方法，测量输入频率不同时的电容电压、电感电压和电阻电压的有效值，填入表格，并对这些数据进行进一步计算，填入表 3.5.4、表 3.5.6、表 3.5.8、表 3.5.10。

【实验器材】

通用电路板一块、函数信号发生器一台、数字示波器一台、多用表一只、元器件若干。

【实验内容与步骤】

实验电路如图 3.5.4 所示。本实验通过改变电源电压的频率，观察电路发生谐振的规律。通过实验测量决定谐振性能的品质因数 Q 和通频带 BW。

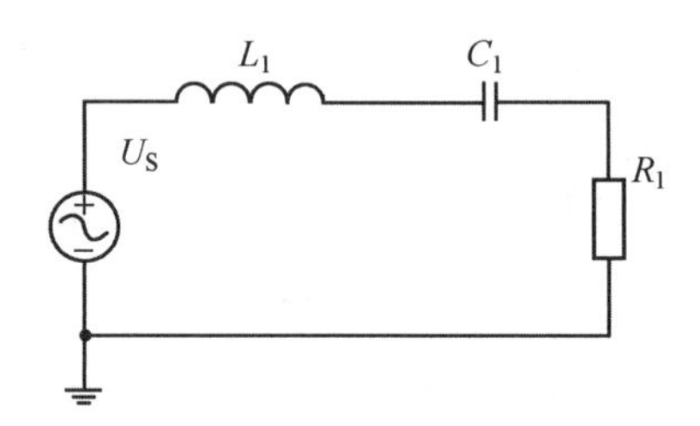

图 3.5.4 *RLC* 串联谐振实验电路

记录本实验用到的元器件的实际值(表 3.5.1)。

表 3.5.1 实验中用到的元器件的实际值

100 Ω 电阻实际值	1 kΩ 电阻实际值	100 nF 电容实际值	4.7 mH 电感内阻/Ω	10 mH 电感内阻/Ω

1. 测量电路的谐振频率 f_0

(1) 在通用电路板上按照图 3.5.4 焊接实验电路，可参照图 3.5.5 布局电路。需要注意的是，实验中要求测量在不同元器件参数下的谐振频率，所以在制作电路时要考虑到如何在不损坏元器件的情况下切换元器件。

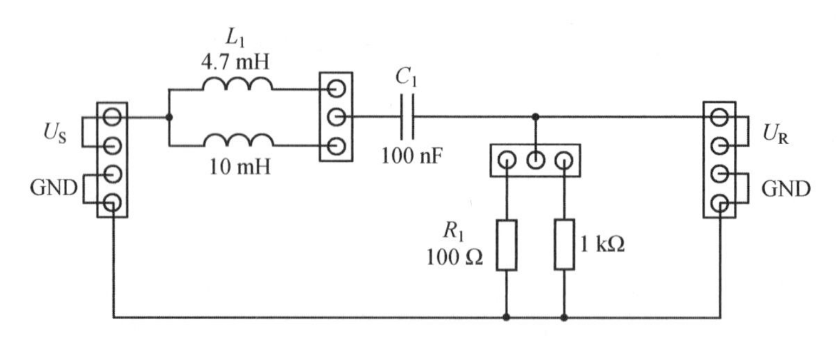

图 3.5.5 实验电路布局图

(2) 在如图 3.5.5 所示的电路中选取 $L_1=4.7$ mH，$R_1=100$ Ω，从左侧接入 $V_{pp}=1$ V 的正弦信号 U_S，同时使用示波器的 CH1、CH2 通道分别观测输入电压 U_S 和电阻电压 U_R 的波形。

这里给出两种测量 f_0 值的方法，分别是电压测量法和李萨如图形法。

- 电压测量法：维持信号源的输出幅度不变，令信号源的频率由小逐渐变大，测量 R

两端的电压 U_R，当 U_R 的读数为最大时，读得的频率值即为电路的谐振频率 f_0。

• 李萨如图形法：根据电路发生谐振时输入信号和电阻电压相位一致的特性，将这两路信号分别接入示波器的两个通道，并把示波器设定在 X-Y 模式，如图 3.5.6 所示。调节函数信号发生器的信号频率，可以在示波器上看到一个轴矩变化的椭圆，当椭圆变成一条直线时，此时的电路发生了谐振，输入信号的频率就是谐振频率 f_0。

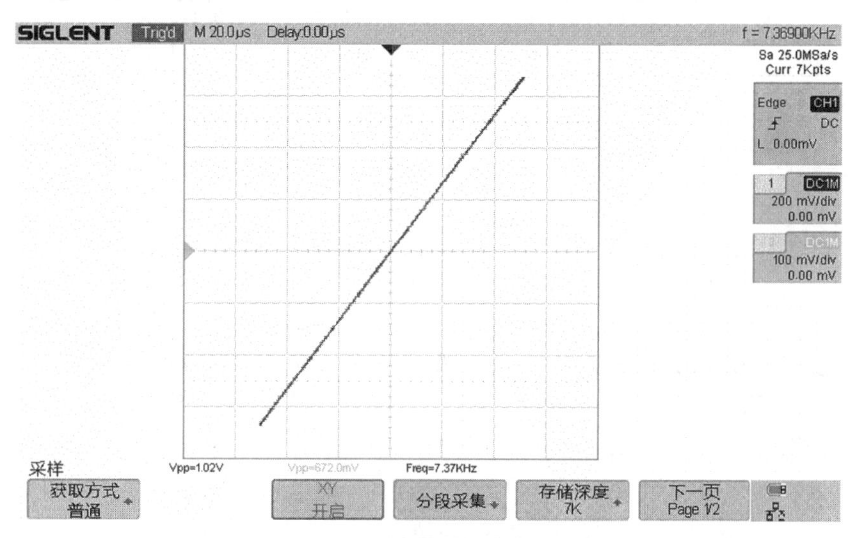

图 3.5.6　示波器上的李萨如图形

使用电压测量法需要注意的是，电阻电压的读取有两种方式，可以使用多用表测量 U_R，也可以使用示波器的测量功能来读取 U_R。由于用多用表测量交流电压，读到的值为有效值，为统一起见，测量电压数据使用有效值(或称均方根值 U_{rms})。另外，因为函数信号发生器有内阻且内阻通常为 50 Ω，所以当改变函数信号发生器输出信号的幅值和频率时，实际加到电路上的信号幅值达不到标称值。在测量过程中，一定要监测实际加到电路上的信号幅值，保证数据的一致性。

(3) 改变电路中的元器件参数，选取 $L_1=10$ mH，$R_1=100$ Ω，从左侧接入 $V_{pp}=1$ V 的正弦信号 U_S，同时使用示波器的 CH1、CH2 通道分别观测输入电压 U_S 和电阻电压 U_R 的波形。测量此时电路的谐振频率 f_0，并将数据填入表 3.5.2 中。

(4) 改变电路中的元器件参数，选取 $L_1=4.7$ mH，$R_1=1$ kΩ，从左侧接入 $V_{pp}=1$ V 的正弦信号 U_S，同时使用示波器的 CH1、CH2 通道分别观测输入电压 U_S 和电阻电压 U_R 的波形，测量此时电路的谐振频率 f_0，并将数据填入表 3.5.2 中。

(5) 改变电路中的元器件参数，选取 $L_1=10$ mH，$R_1=1$ kΩ，从左侧接入 $V_{pp}=1$ V 的正弦信号 U_S，同时使用示波器的 CH1、CH2 通道分别观测输入电压 U_S 和电阻电压 U_R 的波形，测量此时电路的谐振频率 f_0，并将数据填入表 3.5.2 中。

表 3.5.2 不同 L、R 组合下的谐振数据

<table>
<tr><td rowspan="3">实验前的仿真数据</td><td>电路参数</td><td>$L_1=4.7$ mH，$R_1=100\ \Omega$</td><td>$L_1=10$ mH，$R_1=100\ \Omega$</td><td>$L_1=4.7$ mH，$R_1=1$ kΩ</td><td>$L_1=10$ mH，$R_1=1$ kΩ</td></tr>
<tr><td>谐振频率 f_0</td><td></td><td></td><td></td><td></td></tr>
<tr><td>谐振电压 U_R</td><td></td><td></td><td></td><td></td></tr>
<tr><td rowspan="3">实验数据</td><td>电路参数</td><td>$L_1=4.7$ mH，$R_1=100\ \Omega$</td><td>$L_1=10$ mH，$R_1=100\ \Omega$</td><td>$L_1=4.7$ mH，$R_1=1$ kΩ</td><td>$L_1=10$ mH，$R_1=1$ kΩ</td></tr>
<tr><td>谐振频率 f_0</td><td></td><td></td><td></td><td></td></tr>
<tr><td>谐振电压 U_R</td><td></td><td></td><td></td><td></td></tr>
<tr><td rowspan="3">实验后的仿真数据</td><td>电路参数</td><td>$L_1=4.7$ mH，$R_1=100\ \Omega$</td><td>$L_1=10$ mH，$R_1=100\ \Omega$</td><td>$L_1=4.7$ mH，$R_1=1$ kΩ</td><td>$L_1=10$ mH，$R_1=1$ kΩ</td></tr>
<tr><td>谐振频率 f_0</td><td></td><td></td><td></td><td></td></tr>
<tr><td>谐振电压 U_R</td><td></td><td></td><td></td><td></td></tr>
</table>

2. 测量 U_R、U_C、U_L 的频率特性曲线及通频带 BW 和品质因数 Q

(1) 改变电路中的元器件参数，选取 $L_1=4.7$ mH，$R_1=100\ \Omega$，从左侧接入 $V_{pp}=1$ V 的正弦信号 U_S，同时使用示波器的 CH1、CH2 通道分别观测输入电压 U_S 和电阻电压 U_R 的波形，以谐振频率 f_0 为中心，保持信号幅度不变，调整输入信号的频率，测量电阻电压 U_R、电容电压 U_C、电感电压 U_L 的有效值，并填入表 3.5.3 中。(U_R、U_C、U_L 均使用台式多用表测量。)

表 3.5.3 谐振曲线数据($L_1=4.7$ mH，$R_1=100\ \Omega$)

<table>
<tr><td rowspan="16">实验前的仿真数据</td><td>频率/kHz</td><td>U_R/V</td><td>U_L/V</td><td>U_C/V</td></tr>
<tr><td>3.0</td><td></td><td></td><td></td></tr>
<tr><td>3.5</td><td></td><td></td><td></td></tr>
<tr><td>4.0</td><td></td><td></td><td></td></tr>
<tr><td>4.5</td><td></td><td></td><td></td></tr>
<tr><td>5.0</td><td></td><td></td><td></td></tr>
<tr><td>5.5</td><td></td><td></td><td></td></tr>
<tr><td>6.0</td><td></td><td></td><td></td></tr>
<tr><td>6.5</td><td></td><td></td><td></td></tr>
<tr><td>7.0</td><td></td><td></td><td></td></tr>
<tr><td>7.5</td><td></td><td></td><td></td></tr>
<tr><td>8.0</td><td></td><td></td><td></td></tr>
<tr><td>8.5</td><td></td><td></td><td></td></tr>
<tr><td>9.0</td><td></td><td></td><td></td></tr>
<tr><td>9.5</td><td></td><td></td><td></td></tr>
<tr><td>10.0</td><td></td><td></td><td></td></tr>
</table>

续表

	频率/kHz	U_R/V	U_L/V	U_C/V
实验前的仿真数据	10.5			
	11.0			
	11.5			
	12.0			
	14.0			
	16.0			
	18.0			
	20.0			
实验数据	频率/kHz	U_R/V	U_L/V	U_C/V
	3.0			
	3.5			
	4.0			
	4.5			
	5.0			
	5.5			
	6.0			
	6.5			
	7.0			
	7.5			
	8.0			
	8.5			
	9.0			
	9.5			
	10.0			
	10.5			
	11.0			
	11.5			
	12.0			
	14.0			
	16.0			
	18.0			
	20.0			

续表

	频率/kHz	U_R/V	U_L/V	U_C/V
实验后的仿真数据	3.0			
	3.5			
	4.0			
	4.5			
	5.0			
	5.5			
	6.0			
	6.5			
	7.0			
	7.5			
	8.0			
	8.5			
	9.0			
	9.5			
	10.0			
	10.5			
	11.0			
	11.5			
	12.0			
	14.0			
	16.0			
	18.0			
	20.0			

(2) 以谐振频率 f_0 为中心，左右各找出第一个电压值降为最大值的 0.707 倍时的频率 f_L、f_H，并填入表 3.5.4 中。

(3) 根据表 3.5.4 测量得到的 f_L、f_H，计算 BW、Q 值，继续填入表 3.5.4 中。

表 3.5.4　计算 BW、Q 值所需测量数据($L_1=4.7$ mH,$R_1=100\ \Omega$)

实验前的仿真数据	U_R(谐振点电压)	
	U_R(−3 dB 电压)	
	f_L(下限截止频率)	
	f_H(上限截止频率)	
	$BW=f_H-f_L$	
	$Q=\frac{f_0}{BW}$	

续表

实验数据	U_R（谐振点电压）	
	U_R（−3 dB 电压）	
	f_L（下限截止频率）	
	f_H（上限截止频率）	
	$BW=f_H-f_L$	
	$Q=\frac{f_0}{BW}$	
实验后的仿真数据	U_R（谐振点电压）	
	U_R（−3 dB 电压）	
	f_L（下限截止频率）	
	f_H（上限截止频率）	
	$BW=f_H-f_L$	
	$Q=\frac{f_0}{BW}$	

3. 测量 R、L 改变对电路品质因数 Q 值的影响

(1) 改变电路中的元器件参数，选取 $L_1=10$ mH、$R_1=100$ Ω，从左侧接入 $V_{pp}=1$ V 的正弦信号 U_S，同时使用示波器的 CH1、CH2 通道分别观测输入电压 U_S 和电阻电压 U_R 的波形，以谐振频率 f_0 为中心，保持信号幅度不变（注意：因为电源内阻的原因，在频率改变时电路的阻抗会发生变化，从而导致函数信号发生器加到电路输入端的电压会发生变化，必要时需要适当调整函数信号发生器的输出电压幅度），调整输入信号的频率，测量电阻电压 U_R 的有效值，并填入表 3.5.5 中。

表 3.5.5　谐振曲线数据（$L_1=10$ mH，$R_1=100$ Ω）

	频率/kHz	U_R/V
实验前的仿真数据	3.0	
	3.5	
	4.0	
	4.5	
	5.0	
	5.5	
	6.0	
	6.5	
	7.0	
	7.5	
	8.0	
	8.5	

续表

	频率/kHz	U_R/V
实验前的仿真数据	9.0	
	9.5	
	10.0	
	10.5	
	11.0	
	11.5	
	12.0	
	14.0	
	16.0	
	18.0	
	20.0	
实验数据	频率/kHz	U_R/V
	3.0	
	3.5	
	4.0	
	4.5	
	5.0	
	5.5	
	6.0	
	6.5	
	7.0	
	7.5	
	8.0	
	8.5	
	9.0	
	9.5	
	10.0	
	10.5	
	11.0	
	11.5	
	12.0	
	14.0	
	16.0	
	18.0	
	20.0	

续表

	频率/kHz	U_R/V
实验后的仿真数据	3.0	
	3.5	
	4.0	
	4.5	
	5.0	
	5.5	
	6.0	
	6.5	
	7.0	
	7.5	
	8.0	
	8.5	
	9.0	
	9.5	
	10.0	
	10.5	
	11.0	
	11.5	
	12.0	
	14.0	
	16.0	
	18.0	
	20.0	

(2) 以谐振频率 f_0 为中心，左右各找出第一个电压值降为最大值的 0.707 倍时的频率 f_L、f_H，并填入表 3.5.6 中。

(3) 根据表 3.5.6 测量得到的 f_L、f_H，计算 BW、Q 值，继续填入表格中。

表 3.5.6　计算 BW、Q 值所需测量数据($L_1=10$ mH，$R_1=100$ Ω)

实验前的仿真数据	U_R(谐振点电压)	
	U_R(−3dB 电压)	
	f_L(下限截止频率)	
	f_H(上限截止频率)	
	$\mathrm{BW}=f_H-f_L$	
	$Q=\frac{f_0}{\mathrm{BW}}$	

续表

实验数据	U_R(谐振点电压)	
	U_R(−3dB 电压)	
	f_L(下限截止频率)	
	f_H(上限截止频率)	
	$BW=f_H-f_L$	
	$Q=\frac{f_0}{BW}$	
实验后的仿真数据	U_R(谐振点电压)	
	U_R(−3dB 电压)	
	f_L(下限截止频率)	
	f_H(上限截止频率)	
	$BW=f_H-f_L$	
	$Q=\frac{f_0}{BW}$	

(4) 改变电路中的元器件参数,选取 $L_1=4.7$ mH,$R_1=1$ kΩ,从左侧接入 $V_{pp}=1$ V 的正弦信号 U_S,同时使用示波器的 CH1、CH2 通道分别观测输入电压 U_S的波形和电阻电压 U_R的波形,以谐振频率 f_0为中心,保持信号幅度不变,调整输入信号的频率,测量电阻电压 U_R的有效值,并填入表 3.5.7 中。

表 3.5.7 谐振曲线数据($L_1=4.7$ mH,$R_1=1$ kΩ)

	频率/kHz	U_R/V
实验前的仿真数据	0.5	
	1	
	3	
	5	
	7	
	9	
	11	
	13	
	15	
	17	
	20	
	23	
	27	

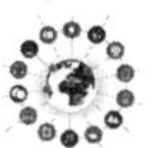

续表

	频率/kHz	U_R/V
实验前的仿真数据	29	
	31	
	33	
	35	
	37	
	39	
	41	
	43	
	45	
	50	
	100	
实验数据	频率/kHz	U_R/V
	0.5	
	1	
	3	
	5	
	7	
	9	
	11	
	13	
	15	
	17	
	20	
	23	
	27	
	29	
	31	
	33	
	35	
	37	
	39	
	41	
	43	
	45	
	50	
	100	

续表

	频率/kHz	U_R/V
实验后的仿真数据	0.5	
	1	
	3	
	5	
	7	
	9	
	11	
	13	
	15	
	17	
	20	
	23	
	27	
	29	
	31	
	33	
	35	
	37	
	39	
	41	
	43	
	45	
	50	
	100	

(5) 以谐振频率 f_0 为中心，左右各找出第一个电压值降为最大值的 0.707 倍时的频率 f_L、f_H，并填入表 3.5.8 中。

(6) 根据表 3.5.8 测量得到的 f_L、f_H，计算 BW、Q 值，继续填入表格中。

表 3.5.8 计算 BW、Q 值所需测量数据($L_1=4.7$ mH，$R_1=1$ kΩ)

实验前的仿真数据	U_R(谐振点电压)	
	U_R(−3dB 电压)	
	f_L(低端截止频率)	
	f_H(高端截止频率)	
	$\mathrm{BW}=f_H-f_L$	
	$Q=\frac{f_0}{\mathrm{BW}}$	

续表

实验数据	U_R(谐振点电压)	
	U_R(−3dB 电压)	
	f_L(低端截止频率)	
	f_H(高端截止频率)	
	$BW=f_H-f_L$	
	$Q=\frac{f_0}{BW}$	
实验后的仿真数据	U_R(谐振点电压)	
	U_R(−3dB 电压)	
	f_L(低端截止频率)	
	f_H(高端截止频率)	
	$BW=f_H-f_L$	
	$Q=\frac{f_0}{BW}$	

(7) 改变电路中的元器件参数,选取 $L_1=10$ mH、$R_1=1$ kΩ,从左侧接入 $V_{pp}=1$ V 的正弦信号 U_S,同时使用示波器的 CH1、CH2 通道分别观测输入电压 U_S和电阻电压 U_R的波形,以谐振频率 f_0为中心,保持信号幅度不变,调整输入信号的频率,测量电阻电压 U_R的有效值,并填入表 3.5.9 中。

表 3.5.9 谐振曲线数据($L_1=10$ mH,$R_1=1$ kΩ)

	频率/kHz	U_R/V
实验前的仿真数据	0.5	
	1	
	3	
	5	
	7	
	9	
	11	
	13	
	15	
	17	
	20	
	23	
	27	
	29	
	31	

续表

	频率/kHz	U_R/V
实验前的仿真数据	33	
	35	
	37	
	39	
	41	
	43	
	45	
	50	
	100	
	频率/kHz	U_R/V
实验数据	0.5	
	1	
	3	
	5	
	7	
	9	
	11	
	13	
	15	
	17	
	20	
	23	
	27	
	29	
	31	
	33	
	35	
	37	
	39	
	41	
	43	
	45	
	50	
	100	

续表

	频率/kHz	U_R/V
实验后的仿真数据	0.5	
	1	
	3	
	5	
	7	
	9	
	11	
	13	
	15	
	17	
	20	
	23	
	27	
	29	
	31	
	33	
	35	
	37	
	39	
	41	
	43	
	45	
	50	
	100	

(8) 以谐振频率 f_0 为中心，左右各找出第一个电压值降为最大值的 0.707 倍时的频率 f_L、f_H，并填入表 3.5.10 中。

(9) 根据表 3.5.10 测量得到的 f_L、f_H，计算 BW、Q 值，继续填入表格中。

表 3.5.10　计算 BW、Q 值所需测量数据($L_1=10$ mH，$R_1=1$ kΩ)

实验前的仿真数据	U_R(谐振点电压)	
	U_R(−3dB 电压)	
	f_L(低端截止频率)	
	f_H(高端截止频率)	
	$BW=f_H-f_L$	
	$Q=\frac{f_0}{BW}$	

续表

实验数据	U_R(谐振点电压)	
	U_R(−3dB 电压)	
	f_L(低端截止频率)	
	f_H(高端截止频率)	
	$BW=f_H-f_L$	
	$Q=\frac{f_0}{BW}$	
实验后的仿真数据	U_R(谐振点电压)	
	U_R(−3dB 电压)	
	f_L(低端截止频率)	
	f_H(高端截止频率)	
	$BW=f_H-f_L$	
	$Q=\frac{f_0}{BW}$	

【实验要求与注意事项】

(1) 正式实验前一定要完成对所用元器件实际值的测量和记录工作，在进行理论计算时要以实际值代入，而不能直接使用标称值。

(2) 本实验中信号的频率以函数信号发生器的频率为准，信号的电压振幅以数字示波器的测量值为准。

(3) 在变换频率测试前，应调整函数信号发生器的信号输出幅度(用示波器监视输出幅度)，使其保持不变。

(4) 利用 $Q=\frac{1}{R}\sqrt{\frac{L}{C}}$ 求品质因数的理论值时，要计入信号源的内阻、电感的阻值。

【实验报告】

请按照附录实验报告模板的框架结构完成其中所有部分的内容。特别地，把对下面问题的回答写入实验报告中。

(1) 简述 RLC 串联谐振电路的相关理论及本实验中实验内容和实验步骤。

(2) 把实验前对实验电路的仿真数据、实验时焊接电路板的测量数据、实验后根据电路元器件的实际值重新仿真得到的数据分别记录到表 3.5.2 至表 3.5.10 中。实验报告中要重新制表，记录实测数据和实验后的仿真数据。

(3) 根据表 3.5.2 中的实验数据，与实验后仿真得到的谐振频率进行比较，得出结论，并分析误差来源。

(4) 根据表 3.5.4、表 3.5.6、表 3.5.8、表 3.5.10 的实验数据和实验后的仿真数据，分别得出电路在不同元器件参数下的截止频率和通频带 BW 及 Q 值。比较实测和实验后仿真两种情况下的 BW 及 Q 值，得出结论，并分析误差来源。

(5) 根据表 3.5.3 的实验数据，在同一个坐标里绘制电阻、电感、电容电压的频率特性曲线，总结这些曲线具有怎样的特点。

(6) 根据 3.5.3、表 3.5.5、表 3.5.7、表 3.5.9 中的实测数据，在同一个坐标里绘制电阻电压的频率特性曲线，总结测量 R、L 改变对电路通频带 BW 和品质因数 Q 值的影响。

(7) 根据表 3.5.3 中实验后的仿真数据，在同一个坐标里绘制电阻、电感、电容电压的频率特性曲线，与(5)中获得的实验电路的电阻、电感、电容电压的频率特性曲线相比较，分析其异同。

(8) 根据 3.5.3、表 3.5.5、表 3.5.7、表 3.5.9 中实验后的仿真数据，在同一个坐标里绘制电阻电压的频率特性曲线，与(6)中获得的实验电路的电阻电压的频率特性曲线相比较，分析其异同。

(9) 通过本次实验，总结、归纳串联谐振电路的特性。

(10) 写下本次实验的心得，提出一些问题或建议。

第4章 信号与系统实验

“信号与系统”是一门对连续时间信号和线性连续时间系统进行时域、频域和拉普拉斯域分析的理论课程，为了让学生能更好地理解“信号与系统”的理论及应用，本章设计了四个“信号与系统”的验证性实验：周期信号的频谱测量、连续时间系统的模拟、*RC* 低通滤波器的频率响应特性、有源二阶 *RC* 带通和带阻滤波器的传输特性。

4.1 周期信号的频谱测量

【实验目的】

- 了解信号频谱测量的基本原理，学会使用有关频谱测量的仪器。
- 掌握周期性正弦信号、三角波信号和矩形脉冲信号的振幅频谱的测量方法。
- 研究周期性矩形脉冲信号，分析该类信号的脉冲宽度、周期对频谱特性的影响，加深对周期性信号频谱特点的理解。

【实验原理】

1. 信号的频谱

信号的时域特性和频域特性是信号的两种不同描述方式，它们之间具有对应关系。当需要讨论信号的振幅随时间变化的特性时，采用信号的时域分析方法；当需要讨论信号的振幅或相位与频率的关系时，则采用信号的频域分析方法。

对于一个周期性信号 $f(t)$，只要满足狄利克雷(Dirichlet)条件，就可以将它展开成三角函数形式或指数函数形式的傅里叶级数。例如，对于一个周期为 T 的时域周期性信号 $f(t)$，可以用三角函数形式的傅里叶级数求出它的各次分量，在区间(t_1, t_1+T)内表示为

$$f(t) = a_0 + \sum_{n=1}^{\infty}[a_n\cos(n\omega t) + b_n\sin(n\omega t)]$$

即将信号分解成直流分量及许多余弦分量和正弦分量，研究其频谱分布情况。

信号的时域特性与频域特性之间有着密切的内在联系，这种联系可以用图 4.1.1 表示。从图 4.1.1 的正方向看去是信号在幅度-时间坐标系统中的图形，即波形图；从图 4.1.1 的侧方向看去则是信号在幅度-频率坐标系统中的图形，即振幅频谱图。信号的波

形和振幅频谱的对应关系并非唯一。对于具有相同频率和振幅的各频率分量（振幅频谱是相同的），由于初相不同，因此可以合成不同的波形，如图 4.1.2 所示。在研究信号的频域特性时，相位对系统的影响不可忽视。

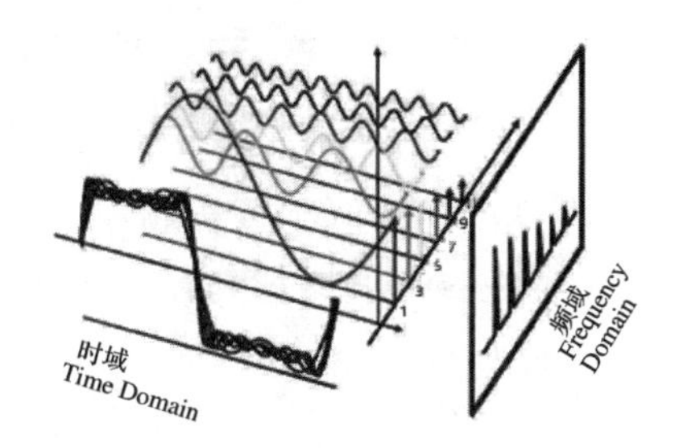

图 4.1.1　矩形信号的时域特性和频域特性

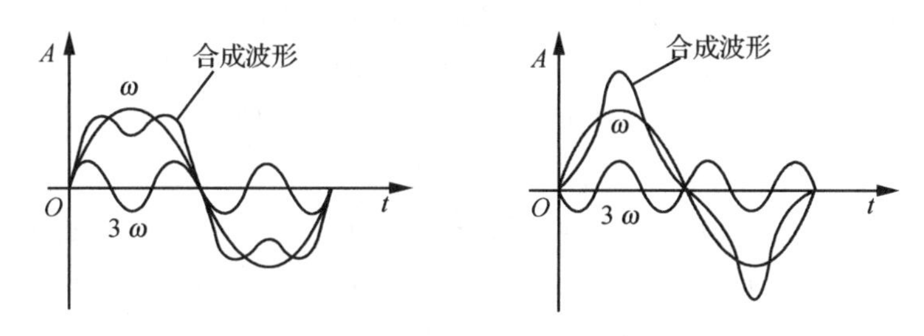

图 4.1.2　初相不同时合成的波形不同

2. 周期性信号幅度频谱的测量方法

把周期性信号分解得到的各次谐波分量按频率的高低排列，就可以得到频谱图。从频谱图上可以直观地看出各频率分量所占的比例。反映各频率分量振幅的频谱称为振幅频谱，反映各频率分量相位的频谱称为相位频谱。本实验主要研究信号的振幅频谱。

周期性信号的振幅频谱具有离散性、谐波性和收敛性。测量时，可以利用这些性质寻找被测频率点，分析测量结果。

有两种技术方法可完成信号频域测量（统称为频谱分析）。

（1）快速傅里叶分析法。

快速傅里叶分析法简称为 FFT 分析法，它使用数值计算的方法处理一段时间内的信号，分析出信号的频率组成，给出各频率成分的幅度和相位信息。

用 FFT 分析法进行频谱分析的原理框图如图 4.1.3 所示。其工作原理为：首先将被测信号 $x_a(t)$ 通过一个可变增益的放大器，使其幅度与设备的 A/D 转换器的输入信号幅度范围相匹配；然后信号经过前置的低通滤波器，将信号中大于二分之一采样频率的高频分量过滤掉，防止采样时出现频谱混叠现象；处理后的信号 $x(t)$ 再经过 A/D 转换（包括采样和量化两个步骤），得到离散的且被数字编码的数字信号 $x_d(n)$；使用微处理器（或其他数字电路，如 FPGA、DSP）对该数字信号进行处理，利用 FFT 算法计算信号的频谱 $X(f)$，并将结果记录和显示在屏幕上。

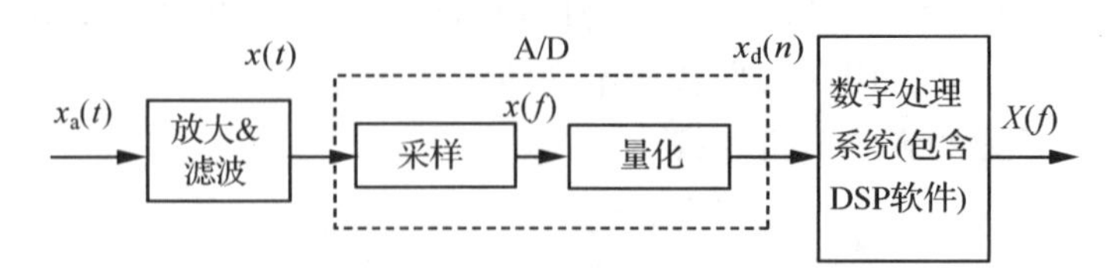

图 4.1.3　用 FFT 分析法进行频谱分析的原理框图

FFT 分析法的特点是速度快、精度高，但其分析频率带宽受 ADC 采样速率限制，适合分析窄带宽信号。现在市面上的数字示波器都具有 FFT 分析功能。

(2) 扫频式频谱分析法。

扫频式频谱分析法是一种顺序分析法，在确定了频率扫描的范围之后，只使用一个滤波器，滤波器的中心频率是可调的。测量时，依次将滤波器的中心频率调到被扫频范围内的某个频率上，在滤波器的输出端便可依次测出被测信号在这个频率上的幅度。扫频式频谱分析法既可以分析周期信号，也可以分析非周期信号，可提供信号幅度和频率信息，适用于宽频带快速扫描测试。市面上的频谱分析仪通常使用扫频超外差的原理工作。

数字式扫频超外差频谱分析仪的系统结构如图 4.1.4 所示，它的工作原理是：本地振荡器采用扫频振荡器，它的输出信号与被测信号中的各个频率分量在混频器内依次进行差频变换，所产生的中频信号经过放大、滤波和检波，在测量和显示各环节采用微处理器控制，测量得到的各频率分量的幅值和对应的频率信息均储存在微处理器中，可以通过程序控制，实现频谱在屏幕上的显示，从而实现对信号频率成分的测量和分析。

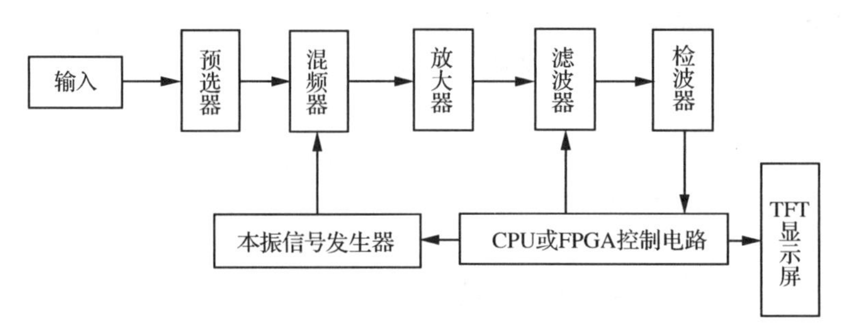

图 4.1.4　数字式扫频超外差频谱分析仪的系统结构

3. 周期性正弦信号及其频谱

周期性正弦信号可表示为

$$f(t)=V_m\sin(\omega t+\varphi)$$

式中，V_m是信号的振幅，ω 是信号的模拟角频率，φ 是信号的初始相位。由上式可知，周期性正弦信号是只含有单一频率的信号，因此其幅度谱为一条竖线。

4. 周期性三角波信号及其频谱

周期性三角波信号的波形如图 4.1.5 所示。

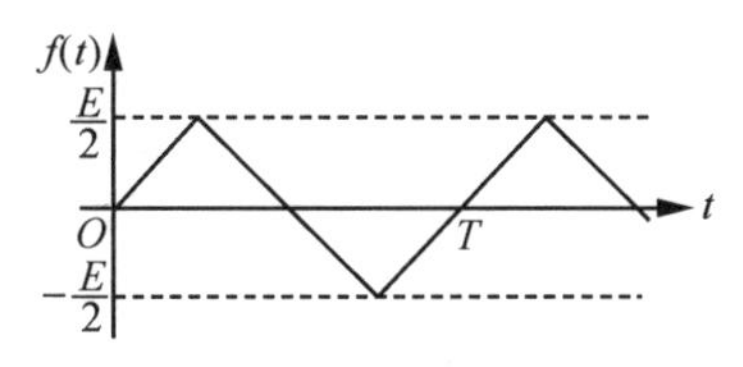

4.1.5　周期性三角波信号的波形

该信号的周期为 T，振幅为$\frac{E}{2}$，它的傅里叶级数可表示为

$$f(t)=\frac{4E}{\pi^2}\left[\cos(\omega t)+\frac{1}{3^2}\cos(3\omega t)+\frac{1}{5^2}\cos(5\omega t)+\cdots+\frac{1}{n^2}\cos(n\omega t)+\cdots\right]$$

$$n=1,3,5,\cdots$$

由上式可知，其振幅频谱只包含奇次谐波的频率分量，$\omega=\frac{2\pi}{T}$。

5．周期性矩形脉冲信号及其频谱

一个振幅为 E、脉冲宽度为 τ、重复周期为 T 的矩形脉冲信号的波形如图 4.1.6 所示。

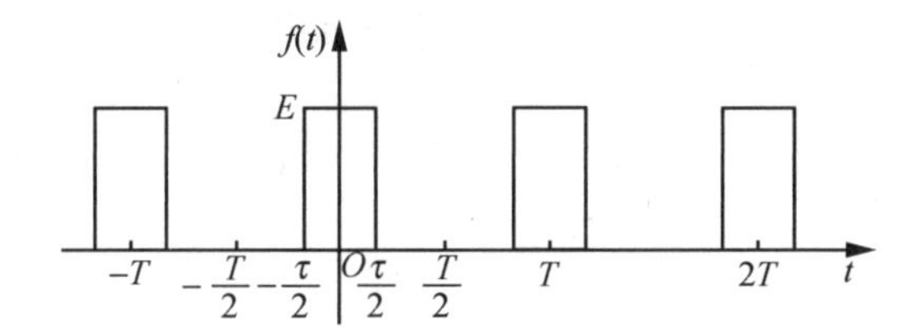

图 4.1.6　周期性矩形脉冲信号的波形

其傅里叶级数为

$$f(t)=\frac{E\tau}{T}+\frac{2E\tau}{T}\sum_{n=1}^{\infty}Sa\left(\frac{n\pi\tau}{T}\right)\cos(n\omega t)=\frac{E\tau}{T}+\frac{2E\tau}{T}\sum_{n=1}^{\infty}\frac{\sin(n\pi\tau/T)}{n\pi\tau/T}\cos(n\omega t)$$

式中，$Sa\left(\frac{n\pi\tau}{T}\right)$为抽样函数。

由此可见，周期性矩形脉冲信号的频谱为离散谱，信号第 n 次谐波的振幅为

$$a_n=\frac{2E\tau}{T}\sum_{n=1}^{\infty}Sa\left(\frac{n\pi\tau}{T}\right), n=1,2,3,\cdots$$

第 n 次谐波的振幅 a_n的大小与 E、τ 成正比，与 T 成反比；矩形脉冲信号的周期 T 决定了频谱中两条谱线的间隔 $f=\frac{1}{T}$；矩形脉冲信号的脉冲宽度 τ 与频谱中的频带宽度 B_f 成反比。

图 4.1.7 展示了两组时间信号的振幅 E、周期 T 相同，脉冲宽度分别为 $\tau=\frac{T}{2}$和$\tau=\frac{T}{4}$时的频谱分布情况。

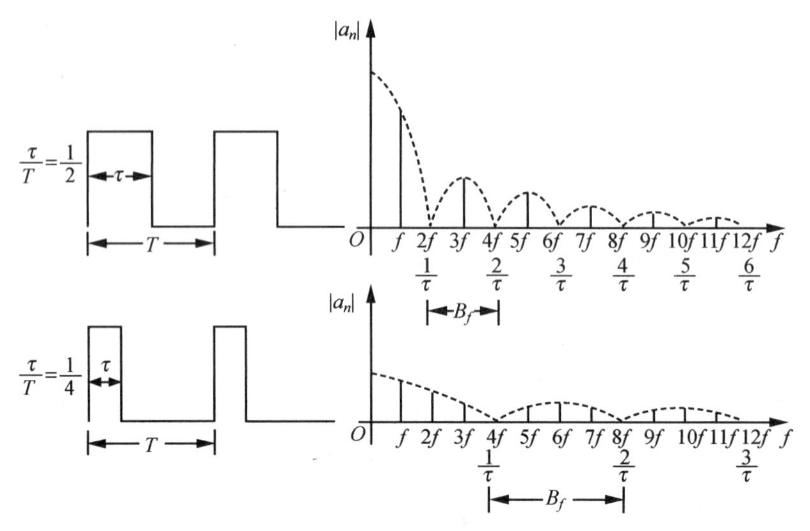

图 4.1.7　E、T 相同，τ 为 $\frac{T}{2}$ 和 $\frac{T}{4}$ 时的频谱分布情况

图 4.1.8 展示了两组时间信号的振幅 E、脉冲宽度 τ 相同，周期 T 不同时的频谱分布情况。

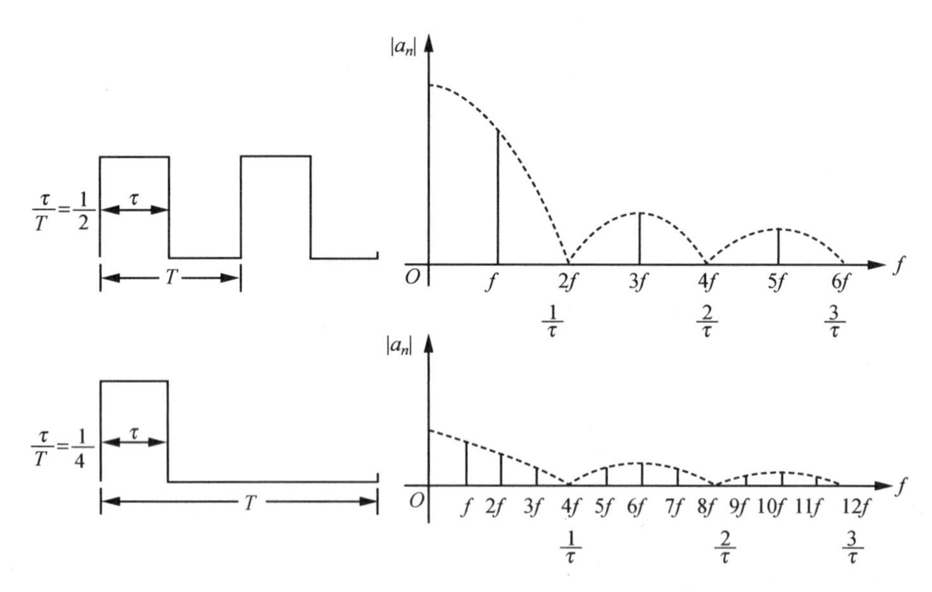

图 4.1.8　E、τ 相同，T 不同时的频谱分布情况

【实验准备】

（1）认真阅读实验原理部分，学习周期性正弦信号、三角波信号、矩形脉冲信号及其频谱特性的相关理论。

（2）了解函数信号发生器、数字示波器、频谱分析仪的相关使用方法。

（3）学习分贝电压的计算方法。

用信号的快速傅里叶变换公式计算出的是基波和各次谐波的振幅，应先将它换算成

电压有效值，再计算分贝电压。对于分贝电压的定义，不同的测量仪器可能会有不同的规定，通常情况下，分贝电压的计算公式为

$$P_U = 20\lg\left|\frac{U}{U_0}\right| = 20\lg\frac{|U|}{1}$$

式中，U 为信号各分量的电压有效值，U_0 为 1 V。

(4) 学习矩形脉冲信号频谱分析的有关理论。

① 当周期性矩形脉冲信号的振幅 E 和周期 T 保持不变，而改变脉冲宽度 τ 时，了解对其振幅频谱有何影响。例如，当 $E=0.5$ V，$T=20$ μs，$\frac{\tau}{T}$ 分别为 $\frac{1}{2}$、$\frac{1}{3}$ 和 $\frac{1}{4}$ 时，使用 NI Multisim 软件的快速傅里叶分析方法得到振幅频谱，作为理论值填入表 4.1.3、表 4.1.5、表 4.1.6 中。

② 当周期性矩形脉冲信号的振幅 E 和脉冲宽度 τ 保持不变，而改变周期 T 时，了解对其振幅频谱有何影响。例如，当 $E=0.5$ V，$\tau=10$ μs，$\frac{\tau}{T}$ 分别为 $\frac{1}{2}$、$\frac{1}{3}$ 和 $\frac{1}{4}$ 时，使用 NI Multisim 软件的快速傅里叶分析方法得到振幅频谱，作为理论值填入表 4.1.8、表 4.1.9 中。

【实验器材】

函数信号发生器一台、数字示波器一台、频谱分析仪一台。

【实验内容与步骤】

1. 正弦信号振幅频谱的测量

(1) 按照图 4.1.9 所示连接函数信号发生器、数字示波器和频谱分析仪，实线代表信号端连接，虚线代表公共端连接。数字示波器上显示随时间变化的信号波形。

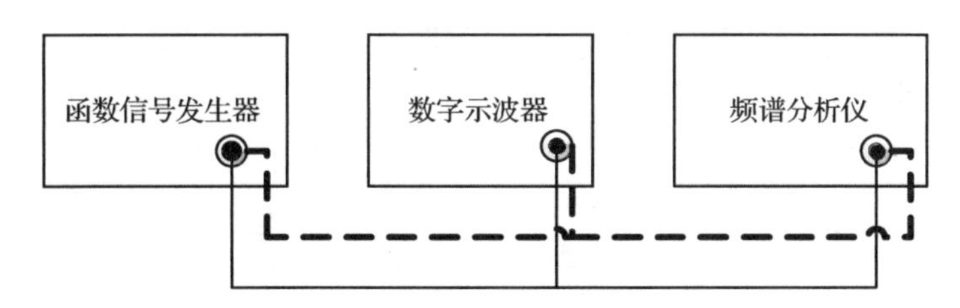

图 4.1.9　信号的频谱测量的实验电路

调节函数信号发生器，使它输出正弦信号，频率 $f=50$ kHz。从数字示波器上观察正弦信号的波形，并调节函数信号发生器使正弦信号的电压峰峰值 $V_{pp}=1$V，使用数字示波器上的"测量"功能，记录此时数字示波器上的电压峰峰值输出。

(2) 用数字示波器的"FFT"功能进行正弦信号的频谱测量。

按下数字示波器上的"Math"按键，出现"Math"菜单，选择"FFT"功能子菜单，再在"单位"下选择"dB"，利用数字示波器的"光标"功能，将所测分贝电压记录到表 4.1.1 中。然后，同样在"FFT"功能菜单的"单位"下选择"V"，将所测电压记录到表 4.1.1 中。利用公式 $U=10^{P_U/20}$ 换算以上两次测量值，进行比较，理解分贝电压与电压之间的关系。同时，将测量值与信号源输入的电压进行比较。

（3）用频谱分析仪观测正弦信号的频谱。

调节频谱分析仪上有关控件，使它显示正弦信号的频谱。将在频谱分析仪上观测到的正弦信号的频谱数据与示波器“FFT”功能测量结果记录在表4.1.1中，观察其一致性。

表4.1.1　正弦信号振幅频谱的测量数据

f/kHz	函数信号发生器	示波器“测量”功能	示波器“FFT”功能		频谱分析仪	
	峰峰值/V	峰峰值/V	电压/V	分贝电压/dB	电压/V	分贝电压/dB
10	4					

2. 三角波信号振幅频谱的测量

（1）按照图4.1.9连接函数信号发生器、数字示波器和频谱分析仪，数字示波器上显示随时间变化的信号波形。

调节函数信号发生器，使它输出三角波信号，频率 $f=50$ kHz。从数字示波器上观察三角波信号的波形，并调节函数信号发生器使三角波信号的电压峰峰值 $V_{pp}=1$V，使用数字示波器上的“测量”功能，记录此时数字示波器测得的电压峰峰值输出。

（2）用数字示波器的“FFT”功能进行三角波信号的各次谐波的测量。

按下数字示波器上的“Math”按键，出现“Math”菜单，选择“FFT”功能，在“FFT”功能菜单的“单位”下选择“dB”，将三角波信号的各次谐波的分贝电压值填入表4.1.2中。

（3）用频谱分析仪观测三角波信号的频谱。

调节频谱分析仪上的有关控件，使它显示三角波信号的频谱。将在频谱分析仪上观测到的三角波信号振幅频谱的测量数据记录到表4.1.2中，并与示波器“FFT”功能测量结果进行比较。

表4.1.2　三角波信号振幅频谱的测量数据

各次谐波频率/kHz	f	$2f$	$3f$	$4f$	$5f$	$6f$	$7f$	$8f$	$9f$	$10f$
理论值/dB										
数字示波器/dB										
频谱分析仪/dB										

三角波信号的峰峰值 $V_{pp}=$ ________。

3. 矩形脉冲信号振幅频谱的测量

（1）按照图4.1.9连接函数信号发生器、数字示波器和频谱分析仪，数字示波器上显示随时间变化的信号波形。

调节函数信号发生器，使它输出矩形脉冲信号，频率 $f=50$ kHz，占空比 $\frac{\tau}{T}=\frac{1}{2}$。从数字示波器上观察矩形脉冲信号的波形，并调节函数信号发生器使矩形脉冲信号的电压峰峰值 $V_{pp}=1$V，使用数字示波器上的“测量”功能，记录此时的函数信号发生器上的电压峰峰值输出。

（2）用数字示波器的“FFT”功能测量矩形脉冲信号的频谱。

测量信号的振幅频谱。按下示波器上的“Math”按键，出现“Math”菜单，选择“FFT”功能，在“FFT”功能菜单的“单位”下选择“dB”，将矩形脉冲信号的各次谐波的分贝电压值填入表 4.1.3 中。

(3) 用频谱分析仪观测矩形脉冲信号的频谱。

调节频谱分析仪上有关控件，使它显示矩形脉冲信号的频谱。将在频谱分析仪上观测到的矩形脉冲信号的频谱数据填入表 4.1.3 中，并与数字示波器 FFT 功能测量结果进行比较。

表 4.1.3　矩形脉冲信号振幅频谱的测量数据 $\left(\frac{\tau}{T}=\frac{1}{2}\right)$

各次谐波频率/kHz	f	$2f$	$3f$	$4f$	$5f$	$6f$	$7f$	$8f$	$9f$	$10f$
理论值/dB										
数字示波器/dB										
频谱分析仪/dB										

矩形脉冲信号的峰峰值 $V_{pp}=$________，周期 $T=$________，脉冲宽度 $\tau=$________。

4. 分析改变脉冲宽度和周期对信号振幅频谱的影响

(1) 分析改变脉冲宽度 τ 对信号频谱的影响。

保持矩形脉冲信号的振幅 E 和周期 T 不变，改变信号的脉冲宽度 τ，测量不同 τ 时的信号频谱中各分量的大小。

按表 4.1.4 中的实验项目计算有关数据，按上述介绍的实验步骤调整各波形，将测得的信号频谱中各分量的数据填入表 4.1.5、表 4.1.6 中。

表 4.1.4　实验项目

项目	$T/\mu s$	$f=\frac{1}{T}$/kHz	$\frac{\tau}{T}$	$\tau/\mu s$	$B_f=\frac{1}{\tau}$/kHz	E/V
1	20		1/2			0.5
2	20		1/3			0.5
3	20		1/4			0.5

表 4.1.5　矩形脉冲信号振幅频谱的测量数据 $\left(\frac{\tau}{T}=\frac{1}{3}\right)$

各次谐波频率/kHz	f	$2f$	$3f$	$4f$	$5f$	$6f$	$7f$	$8f$	$9f$	$10f$
理论值/dB										
数字示波器/dB										
频谱分析仪/dB										

矩形脉冲信号的峰峰值 $V_{pp}=$__________，频率 $f=$__________，频带宽度 $B_f=$________。

表 4.1.6　矩形脉冲信号振幅频谱的测量数据$\left(\frac{\tau}{T}=\frac{1}{4}\right)$

各次谐波频率/kHz	f	$2f$	$3f$	$4f$	$5f$	$6f$	$7f$	$8f$	$9f$	$10f$
理论值/dB										
数字示波器/dB										
频谱分析仪/dB										

矩形脉冲信号的峰峰值 $V_{pp}=$＿＿＿＿＿＿，频率 $f=$＿＿＿＿＿＿，频带宽度 $B_f=$＿＿＿＿。

(2) 分析改变信号周期 T 对信号频谱的影响。

保持矩形脉冲信号的振幅 E 和脉冲宽度 τ 不变，改变信号的周期 T，测量不同 T 时的信号频谱中各分量的大小。

按表 4.1.7 中的实验项目计算有关数据，按上述介绍的实验步骤调整各波形，将测得的信号频谱中各分量的数据填入表 4.1.8、表 4.1.9 中。

表 4.1.7　实验项目

项目	τ/μs	$B_f=\frac{1}{\tau}$/kHz	$\frac{\tau}{T}$	T/μs	$f=\frac{1}{T}$/kHz	E/V
1	10		1/2			0.5
2	10		1/3			0.5
3	10		1/4			0.5

表 4.1.8　矩形脉冲信号振幅频谱的测量数据$\left(\frac{\tau}{T}=\frac{1}{3}\right)$

各次谐波频率/kHz	f	$2f$	$3f$	$4f$	$5f$	$6f$	$7f$	$8f$	$9f$	$10f$
理论值/dB										
数字示波器/dB										
频谱分析仪/dB										

矩形脉冲信号的峰峰值 $V_{pp}=$＿＿＿＿＿＿，频率 $f=$＿＿＿＿＿＿，频带宽度 $B_f=$＿＿＿＿。

表 4.1.9　矩形脉冲信号振幅频谱的测量数据$\left(\frac{\tau}{T}=\frac{1}{4}\right)$

各次谐波频率/kHz	f	$2f$	$3f$	$4f$	$5f$	$6f$	$7f$	$8f$	$9f$	$10f$
理论值										
数字示波器										
频谱分析仪										

矩形脉冲信号的峰峰值 $V_{pp}=$＿＿＿＿＿，频率 $f=$＿＿＿＿，频带宽度 $B_f=$＿＿＿＿。

【实验要求与注意事项】

(1) 本实验中信号的频率以函数信号发生器的频率为准，信号的电压振幅以数字示波器的测量值为准。

(2) 在使用数字示波器"FFT"功能测信号谐波分量时，必须在被测频率附近细致调节，测量电压最大的点。此时，数字示波器上的频率读数可能与函数信号发生器的频率有一定的误差。

(3) 在测量三角波信号的频谱时，n 为偶数，其电压理论值为 0 V，对应的分贝电压值为 $-\infty$。但实际测量值一般达不到理想的情况，会有一微弱电压。

(4) 在测量矩形脉冲信号时，要关注 τ(或 T)的大小及比值的改变对信号频谱的影响，同时，频谱实际测量值与理论值也有一定的误差。

【实验报告】

请按照附录实验报告模板的框架结构完成其中所有部分的内容。特别地，把对下面问题的回答写入实验报告中。

(1) 简述信号的频域分析的实验原理及实验步骤。

(2) 填写表 4.1.1 至表 4.1.9，并在实验报告中列出。

(3) 根据表 4.1.2、表 4.1.3，表 4.1.5、表 4.1.6 和表 4.1.8、表 4.1.9 中的实际测量的数字示波器数据和频谱分析仪数据，分别绘制各被测信号的频谱图。

(4) 根据表 4.1.1 中的数据，分析四种情况下测得的正弦波信号的频谱，结果是否一致?

(5) 根据表 4.1.2 中的数据，分析三种情况下测得的三角波信号的频谱，结果是否一致? 表格中的示波器测量和频谱分析仪测量，哪种测量和理论值数据更为接近?

(6) 根据表 4.1.3 中的数据，分析三种情况下测得的矩形脉冲信号的频谱，结果是否一致? 表格中的示波器测量和频谱分析仪测量，哪种测量和理论值数据更为接近?

(7) 根据表 4.1.5、表 4.1.6 实验数据进行分析，当矩形脉冲信号的振幅 E 和周期 T 保持不变，而改变脉冲宽度 τ 时，信号频谱有何特点和规律?

(8) 根据表 4.1.8、表 4.1.9 中实验数据进行分析，当矩形脉冲信号的振幅 E 和脉冲宽度 τ 保持不变，而改变周期 T 时，信号频谱有何特点和规律?

(9) 周期信号的振幅频谱的离散性、谐波性和收敛性是如何在实验中得到体现的?

(10) 开放性思考：本实验中得到哪些体会?

4.2　连续时间系统的模拟

【实验目的】

- 掌握集成运算放大器的基本特性和使用方法。

• 观测基本运算单元的输入和响应，了解基本运算单元的电路结构和运算功能。
• 初步学会使用基本运算单元模拟连续时间系统。

【实验原理】

基本运算单元可以用于连续时间系统的模拟，而其电路结构利用集成运算放大器可以很容易实现。

1. 集成运算放大器的基本特性

集成运算放大器是一种高电压增益、高输入电阻和低输出电阻的多级直接耦合放大电路。它具有体积小、可靠性高、通用性强等优点，因而在控制和测量技术中得到广泛的应用。

图 4.2.1 给出了它的电路符号。它有两个输入端和一个输出端，“+”端称为同相输入端，信号从同相输入端输入时，输出信号与输入信号相位相同；“−”端称为反相输入端，信号从反相输入端输入时，输出信号与输入信号相位相反。

运算放大器的输出端电压为

$$u_o = A_0(u_p - u_n)$$

式中，A_0 是运算放大器的开环增益，u_p、u_n 分别为同相输入端电压和反相输入端电压。通常，运算放大器的开环增益非常大，为 $10^4 \sim 10^6$。

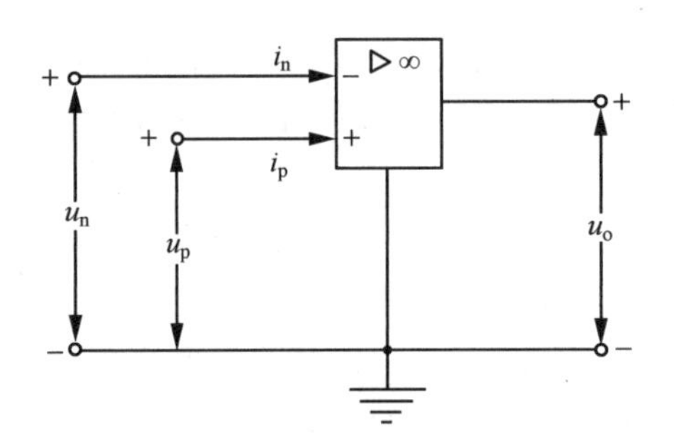

图 4.2.1　运算放大器的基本特性

除了两个输入端和一个输出端以外，实际的运算放大器电路还需要一个输入和输出信号的参考接地端，以及相对接地端的电源正端和电源负端。运算放大器是有源器件，它的工作特性只有在接电源的情况下才成立。

图 4.2.2 是 LM324 集成块的内部电路与外部引脚示意图。LM324 集成块包含 4 个独立的运算放大器，四个运算放大器共用一对正负电源管脚：V_{CC} 和 V_{EE} 引脚，两个管脚可以分别连接一对大小相等、符号相反的对称电源。例如，若 V_{CC} 接 +5 V，V_{EE} 接 −5 V，称其为双电源供电；若 V_{CC} 接正电源，V_{EE} 接参考地，则称其为单电源供电。

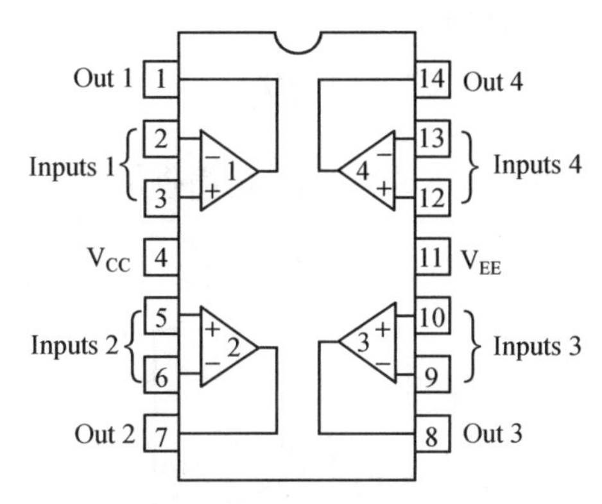

4.2.2　LM324 集成块的内部电路与外部引脚示意图

为了提高运算放大器的工作稳定性，以便实现如比例放大、加法、减法、积分、微分等各种线性运算，往往将运算放大器输出电压的一部分（或全部）负反馈到输入回路中，实现电路的闭环，这时运算放大器工作在线性工作状态。

在理想情况下，A_0 和输入电阻 R_{in} 为无穷大，因此在运算放大器的线性工作条件下，有：

- 同相端"＋"与反相端"－"电位相同，称为"虚短"：$u_p = u_n$。
- 同相端"＋"与反相端"－"电流为 0，称为"虚断"：$i_p = \frac{u_p}{R_{in}} = 0$，$i_n = \frac{u_n}{R_{in}} = 0$。

2．基本运算单元的电路结构

常用的基本运算单元主要有同相比例放大器、反相比例放大器、反相加法器、反相积分器和全加积分器等。

（1）同相比例放大器。

同相比例放大器也称为同相标量乘法器，如图 4.2.3 所示。图中 $R_3 = R_1 /\!/ R_2$，输出电压与输入电压的关系式为

$$u_o = \left(1 + \frac{R_2}{R_1}\right) u_i = K u_i$$

式中，K 为电压放大倍数。当 $R_2 = 0$，$R_1 = \infty$ 时，$K = 1$，该电路即为电压跟随器。

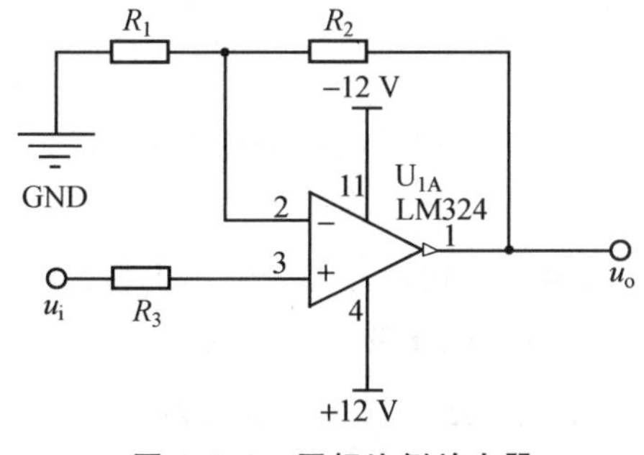

图 4.2.3　同相比例放大器

（2）反相比例放大器。

反相比例放大器也称为反相标量乘法器，如图 4.2.4 所示。图中 $R_3 = R_1 /\!/ R_2$，是输

入平衡电阻。输出电压与输入电压的关系式为

$$u_o = -\frac{R_2}{R_1}u_i$$

此式表明，当输入端加一电压信号波形时，输出端将得到一个相位相反、振幅与 R_2/R_1 成正比的电压波形。

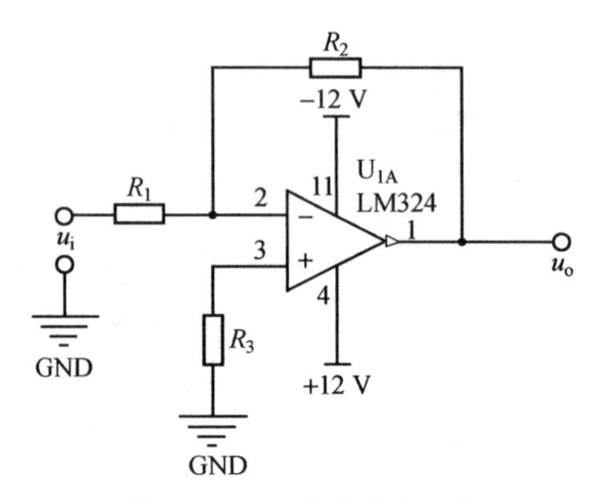

图 4.2.4　反相比例放大器

（3）反相加法器。

反相加法器如图 4.2.5 所示。图中 $R_4 = R_1 /\!/ R_2 /\!/ R_3$，输出电压与输入电压的关系式为

$$u_o = -\left(\frac{R_3}{R_1}u_{i1} + \frac{R_3}{R_2}u_{i2}\right)$$

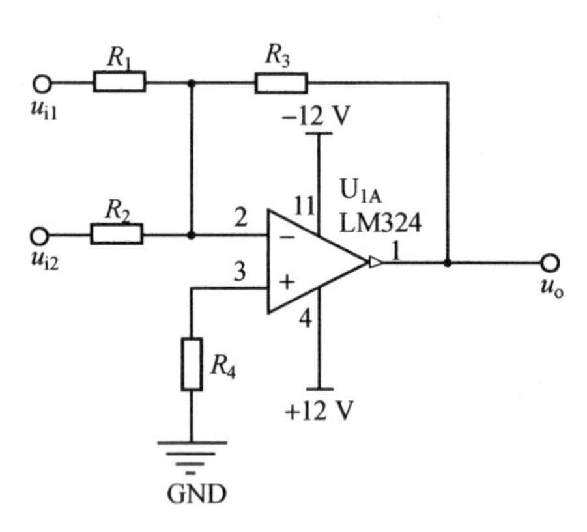

图 4.2.5　反相加法器

（4）反相积分器。

反相积分器如图 4.2.6 所示。反相积分器的输出电压信号是输入电压信号的积分波形。在理想条件下，输出电压与输入电压的关系式为

$$u_o(t) = -\frac{1}{R_1 C}\int u_i \mathrm{d}t + u_o(0)$$

式中，R_1C 为积分时间常数，$u_o(0)$ 为电容的初始电压。

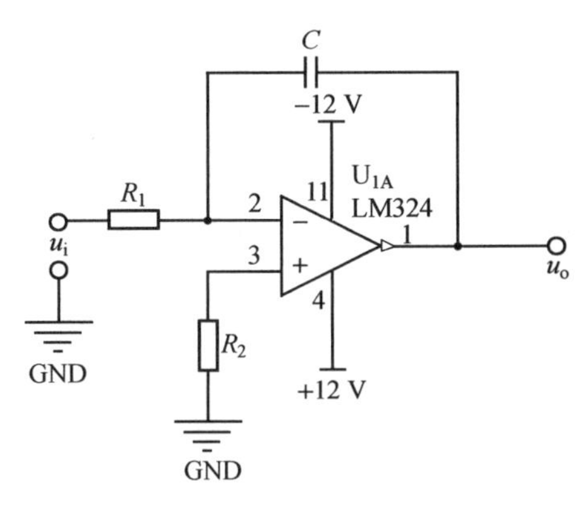

图 4.2.6　反相积分器

(5) 全加积分器。

全加积分器如图 4.2.7 所示。全加积分器是反相加法器和反相积分器的组合电路。在理想条件下，输出电压与输入电压的关系式为

$$u_o(t)=-\int\left(\frac{u_{i1}}{R_1C}+\frac{u_{i2}}{R_2C}\right)\mathrm{d}t$$

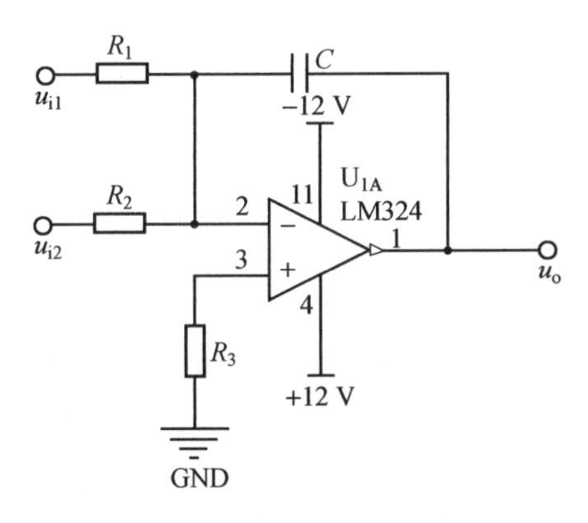

图 4.2.7　全加积分器

3. 用基本运算单元模拟连续时间系统

使用基本运算单元可以对连续时间系统进行模拟，主要有以下 3 个步骤。

(1) 列写电路的方程。如图 4.2.8(a)所示的 RC 一阶电路，其微分方程为

$$\frac{\mathrm{d}y(t)}{\mathrm{d}t}+\frac{1}{RC}y(t)=\frac{1}{RC}x(t)$$

写成算子方程形式，有

$$py(t)+\frac{1}{RC}y(t)=\frac{1}{RC}x(t)$$

整理得
$$y(t)=\frac{1}{p}\frac{1}{RC}[x(t)-y(t)]$$

(2) 根据算子方程画出框图，对应的框图如图 4.2.8(b)所示。

(3) 用基本运算单元模拟连续时间系统。用反相比例放大器、反相加法器和反相积分器模拟连续时间系统，可得到图 4.2.8(c)。

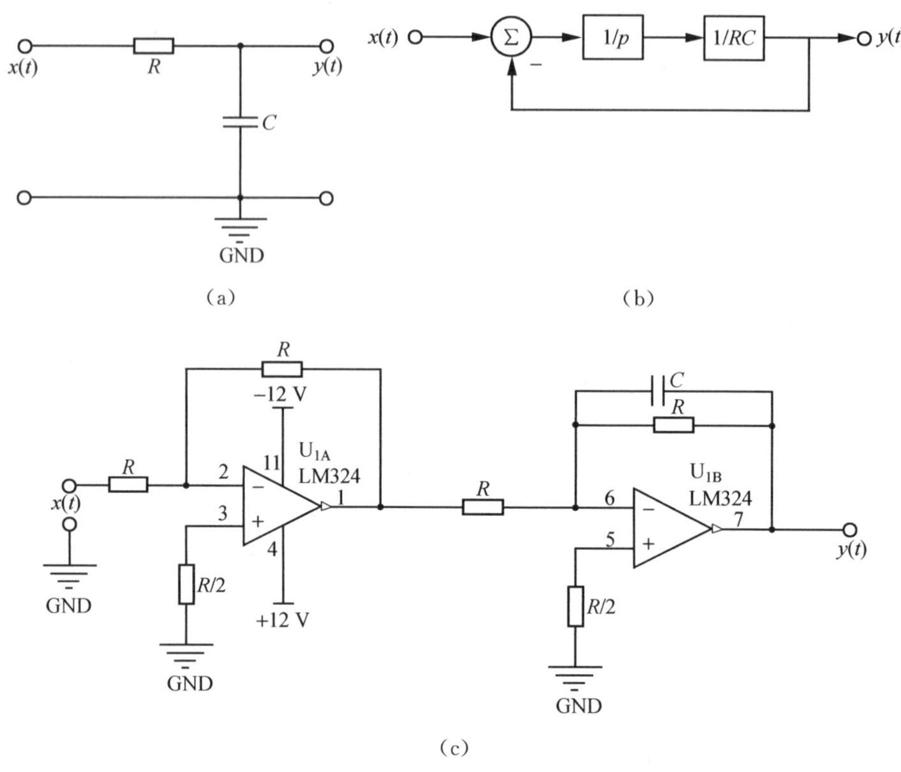

图 4.2.8　一阶电路的模拟

【实验准备】

(1) 认真阅读实验原理,复习运算放大器和基本运算单元的相关知识。

(2) 根据基本运算单元的运算公式,结合实验内容与步骤中给定的电路参数,使用 NI Multisim 软件的瞬态分析方法,绘制电路的输出波形,并填入表 4.2.2 至表 4.2.5 中。

(3) 推导用基本运算单元模拟连续时间系统的微分方程,根据实验任务给出的电路参数计算理论值,使用 NI Multisim 软件的瞬态分析方法,绘制电路的响应波形及模拟电路的输出波形,并填入表 4.2.6、表 4.2.7 中。

【实验器材】

信号发生器一台、数字示波器一台、直流稳压电源一台、面包板一块、元器件若干。

【实验内容与步骤】

测量实验电路中需要用到的电阻、电容的实际值,记录在表 4.2.1 中。

表 4.2.1　实验中用到元件的实际值

元器件	R_1 (10 kΩ)	R_2 (10 kΩ)	R_3 (5.1 kΩ)	R (10 kΩ)	C (0.1 μF)	R (1 kΩ)	C (0.01 μF)
实际值							

1. 观测基本运算单元电路的输入、输出波形，理解其工作原理

(1) 观测同相比例放大器。已知图 4.2.3 中的$R_1=R_2=10\ \text{k}\Omega$，$R_3=R_1 /\!/ R_2=5\ \text{k}\Omega$，实际采用 5.1 kΩ 的电阻，输入端加入频率为 1 kHz、振幅为 1 V 的矩形信号，观测并描绘输出端电压信号的波形，记录在表 4.2.2 中。

表 4.2.2　同相比例放大器输出波形

实验前的仿真输出波形	实验输出波形	实验后的仿真输出波形

(2) 观测反相比例放大器。已知图 4.2.4 中的$R_1=R_2=10\ \text{k}\Omega$，$R_3=R_1 /\!/ R_2=5\ \text{k}\Omega$，实际采用 5.1 kΩ 的电阻，输入端加入频率为 1 kHz、振幅为 1 V 的矩形信号，观测并描绘输出端电压信号的波形，记录在表 4.2.3 中。

表 4.2.3　反相比例放大器输出波形

实验前的仿真输出波形	实验输出波形	实验后的仿真输出波形

(3) 观测反相加法器。已知图 4.2.5 中的$R_1=R_2=R_3=10\ \text{k}\Omega$，$R_4=R_1 /\!/ R_2 /\!/ R_3=3.3\ \text{k}\Omega$，$u_{i1}$输入端加入频率为 1 kHz、振幅为 3 V 的矩形信号，u_{i2}输入端加入频率为 4 kHz、振幅为 2 V 的正弦信号，观测并描绘输出端电压信号的波形，记录在表 4.2.4 中。

表 4.2.4　反相加法器输出波形

实验前的仿真输出波形	实验输出波形	实验后的仿真输出波形

(4) 观测反相积分器。已知图 4.2.6 中的$R_1=10\ \text{k}\Omega$，$C=0.1\ \mu\text{F}$，输入端加入频率为 1 kHz、振幅为 1 V 的矩形信号，观测并描绘输出端电压信号的波形，记录在表 4.2.5 中。

表 4.2.5　反相积分器输出波形

实验前的仿真输出波形	实验输出波形	实验后的仿真输出波形

2. 模拟一阶电路，并观测电路的阶跃响应

(1) 已知图 4.2.8(a)中的 $R=1\ \text{k}\Omega$，$C=0.1\ \mu\text{F}$，输入端加入频率为 1 kHz、振幅为 3 V的矩形信号，观测并描绘输出端电压信号的波形，记录波形的周期和时间常数，记录在表 4.2.6 中。

表 4.2.6　一阶电路输出波形($R=1\ \text{k}\Omega, C=0.1\ \mu\text{F}$)

实验前的仿真输出波形	实验输出波形	实验后的仿真输出波形
周期 $T=$ 时间常数 $\tau=$	周期 $T=$ 时间常数 $\tau=$	周期 $T=$ 时间常数 $\tau=$

(2) 已知图 4.2.8(c)中的 $R=10\ \text{k}\Omega, C=0.01\ \mu\text{F}$，输入端仍加入频率为 1 kHz、振幅为 3 V 的矩形信号，观测并描绘输出端电压信号的波形，记录波形的周期和时间常数，记录在表 4.2.7 中。

表 4.2.7　模拟电路输出波形($R=10\ \text{k}\Omega, C=0.01\ \mu\text{F}$)

实验前的仿真输出波形	实验输出波形	实验后的仿真输出波形
周期 $T=$ 时间常数 $\tau=$	周期 $T=$ 时间常数 $\tau=$	周期 $T=$ 时间常数 $\tau=$

(3) 对表 4.2.6 中的原电路输出波形和表 4.2.7 中的模拟电路输出波形进行比较，验证用基本运算单元模拟连续时间系统的正确性。

【实验要求与注意事项】

本实验中的运算放大器均使用 LM324 集成块，其直流工作电源电压为对称的±12 V。注意，电源极性不要接反，否则将损坏元器件。

【实验报告】

请按照附录实验报告模板的框架结构完成其中所有部分的内容。特别地，把对下面问题的回答写入实验报告中。

(1) 简述运用基本运算单元对线性连续时间系统进行电路模拟的方法及步骤。

(2) 整理表 4.2.2 至表 4.2.7 中的数据，实验报告中要重新制表，记录实测数据和实验后的仿真数据。

(3) 比较表 4.2.2 至表 4.2.5 中的实验波形与实验后的仿真波形，分析其一致性。

(4) 比较表 4.2.6 中的一阶电路输出的实验波形与实验后的仿真波形，通过测量周期、时间常数，分析其一致性。

(5) 比较表 4.2.7 中的模拟电路输出的实测波形与实验后的仿真波形，通过测量周

期、时间常数，分析其一致性。

(6) 根据(4)、(5)给出的数据，分析、总结如何用基本运算单元实现对一阶连续时间系统的模拟。

(7) 进一步扩展，给出如何用基本运算单元模拟线性二阶连续时间系统的具体方案。(可选)

(8) 开放性思考：本实验中得到哪些体会？

4.3　*RC* 低通滤波器的频率响应特性

【实验目的】

- 分析和比较无源 *RC* 低通滤波器与有源 *RC* 低通滤波器的幅频响应特性的特点。
- 掌握滤波器的频率响应特性的测量方法。

【实验原理】

1. *RC* 滤波器的基本特性

滤波器的功能是让指定频率范围内的信号通过，而将其他频率的信号加以抑制或使之急速衰减。传统滤波器是由电阻、电容和电感元件组成的。

滤波器按其作用可分为低通、高通、带通和带阻 4 种类型，它们的幅频响应特性曲线如图 4.3.1 所示，这里着重分析低通滤波器的频率响应特性。

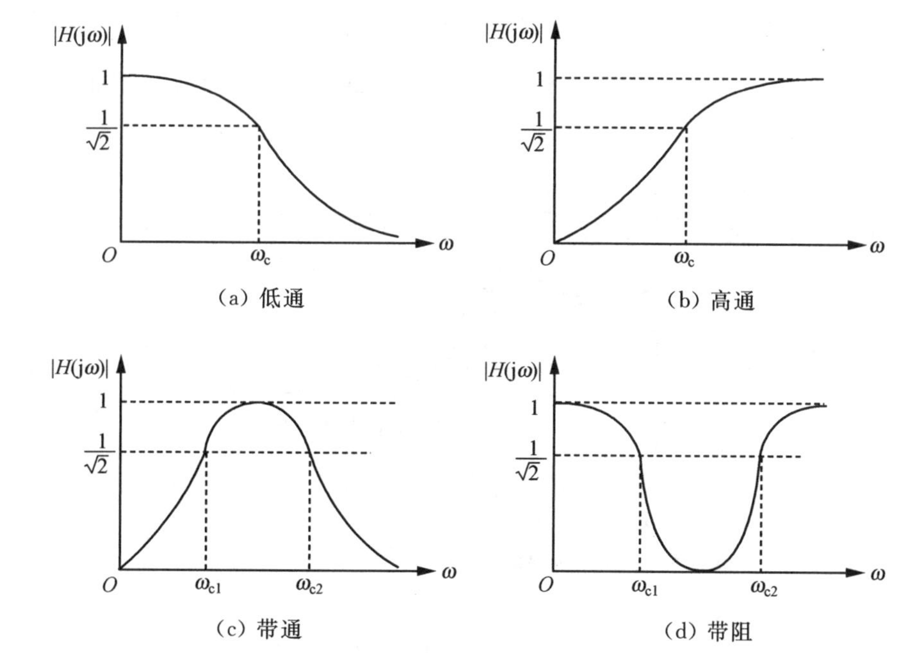

图 4.3.1　四种滤波器的幅频响应特性曲线

由于 RC 滤波器不用电感元件，因此不需要磁屏蔽，避免了电感元件的非线性影响。特别在低频段，RC 滤波器的体积比含电感的滤波器要小得多。

与无源 RC 滤波器相比，有源 RC 滤波器的输入阻抗大，输出阻抗小，能在负载和信号之间起隔离作用，滤波特性更好。

2. 二阶 RC 低通滤波器的频率特性

二阶 RC 低通滤波器的电压传递函数一般表示为

$$H(s)=\frac{U_o(s)}{U_i(s)}=\frac{k\omega_0{}^2}{s^2+\omega_0 s/Q+\omega_0{}^2}$$

式中，$U_o(s)$ 为输出，$U_i(s)$ 为输入，ω_0 是固有振荡角频率，Q 为滤波器的品质因数，k 是 $\omega_0=0$ 时的振幅响应系数。

为了分析幅频响应特性和相频响应特性，将上式中的 s 换成 $\mathrm{j}\omega$，得

$$H(\mathrm{j}\omega)=\frac{k}{\left(1-\frac{\omega^2}{\omega_0{}^2}\right)+\mathrm{j}\frac{\omega}{\omega_0 Q}}$$

其模值

$$|H(\mathrm{j}\omega)|=\frac{k}{\sqrt{\left(1-\frac{\omega^2}{\omega_0{}^2}\right)^2+\left(\frac{\omega}{\omega_0 Q}\right)^2}}$$

辐角

$$\varphi(\omega)=-\arctan\left[\frac{\omega}{\omega_0 Q}\Big/\left(1-\frac{\omega^2}{\omega_0{}^2}\right)\right]$$

式中，当 $Q>1/\sqrt{2}$ 时，幅频响应特性曲线将出现峰值，当 $Q=1/\sqrt{2}$ 时，幅频响应特性曲线在低频段时比较平坦，其截止频率 ω_c 通常被定义为 $H(\mathrm{j}\omega)$ 从起始值 $H(0)=k$ 下降到 $\frac{k}{\sqrt{2}}$ 时的频率，此时有 $\omega_0=\omega_c$，即 $Q=1/\sqrt{2}$ 时的截止频率 ω_c 就是固有频率 ω_0。二阶 RC 低通滤波器的幅频响应特性曲线如图 4.3.2 所示。

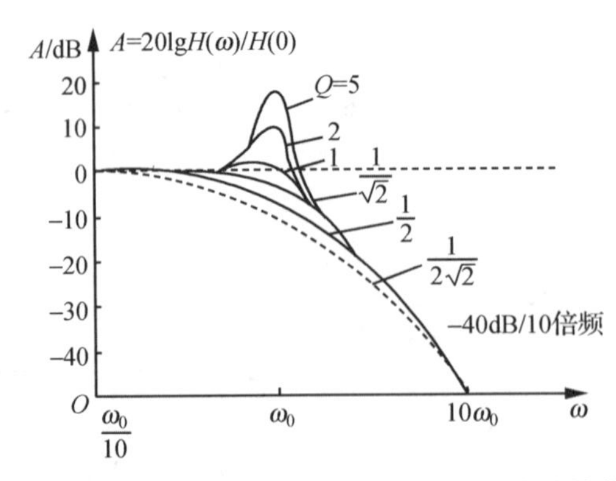

图 4.3.2　二阶 RC 低通滤波器的幅频响应特性曲线

3. 无源二阶 RC 低通滤波器

图 4.3.3 为无源二阶 RC 低通滤波器，其电压传递函数为

$$H(s)=\frac{U_o(s)}{U_i(s)}=\frac{1/(R^2C_1C_2)}{s^2+(C_1+2C_2)s/(RC_1C_2)+1/(R^2C_1C_2)}$$

与二阶低通滤波器的传递函数比较，得

$$k=1,\ \omega_0=\frac{1}{R\sqrt{C_1C_2}},\ Q=\frac{M}{M^2+2}$$

式中，$M=\sqrt{C_1/C_2}$，即 $C_1=M^2C_2$。令 $\frac{dQ}{dM}=0$，得 $M^2=2$，即 $C_1=2C_2$ 时 Q 值最大，此时 Q 值等于 $\frac{1}{2\sqrt{2}}$，可见无源二阶 RC 低通滤波器的 Q 值很低。其幅频响应特性曲线在低频段下降很快，如图 4.3.2 中虚线所示。

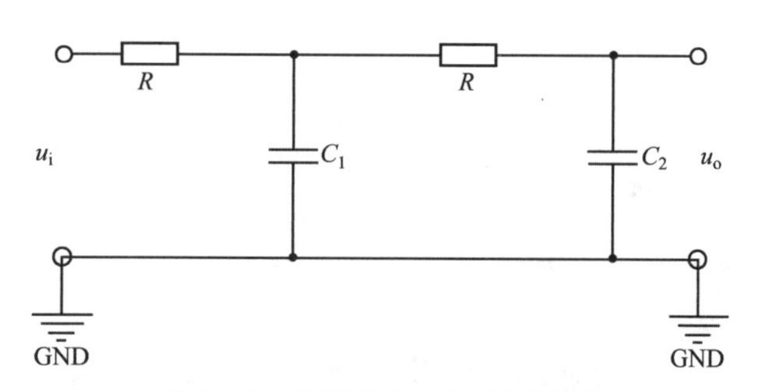

图 4.3.3　无源二阶 RC 低通滤波器

4. 有源二阶 RC 低通滤波器

图 4.3.4 为有源二阶 RC 低通滤波器，其电压传递函数为

$$H(s)=\frac{U_o(s)}{U_i(s)}=\frac{1/(R^2C_1C_2)}{s^2+2s/(RC_1)+1/(R^2C_1C_2)}$$

与二阶低通滤波器的传递函数比较，得

$$k=1,\ \omega_0=1/(R\sqrt{C_1C_2}),\ Q=\sqrt{C_1/C_2}/2$$

可见，通过改变 C_1/C_2 的值，可调节 Q 值。然后，在保持 Q 值不变（C_1、C_2 值不变）的情况下，可通过调节 R 值来改变 ω_0 和 ω_c 的值。

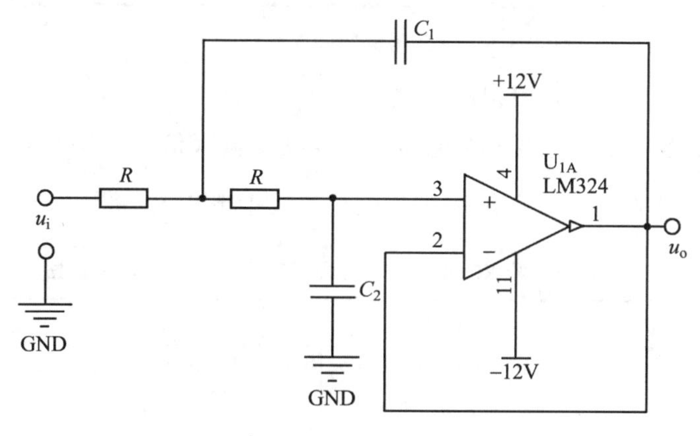

图 4.3.4　有源二阶 RC 低通滤波器

【实验准备】

(1) 学习有关无源和有源二阶 RC 低通滤波器方面的理论知识。

(2) 计算当 RC 低通滤波器的电阻和电容分别为下列值时其电路的截止频率。

- $R=20\ \text{k}\Omega, C_1=0.022\ \mu\text{F}, C_2=0.01\ \mu\text{F}$。
- $R=15\ \text{k}\Omega, C_1=0.022\ \mu\text{F}, C_2=0.01\ \mu\text{F}$。
- $R=20\ \text{k}\Omega, C_1=0.047\ \mu\text{F}, C_2=0.01\ \mu\text{F}$。

(3) 使用 NI Multisim 软件绘制电阻和电容分别为上述值时的无源和有源 RC 低通滤波器，通过交流扫描分析方法得到滤波器的频率响应特性曲线。

【实验器材】

函数信号发生器一台、数字示波器一台、直流稳压电源一台、面包板一块、元器件若干。

【实验内容与步骤】

1. 无源二阶 RC 低通滤波器幅频响应特性的测试

(1) 使用面包板或实验箱搭建如图 4.3.3 所示的被测电路。

(2) 将图 4.3.3 所示的被测电路按图 4.3.5 所示连接(虚线表示电路中各部分的参考电位要连在一起)，其中 $R=20\ \text{k}\Omega, C_1=0.022\ \mu\text{F}, C_2=0.01\ \mu\text{F}$。函数信号发生器输出正弦信号作为被测电路的输入信号，输入电压的有效值 $U_{\text{irms}}=3\ \text{V}$，输出端接台式多用表或数字示波器以测量 U_{orms}。

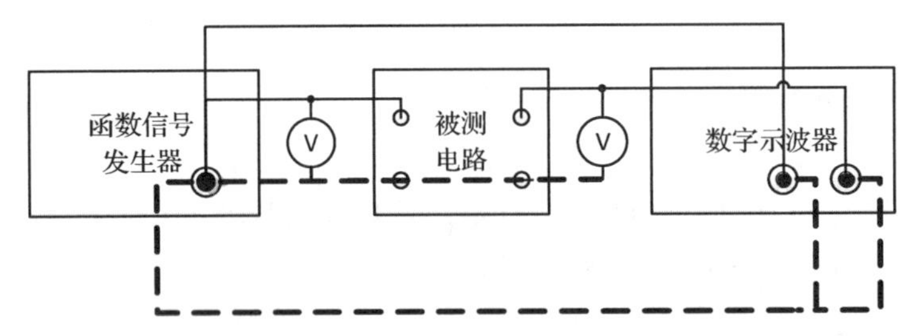

图 4.3.5　滤波器幅频响应特性测试电路

(3) 在测量幅频响应特性时，频率测量范围为 10 Hz～2 kHz。逐点测量电路的幅频响应特性。在测量中找到输出最大电压 U_{omax}，改变输入信号的频率，当输出电压降到 $\frac{1}{\sqrt{2}}U_{\text{omax}}$ 时，记录此时的输入信号频率，即为电路的截止频率 f_c，将数据填入表 4.3.1 中。

表 4.3.1　无源二阶 RC 低通滤波器幅频响应特性曲线测试数据(一)

$R=20\ \text{k}\Omega, C_1=0.022\ \mu\text{F}, C_2=0.01\ \mu\text{F}, U_{\text{irms}}=3\ \text{V}, U_{\text{omax}}=\qquad, f_c=$											
f/Hz	10	50	100	200	500	700	1 000	1 200	1 500	1 700	2 000
U_o/V											
$20\lg\left(\frac{U_o}{U_i}\right)$											

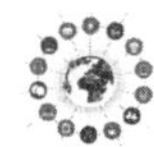

(4) 采用以下电路参数：$R=15\ \mathrm{k\Omega}$，$C_1=0.022\ \mu\mathrm{F}$，$C_2=0.01\ \mu\mathrm{F}$，重复上述测量过程，将测量数据填入表 4.3.2 中，观察曲线有何变化。

表 4.3.2　无源二阶 RC 低通滤波器幅频响应特性曲线测试数据(二)

$R=15\ \mathrm{k\Omega}$，$C_1=0.022\ \mu\mathrm{F}$，$C_2=0.01\ \mu\mathrm{F}$，$U_{irms}=3$ V，$U_{omax}=$　　　，$f_c=$											
f/Hz	10	50	100	200	500	700	1 000	1 200	1 500	1 700	2 000
U_o/V											
$20\lg\left(\frac{U_o}{U_i}\right)$											

(5) 采用以下电路参数：$R=20\ \mathrm{k\Omega}$，$C_1=0.047\ \mu\mathrm{F}$，$C_2=0.01\ \mu\mathrm{F}$，重复上述测量过程，将测量数据填入表 4.3.3 中，观察曲线有何变化。

表 4.3.3　无源二阶 RC 低通滤波器幅频响应特性曲线测试数据(三)

$R=20\ \mathrm{k\Omega}$，$C_1=0.047\ \mu\mathrm{F}$，$C_2=0.01\ \mu\mathrm{F}$，$U_{irms}=3$ V，$U_{omax}=$　　　，$f_c=$											
f/Hz	10	50	100	200	500	700	1 000	1 200	1 500	1 700	2 000
U_o/V											
$20\lg\left(\frac{U_o}{U_i}\right)$											

2. 有源二阶 RC 低通滤波器幅频响应特性的测试

(1) 使用面包板或实验箱搭建如图 4.3.4 所示的被测电路。

(2) 将图 4.3.4 所示的被测电路按图 4.3.6 所示连接，其中 $R=20\ \mathrm{k\Omega}$，$C_1=0.022\ \mu\mathrm{F}$，$C_2=0.01\ \mu\mathrm{F}$。函数信号发生器输出正弦信号作为被测电路的输入信号，输入电压的有效值 $U_{irms}=3$ V，输出端接台式多用表或数字示波器以测量 U_{orms}。

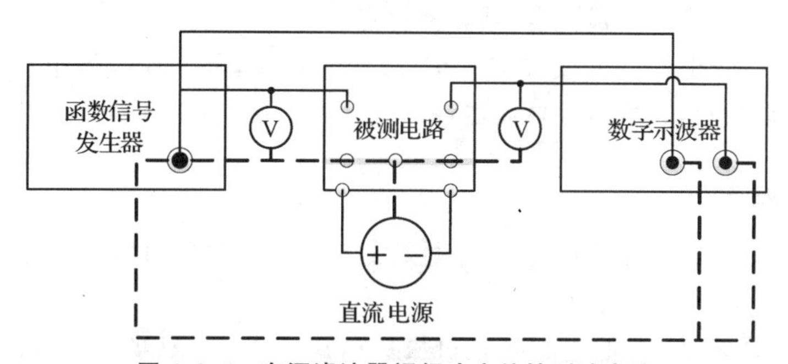

图 4.3.6　有源滤波器幅频响应特性测试电路

(3) 在测量幅频响应特性时，频率测量范围为 10 Hz～2 kHz。逐点测量电路的幅频响应特性，注意测出电路实际的截止频率 f_c，将数据填入表 4.3.4 中。

表 4.3.4　有源二阶 RC 低通滤波器幅频响应特性曲线测试数据(一)

$R=20\ \mathrm{k\Omega}$，$C_1=0.022\ \mu\mathrm{F}$，$C_2=0.01\ \mu\mathrm{F}$，$U_{irms}=3$ V，$U_{omax}=$　　　，$f_c=$											
f/Hz	10	50	100	200	500	700	1 000	1 200	1 500	1 700	2 000
U_o/V											
$20\lg\left(\frac{U_o}{U_i}\right)$											

(4) 采用以下电路参数：$R=15\ \text{k}\Omega$，$C_1=0.022\ \mu\text{F}$，$C_2=0.01\ \mu\text{F}$，重复上述测量过程，将测量数据填入表 4.3.5 中，观察曲线有何变化。

表 4.3.5　有源二阶 *RC* 低通滤波器幅频响应特性曲线测试数据(二)

$R=15\ \text{k}\Omega, C_1=0.022\ \mu\text{F}, C_2=0.01\ \mu\text{F}, U_{\text{irms}}=3\ \text{V}, U_{\text{omax}}=$　　　$, f_c=$											
f/Hz	10	50	100	200	500	700	1 000	1 200	1 500	1 700	2 000
U_o/V											
$20\lg\left(\frac{U_o}{U_i}\right)$											

(5) 采用以下电路参数：$R=20\ \text{k}\Omega$，$C_1=0.047\ \mu\text{F}$，$C_2=0.01\ \mu\text{F}$，重复上述测量过程，将测量数据填入表 4.3.6 中，观察曲线有何变化。

表 4.3.6　有源二阶 *RC* 低通滤波器幅频响应特性曲线测试数据(三)

$R=20\ \text{k}\Omega, C_1=0.047\ \mu\text{F}, C_2=0.01\ \mu\text{F}, U_{\text{irms}}=3\ \text{V}, U_{\text{omax}}=$　　　$, f_c=$											
f/Hz	10	50	100	200	500	700	1 000	1 200	1 500	1 700	2 000
U_o/V											
$20\lg\left(\frac{U_o}{U_i}\right)$											

【实验要求与注意事项】

(1) 在测量各幅频响应特性曲线时，除了表 4.3.1 至表 4.3.6 里的频率测量点之外，可考虑再增加一些频率测量点，原则如下：对于变化率大的频率段，测量点应选得密一些；对于变化率小的频率段，测量点可以选得疏一些。在特殊频率点附近，应细致寻找振幅符合要求的测量点，如最小点、最大点、截止频率点。

(2) 本实验中使用的运算放大器为 LM324 集成块，其工作电源电压为±12 V。注意，电源极性不要接反，否则将损坏元器件。

【实验报告】

请按照附录实验报告模板的框架结构完成其中所有部分的内容。特别地，把对下面问题的回答写入实验报告中。

(1) 简述二阶无源 *RC* 低通滤波器和二阶有源 *RC* 低通滤波器的特点及测量滤波器频谱特性的实验步骤。

(2) 依次测量无源和有源 *RC* 滤波器的幅频响应特性，填写测量数据到表 4.3.1 至表 4.3.6 中。

(3) 根据表 4.3.1 至表 4.3.6 的数据，绘制滤波器的幅频响应特性曲线，和实验准备中使用 NI Multisim 软件中交流扫描分析方法得到的对应曲线做比较，观察其一致性。可以将电路参数一致的两条曲线(仿真、实际)放在同一个坐标系中进行比较，分析误差可能产生的原因。

(4) 将表 4.3.1 至表 4.3.3 获得的无源 *RC* 低通滤波器的测量数据绘制到一张幅频响应曲线图中，将表 4.3.4 至表 4.3.6 获得的有源 *RC* 低通滤波器的测量数据绘制到另

一张幅频响应曲线图中，结合实验原理中给出的系统传递函数及频率响应公式，分析无源 RC 低通滤波器和有源 RC 低通滤波器各自的幅频响应特点，分析电阻、电容的改变对幅频响应特性的影响。

(5) 总结无源二阶 RC 低通滤波器和有源二阶 RC 低通滤波器的优缺点。

(6) 进一步扩展，给出一个无源二阶 RC 高通滤波器和有源二阶 RC 高通滤波器的电路图，并给出其传递函数及频率响应公式。

(7) 开放性思考：本实验中得到哪些体会？

4.4　有源二阶 RC 带通和带阻滤波器的传输特性

【实验目的】

- 了解有源二阶 RC 带通滤波器的结构及其传输特性。
- 了解 RC 桥 T 形带阻滤波器及其逆系统的幅频响应特性，以及利用反馈系统构成逆系统的方法。

【实验原理】

1. 有源二阶 RC 带通滤波器

一个有源二阶 RC 带通滤波器如图 4.4.1 所示，其电压传递函数为

$$H(s)=\frac{U_o(s)}{U_i(s)}=\frac{k}{R_1C_1}\frac{s}{\left(s+\frac{1}{R_1C_1}\right)\left(s+\frac{1}{R_2C_2}\right)}$$

当 $R_1C_1 \ll R_2C_2$ 时，该滤波器的幅频响应特性曲线如图 4.4.2 所示，其中

$$f_{p1}=\frac{1}{2\pi R_1C_1},\ f_{p2}=\frac{1}{2\pi R_2C_2}$$

在低频段，主要由 R_2C_2 的高通特性在起作用；在高频段，主要由 R_1C_1 的低通特性在起作用；在中频段，C_1 相当于开路，C_2 相当于短路，它们都不起作用，输入信号 u_i 经运算放大器缓冲后送往输出端，由此形成其带通滤波特性。

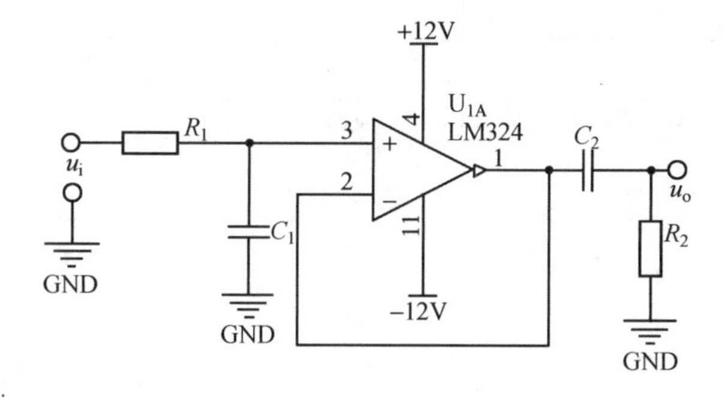

图 4.4.1　有源二阶 RC 带通滤波器

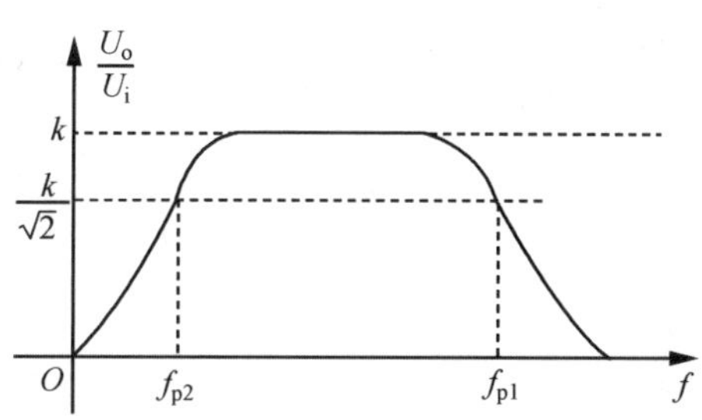

图 4.4.2　带通滤波器的幅频响应特性曲线

2. RC桥T形带阻滤波器及其逆系统

RC 桥 T 形带阻滤波器如图 4.4.3 所示，其电压传递函数为

$$H(s)=\frac{U_o(s)}{U_i(s)}=\frac{(RCs)^2+\frac{2}{a}RCs+1}{(RCs)^2+\left(\frac{2}{a}+a\right)RCs+1}$$

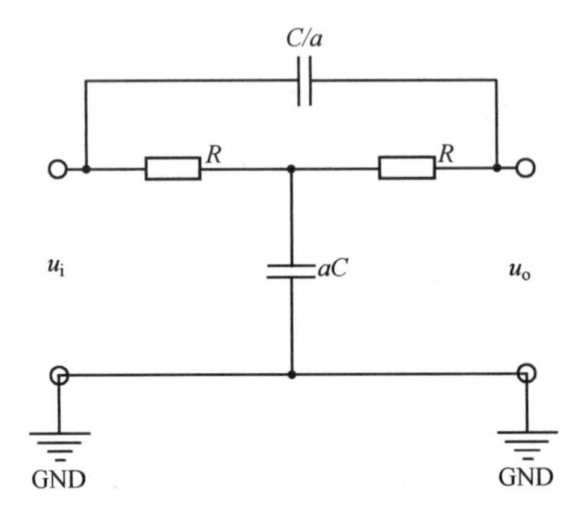

图 4.4.3　*RC* 桥 T 形带阻滤波器

利用反馈系统，可以得到它的逆系统，如图 4.4.4 所示。当运算放大器的增益 K 足够大时，反馈系统的电压传递函数为

$$H_i(s)=\frac{U_o(s)}{U_i(s)}\approx\frac{1}{H(s)}=\frac{(RCs)^2+\left(\frac{2}{a}+a\right)RCs+1}{(RCs)^2+\frac{2}{a}RCs+1}$$

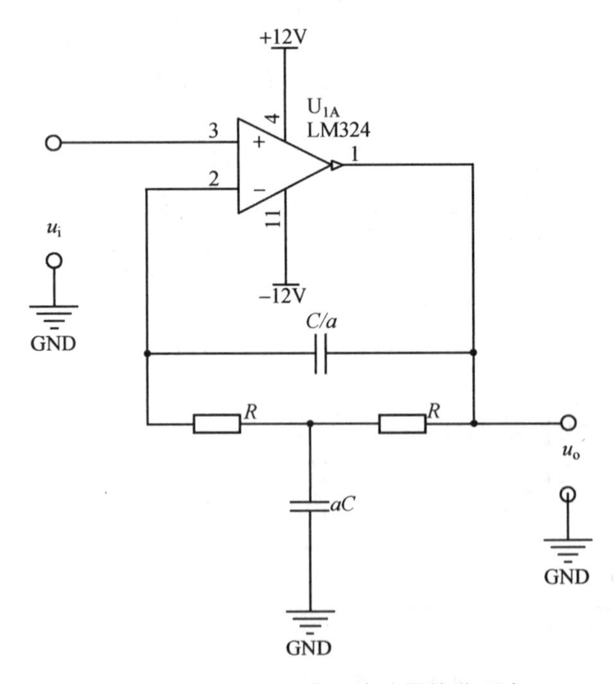

图 4.4.4　*RC* 桥 T 形带阻滤波器的逆系统

它们的幅频响应特性曲线如图 4.4.5 所示，其中 $f_0=\dfrac{1}{2\pi RC}$。

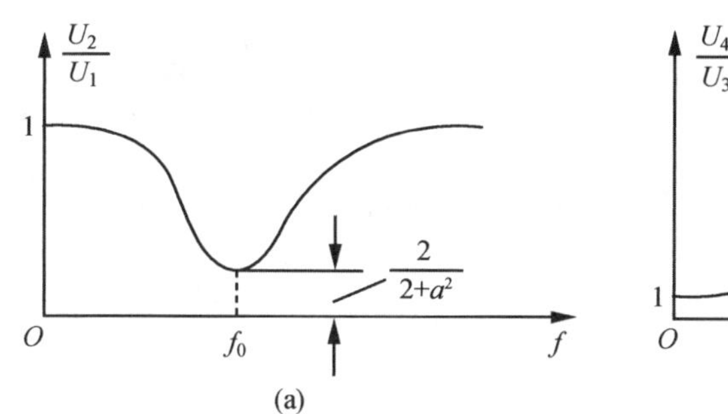

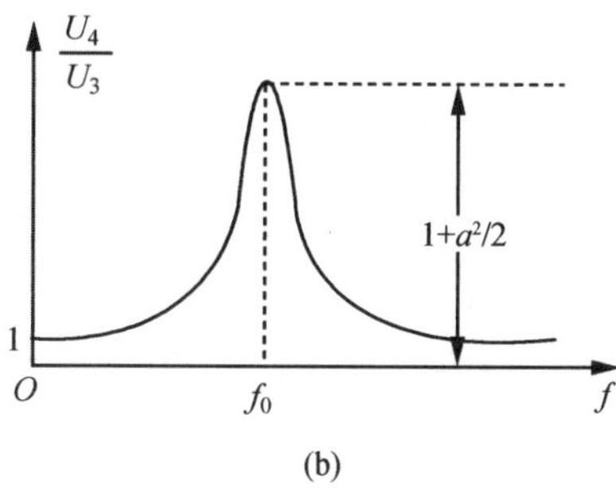

图 4.4.5　*RC* 桥 T 形带阻滤波器及其逆系统的幅频响应特性曲线

【实验准备】

(1) 认真阅读实验目的和实验原理部分，了解本次实验涉及的理论知识。

(2) 给出 *RC* 桥 T 形带阻滤波器及其逆系统的电压传递函数的推导过程。

(3) 使用 NI Multisim 软件绘制如图 4.4.1 所示的有源二阶 *RC* 带通滤波器，其中 $R_1=2\ \text{k}\Omega$，$C_1=0.01\ \mu\text{F}$，$R_2=20\ \text{k}\Omega$，$C_2=0.022\ \mu\text{F}$，通过交流扫描分析方法得到滤波器的频率响应特性曲线，将数据记入表 4.4.2 中。

(4) 使用 NI Multisim 软件绘制如图 4.4.3、图 4.4.4 所示的 *RC* 桥 T 形带阻滤波器及其逆系统，其中 $R=20\ \text{k}\Omega$，$C=1\ 000\ \text{pF}$，$a=2$，通过交流扫描分析方法得到滤波器及其逆系统的频率响应特性曲线，将数据记入表 4.4.3、表 4.4.4 中。

【实验器材】

函数信号发生器一台、数字示波器一台、台式多用表一台、直流稳压电源一台、面包板一块、元器件若干。

【实验内容与步骤】

将测量实验电路中需要用到的电阻、电容的实际值记录在表 4.4.1 中。

表 4.4.1　实验中用到的元器件的实际值

元器件	R_1(2 kΩ)	R_2(20 kΩ)	R(20 kΩ)	C_1(0.01 μF)	C_2(0.022 μF)	C(1 000 pF)
实际值						

1. 测量一个有源二阶 RC 带通滤波器的幅频响应特性

已知图 4.4.1 中 $R_1=2\ \text{k}\Omega$，$C_1=0.01\ \mu\text{F}$，$R_2=20\ \text{k}\Omega$，$C_2=0.022\ \mu\text{F}$。将被测电路按图 4.3.6 所示连接好，函数信号发生器输出正弦信号作为被测电路的输入信号，输入电压的有效值 $U_{\text{irms}}=3\ \text{V}$，输出端接台式多用表或数字示波器以测量 U_{orms}。

在测量幅频响应特性曲线时，频率范围为 100 Hz～20 kHz，逐点测量电路的幅频响应特性。在测量中找到最大输出电压 U_{omax}，改变输入信号的频率，当输出电压降到

$\frac{1}{\sqrt{2}}U_{omax}$时，记录此时的输入信号频率，即为电路的上限截止频率 f_H 和下限截止频率 f_L，将数据填入表 4.4.2 中。

表 4.4.2　有源二阶 *RC* 带通滤波器幅频响应特性曲线测试数据

实验前的仿真数据	$U_{irms}=3$ V, $U_{omax}=$　　　,$f_H=$　　　,$f_L=$										
	f/Hz	100	200	500	700	1 000	2 000	5 000	7 000	10 000	20 000
	U_o/V										
	$20\lg\left(\frac{U_o}{U_i}\right)$										
实验数据	$U_{irms}=3$ V, $U_{omax}=$　　　,$f_H=$　　　,$f_L=$										
	f/Hz	100	200	500	700	1 000	2 000	5 000	7 000	10 000	20 000
	U_o/V										
	$20\lg\left(\frac{U_o}{U_i}\right)$										
实验后的仿真数据	$U_{irms}=3$ V, $U_{omax}=$　　　,$f_H=$　　　,$f_L=$										
	f/Hz	100	200	500	700	1 000	2 000	5 000	7 000	10 000	20 000
	U_o/V										
	$20\lg\left(\frac{U_o}{U_i}\right)$										

2. 测量 *RC* 桥 T 形带阻滤波器及其逆系统的幅频响应特性

已知图 4.4.3、图 4.4.4 中 $R=20$ kΩ，$C=1\,000$ pF，$a=2$。

(1) 将如图 4.4.3 所示的被测电路按图 4.4.6 所示连接好，函数信号发生器输出正弦信号作为被测电路的输入信号，输入电压的有效值 $U_{irms}=3$ V，输出端接台式多用表或数字示波器以测量 U_{orms}。

(2) 在测量幅频响应特性曲线时，频率范围为 1～50 kHz，逐点测量电路的幅频响应特性；在测量中找到最大输出电压 U_{omax}，改变输入信号的频率，当输出电压降到$\frac{1}{\sqrt{2}}U_{omax}$时，记录此时的输入信号频率，即为电路的截止频率 f_0，将数据填入表 4.4.3 中。

表 4.4.3　*RC* 桥 T 形带阻滤波器幅频响应特性曲线测试数据

实验前的仿真数据	$U_{irms}=3$ V, $U_{omax}=$　　　,$f_0=$									
	f/Hz	1 000	2 000	5 000	7 000	10 000	20 000	30 000	40 000	50 000
	U_o/V									
	$20\lg\left(\frac{U_o}{U_i}\right)$									

续表

实验数据	$U_{irms}=3$ V, $U_{omax}=$　　　　, $f_0=$								
	f/Hz	1 000	2 000	5 000	7 000	10 000	20 000	30 000	40 000	50 000
	U_o/V									
	$20\lg\left(\frac{U_o}{U_i}\right)$									
实验后的仿真数据	$U_{irms}=3$ V, $U_{omax}=$　　　　, $f_0=$								
	f/Hz	1 000	2 000	5 000	7 000	10 000	20 000	30 000	40 000	50 000
	U_o/V									
	$20\lg\left(\frac{U_o}{U_i}\right)$									

(3) 将如图 4.4.4 所示的被测电路按图 4.4.6 所示连接好，输入信号为正弦波，电压有效值 $U_{irms}=3$ V，输出端接台式多用表或数字示波器以测量 U_{orms}。

(4) 在测量幅频响应特性曲线时，频率范围为 1～50 kHz，逐点测量电路的幅频响应特性；在测量中找到最大输出电压 U_{omax}，改变输入信号的频率，当输出电压降到 $\frac{1}{\sqrt{2}}U_{omax}$ 时，记录此时的输入信号频率，即为电路的截止频率 f_0，将数据填入表 4.4.4 中。

表 4.4.4　*RC* 桥 T 形带阻滤波器逆系统幅频响应特性曲线测试数据

实验前的仿真数据	$U_{irms}=3$ V, $U_{omax}=$　　　　, $f_0=$								
	f/kHz	1 000	2 000	5 000	7 000	10 000	20 000	30 000	40 000	50 000
	U_o/V									
	$20\lg\left(\frac{U_o}{U_i}\right)$									
实验数据	$U_{irms}=3$ V, $U_{omax}=$　　　　, $f_0=$								
	f/kHz	1 000	2 000	5 000	7 000	10 000	20 000	30 000	40 000	50 000
	U_o/V									
	$20\lg\left(\frac{U_o}{U_i}\right)$									
实验后的仿真数据	$U_{irms}=3$ V, $U_{omax}=$　　　　, $f_0=$								
	f/kHz	1 000	2 000	5 000	7 000	10 000	20 000	30 000	40 000	50 000
	U_o/V									
	$20\lg\left(\frac{U_o}{U_i}\right)$									

【实验要求与注意事项】

(1) 在测量各幅频响应特性曲线时，除了表 4.4.2 至表 4.4.4 中的频率测量点之外，可考虑再增加一些频率测量点，原则如下：对于变化率大的频率段，测量点应选得密一些；对于变化率小的频率段，测量点可以选得疏一些。在特殊频率点附近，应细致寻找振幅符合要求的测量点，如最小点、最大点、截止频率点。

(2) 本实验中使用的运算放大器为 LM324 集成块，其工作电源电压为±12 V。注意，电源极性不要接反，否则将损坏元器件。

【实验报告】

请按照附录实验报告模板的框架结构完成其中所有部分的内容。特别地，把对下面问题的回答写入实验报告中。

(1) 简述有源二阶 *RC* 带通滤波器和 *RC* 桥 T 形带阻滤波器的特点及测量滤波器频谱特性的实验步骤。

(2) 依次测量有源 *RC* 带通滤波器、*RC* 桥 T 形带阻滤波器及逆系统的幅频响应特性，填写测量数据到表 4.4.2 至表 4.4.4 中。

(3) 使用 NI Multisim 软件绘制如图 4.4.1 所示的有源二阶 *RC* 带通滤波器，其中的电阻、电容使用表 4.4.1 中的实际值，通过交流扫描分析方法得到滤波器的频率响应特性曲线。

(4) 使用 NI Multisim 软件绘制如图 4.4.3、图 4.4.4 所示的 *RC* 桥 T 形带阻滤波器及其逆系统，其中的电阻、电容使用表 4.4.1 中的实际值，$a=2$，通过交流扫描分析方法得到滤波器及逆系统的频率响应特性曲线。

(5) 根据表 4.4.2 至表 4.4.4 的数据，绘制滤波器的幅频响应特性曲线，和(3)、(4)得到的对应曲线做比较，观察其一致性。可以将电路参数一致的两条曲线(仿真、实际)放在同一个坐标系中进行比较，分析误差可能产生的原因。

(6) 总结实验中给出的带通滤波器和带阻滤波器的优缺点。

(7) 回答下列思考题：如何测量幅频响应特性曲线中的最大点和最小点？测量时需要注意哪些问题？

(8) 开放性思考：本实验中得到哪些体会？

第5章 综合设计性实验

综合设计性实验是在验证性实验基础上的提高性实验。学生通过综合设计实验，在完成某一个特定设计任务的过程中，需要查找资料、提出设计方案、采购元器件、制作电路、反复调试步骤，然后利用所学到的专业知识解决工程应用问题。

本章给出了四个综合设计性实验，分别是电压转换电路、方波发生及滤波电路、LED亮度调节电路和信号分离装置。

5.1 电压转换电路

【设计任务】

设计一个通用电路，将一个单极性信号转换为双极性信号。电路的输入信号为 0～U_M的方波信号，要求当输入为U_M时输出为 K，当输入为 0 时输出为$-K$。（注意：U_M、K值的大小可以在实验时由任课老师指定，以避免设计电路的完全一致。）

【设计思路】

在硬件设计中经常会遇到这样的情况：主芯片引脚使用的是 1.8 V、3.3 V、5 V 等，连接外部接口芯片使用的是 3.3 V、5 V 等，或者芯片由双电源供电，要求输入信号是双极性信号，而现有的信号是一个单极性信号，这导致电平不匹配。在电平不匹配的情况下工作，会造成信号传输出错；如果二者电压相差较大，严重情况下可能会损坏芯片。故需要进行电平转换，或称为电压转换。这里给出一个常用的电压转换电路，电路从 SS 端输入信号 u_i，电压范围为 0～U_M，它是一个单极性信号；电路从 SSS 端输出信号 u_2，它是一个双极性信号。电路中的运算放大器可以选择任何一种通用型的运算放大器，这里使用的是 LM324 集成块，VS＋、VS－是加在 LM324 集成块的正负电源，如图 5.1.1 所示。

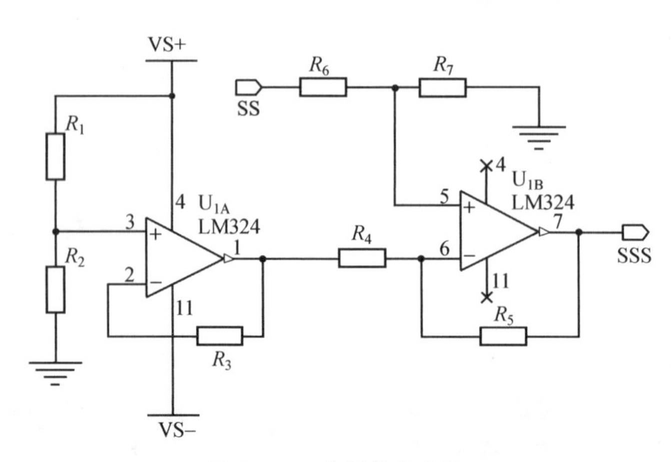

图 5.1.1 电压转换电路

根据设计要求可知，SS 端的输入信号 u_i 的高电平电压为 U_M，调节 R_1 和 R_2 的比值，使运算放大器 LM324 输出引脚 1 的电压为 $\frac{U_M}{2}$。R_3 阻值的选取要接近于 $R_1 /\!/ R_2$。

电路中配置：

$$\frac{R_5}{R_4}=\frac{R_7}{R_6}=k$$

一般情况下，选取 $R_4=R_6$，$R_5=R_7$。

根据图 5.1.1，SSS 端输出电压 u_2 为

$$u_2=k\left(u_i-\frac{U_M}{2}\right)$$

式中，SS 端输入电压 u_i 为电路输入信号，大小为 U_M 或 0，调节电阻比值改变 k，可以改变输出端 SSS 的电压 u_2 的幅值。

【设计内容】

由信号发生器产生一个单极性方波信号，设计一个电压转换电路，将该信号转换为一个双极性的方波信号。输入电压和输出电压的范围由教师在课堂上指定。表 5.1.1 列出了部分输入电压和输出电压范围的例子。

表 5.1.1 输入电压与输出电压范围

输入电压	输出电压
0 ～ 3 V	−1～ 1 V
0 ～ 3 V	−2～ 2 V
0～ 5 V	−1～ 1 V
0 ～ 5 V	−2～ 2 V

电路设计可以参考图 5.1.1，电源 VS＋和 VS－使用±12 V 双电源供电。根据指定的输入电压和输出电压要求，计算电路中的电阻阻值。电阻的阻值要从表 5.1.2 中所示的 E24 系列中选取。

表 5.1.2 E6,E12,E24 系列标称值

系列	标称值											
E6	1.0		1.5		2.2		3.3		4.7		6.8	
E12	1.0	1.2	1.5	1.8	2.2	2.7	3.3	3.9	4.7	5.6	6.8	8.2
E24	1.0	1.2	1.5	1.8	2.2	2.7	3.3	3.9	4.7	5.6	6.8	8.2
	1.1	1.3	1.6	2.0	2.4	3.0	3.6	4.3	5.1	6.2	7.5	9.1

制作并调试该电路，撰写完整的设计报告。

5.2 方波发生及低通滤波电路

【设计任务】

设计并制作一个方波发生及低通滤波电路，具体要求如下：

(1) 设计一个幅度为 5V、频率为 A Hz、占空比为 $B\%$ 的方波发生器。

(2) 设计一个截止频率为 500～3 000 Hz 的低通滤波电路，对(1)中所产生的方波信号进行滤波。

(3) A、B 值的大小可以在实验时由任课老师指定，以避免设计电路的完全一致，截止频率设定为 500～3 000 Hz，原因同上。

【设计思路】

整体系统由方波发生电路与低通滤波电路构成，系统框图如图 5.2.1 所示。系统首先由方波发生电路产生符合要求的方波信号，之后通过低通滤波器对方波信号中的高频噪声或者多次谐波进行滤除，得到最终的输出信号。

产生方波的方法有很多种，如可以使用 RC 振荡器产生一个正弦信号，再通过数字电路对信号进行整形，得到方波；也可以使用 NE555 芯片进行设计，将 NE555 芯片接为多谐振荡器，通过调节外围电路参数值，从而产生满足要求的方波信号。

低通滤波电路采用无源或有源滤波电路，可以参照 4.3 节的实验内容设计滤波器，根据截止频率计算 R、C 等参数值，设计满足要求的滤波电路。

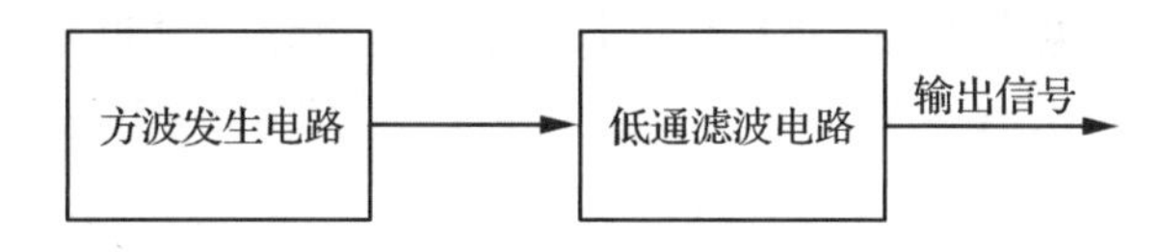

图 5.2.1 方波发生及低通滤波电路系统框图

【设计内容】

请按照设计任务的要求，在给定的具体设计指标的基础上，完成电路设计、制作并调试，

撰写完整的设计报告。本节给出了方波发生电路和低通滤波器的一种设计方案，以供参考。

1. 方波发生电路

如图 5.2.2 所示，这是一个使用 NE555 芯片设计的方波发生电路，可以产生频率为 1 kHz、幅度为 5 V、占空比为 50%的方波信号 u_o。

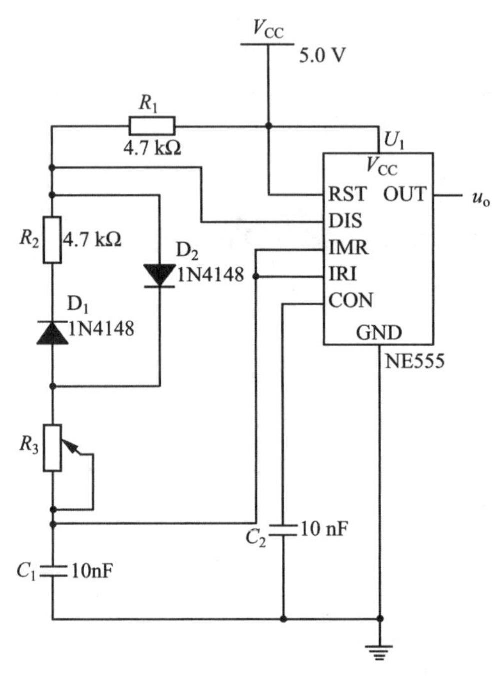

图 5.2.2 使用 NE555 芯片设计的方波发生电路

在图 5.2.2 中，方波高电平时间 T_1 计算公式为

$$T_1=(R_1+R_3)\times C_1\times \ln 2$$

方波低电平时间 T_2 计算公式为

$$T_2=(R_2+R_3)\times C_1\times \ln 2$$

方波周期 T 计算公式为

$$T=T_1+T_2=(R_1+R_2+2R_3)\times C_1\times \ln 2$$

方波占空比 q 计算公式为

$$q=\frac{R_1+R_3}{R_1+R_2+2R_3}$$

电阻 R_1、R_2、R_3 和电容 C_1 决定着方波的频率和占空比。要想使方波占空比为 50%，可以使 $R_1=R_2$，这里可取 $R_1=R_2=4.7\ \text{k}\Omega$，再取电容 $C_1=10\text{nF}$，由此可计算出当 $R_3\approx 66.7\ \text{k}\Omega$ 时，电路可输出频率为 1kHz 的方波信号。

该电路的工作原理为通过电容的充放电，使两个暂稳态相互交替，从而产生自激振荡，输出周期性的矩形脉冲信号。关于使用 NE555 芯片进行多谐振荡器电路设计的详细知识可查阅“数字电路”课程的相关教材，这里不再赘述。

2. 低通滤波电路

这里给出无源一阶低通滤波器的电路设计，如图 5.2.3 所示。

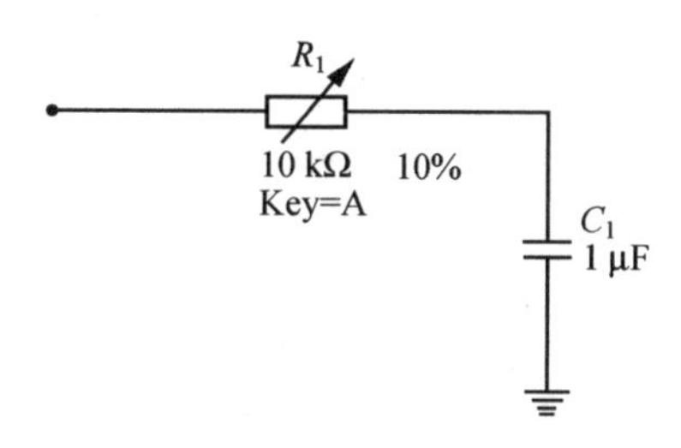

图 5.2.3　无源一阶低通滤波电路

在图 5.2.3 中，电压传递函数计算公式为

$$H(\mathrm{j}\omega)=\frac{1}{1+\mathrm{j}\omega R_1 C_1}$$

根据截止频率 ω_c 的定义，当 $\omega=\omega_c$ 时，有

$$|H(\mathrm{j}\omega)|^2=\frac{1}{2}$$

假设截止频率取 1 600 Hz，令 $C_1=1\ \mu\mathrm{F}$，则根据上述公式可计算出 $R_1\approx 995\ \Omega$，通过改变 R_1 的数值，即可改变截止频率的大小。

5.3　LED 亮度调节电路

【设计任务】

设计并制作一个 LED 亮度调节电路，具体要求如下：

(1) 设计一个单色 LED 驱动电路，LED 的亮度可通过手动旋钮控制。

(2) 测量电路的 LED 亮度可调范围，并给出具体指标。

(3) 进一步设计一个彩色 LED 亮度调节电路。(可选)

【设计思路】

许多便携式电子设备中应用的 LED 都需要进行亮度调节，可采用两种调光方法：电阻限流驱动与脉冲宽度调制驱动。

1. 电阻限流驱动

LED 的发光强度与流经它的电流成正比，所以若要控制每一个 LED 的发光明暗，最直接的办法是调节流经它的电流。最简单的 LED 驱动电路如图 5.3.1 所示，把电阻 R 与 LED 串联，并在两端加上适当的电压，回路中就会有电流 I 流过，发光二极管 D 发光，发光的强度与电流 I 的大小成正比，而电流 I 的大小则取决于所加的电压 U 及限流电阻 R 的阻值。对于给定的 LED 及供电电源，将电阻 R 换成一个可变电阻，改变可变电阻的阻值就能得到流经 LED 的期望电流值，从而达到控制 LED 发光强度的目的。

这种 LED 驱动方式的缺点是 LED 驱动电流对于发光的光谱特性会产生影响，改变可变电阻的阻值不仅会改变光的强度，还会改变光的颜色。

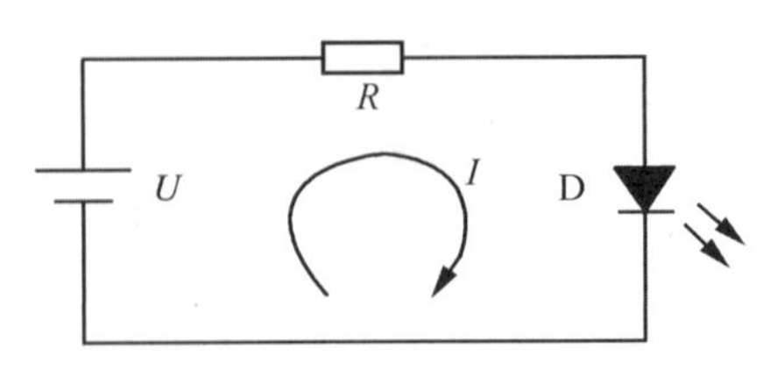

图 5.3.1　电阻限流 LED 驱动电路

2. 脉冲宽度调制(PWM)驱动

脉冲宽度调制在开关电源、电机调速等场合应用广泛,其特点是可以做到高效率的能量控制与变换。LED 驱动在控制亮度时,本质上也是能量调节过程,亮的时候释放的光子多,暗的时候释放的光子少。PWM 驱动电路可以做到在调节 LED 的亮度时,驱动电流不变,以保持色彩的恒定。

LED 的 PWM 驱动电路本质上可以理解成由两个部分构成:LED 恒流源驱动电路与 PWM 定时控制电路。LED 恒流源驱动电路是为了让 LED 稳定发光,颜色恒定,并且确保电流不会超过极限参数;PWM 定时控制电路是为了调节 LED 的发光亮度,且保证能量变换效率。

PWM 定时控制电路根据所期望的亮度设定,产生一个恰当占空比的 PWM 信号,这个信号传送到 LED 恒流源驱动电路,恒流源驱动电路产生脉动变化的驱动电流,如图 5.3.2 所示。这里的 PWM 信号周期固定,占空比可变,占空比根据对 LED 的亮度控制要求而定,占空比大,亮度高,占空比小,亮度暗。LED 恒流源驱动电路根据输入的 PWM 信号的电平高低,相应地产生或切断 LED 的驱动电流,如果是开启导通状态,则有确定的驱动电流 I_D流过 LED,将它点亮,该电流的大小根据 LED 的驱动要求给定;如果是关断状态,则驱动电流为 0。如果点亮和关断的切换频率很低,人眼可看到 LED 在亮灭闪烁;但当切换频率足够高之后,由于人眼的视觉滞留现象,将不再会感觉到这是一个闪烁的光源,而是看到一个连续发光的光源了,观察到的亮度与平均发光时间占总时间的比例成正比,也即与 PWM 信号在每个周期内开启恒流驱动的时间占比(称为占空比)成正比。占空比用百分数来表示,它代表的是一个 PWM 周期内 LED 点亮(ON)时间所占的百分比。如果占空比为 100%,LED 将处于最大辐射强度;如果占空比降至 50%,LED 辐射强度会降至最大值的一半。通过 PWM 定时控制电路的精确控制,能够达到十分精确的亮度控制。

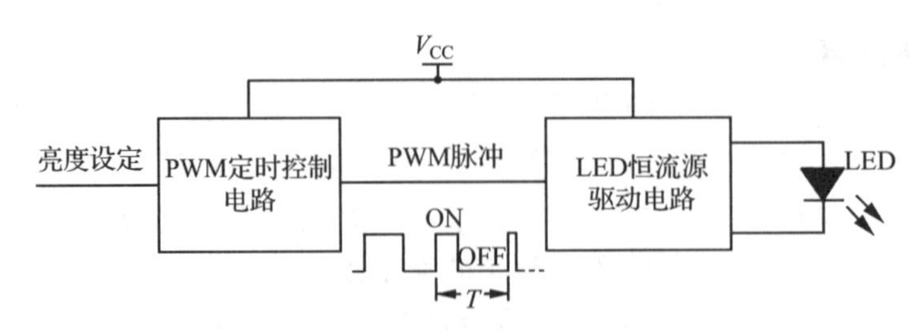

图 5.3.2　PWM 控制的恒流源

综上所述,使用脉冲宽度调制驱动方式实现对 LED 亮度调节电路的设计是更为理想的选择。

【设计内容】

按照设计任务的要求，完成电路设计、制作并调试，撰写完整的设计报告。本节根据图 5.3.2 给出了 PWM 定时控制电路和 LED 恒流源驱动电路的一种设计方案，以供参考。

1. PWM 定时控制电路

如图 5.3.3 所示，这是一个利用 LM324 集成块设计的 PWM 定时控制电路，可以产生频率为 1 kHz、幅度为 5 V、占空比可调的 PWM 信号。

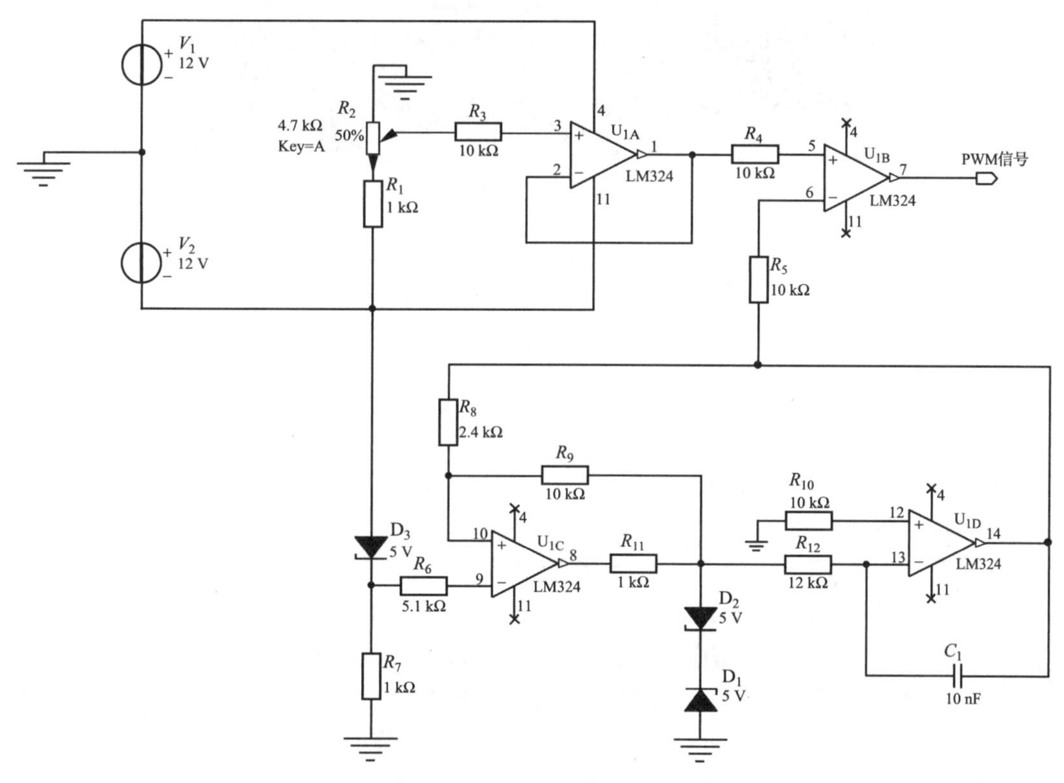

图 5.3.3　PWM 定时控制电路

在这个电路中，U_{1C}、U_{1D}的功能是一个三角波一方波发生器。

U_{1C}及外围电路构成一个施密特触发器，电路的 −12 V 电源经过一个 5 V 稳压管将 −7 V 电压接到了 U_{1C}的管脚 9，这个管脚上的电压命名为 U_{ref}，U_{1C}的输出经过 R_{11}后被两个反向串联的 5 V 稳压管限制在 $\pm U_{OM}$上，可以推导出来施密特触发器的两个阈值电平分别为

$$U_{th\uparrow}=\frac{R_8+R_9}{R_9}U_{ref}+\frac{R_8}{R_9}U_{OM}$$

$$U_{th\downarrow}=\frac{R_8+R_9}{R_9}U_{ref}-\frac{R_8}{R_9}U_{OM}$$

U_{1D}及外围电路构成一个积分器，它的输出反馈回到 U_{1C}的同相输入端，结合 U_{1C}构成的施密特触发器，得到了一个三角波一方波发生器。在 U_{1C}的输出端，可以看到一个正负

半周对称的方波；而在 U_{1D}的输出端，可以看到叠加在一个直流分量上的三角波信号。使用 NI Multisim 软件仿真此电路，使用虚拟示波器观测 U_{1C}、U_{1D}的输出，可以得到如图 5.3.4 所示的波形。

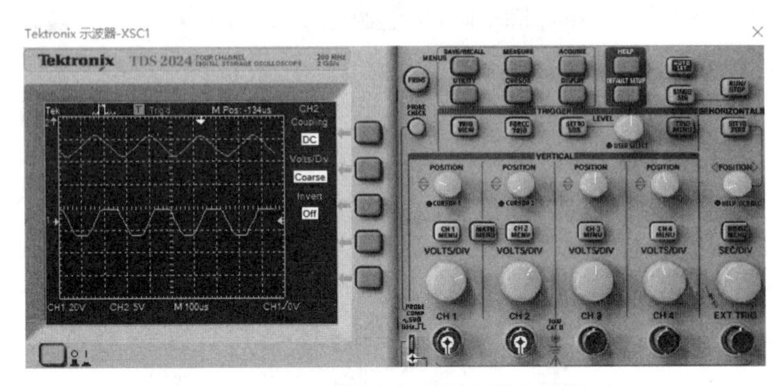

图 5.3.4　三角波一方波发生器电路波形

在图 5.3.4 中，方波高电平时间 T_1 和低电平时间 T_2 的计算公式为

$$T_1=T_2=R_{12}C_1\frac{U_{\text{th}\uparrow}-U_{\text{th}\downarrow}}{U_{\text{OM}}}=\frac{2R_8R_{12}C_1}{R_9}$$

方波周期 T 的计算公式为

$$T=T_1+T_2=\frac{4R_8R_{12}C_1}{R_9}$$

该电路原理为通过电容的充放电，使两个暂稳态相互交替，从而产生自激振荡，输出周期性的矩形脉冲信号。

图 5.3.3 中的 U_{1B}接成一个开环比较器，同相输入端接一个直流电压，这个直流电压由一个电阻分压电路产生，并经过 U_{1A}接成的电压跟随器输出；U_{1D}输出的三角波信号接到 U_{1B}的反相输入端。当电路中 R_2 的阻值改变时，加到 U_{1B}的同相输入端的直流电压发生变化，经过电压比较器 U_{1B}后，反相输入端的三角波信号被整形为一个占空比可调的 PWM 信号，使用虚拟示波器可以看到 U_{1A}、U_{1B}和 U_{1D}的整形电路波形，如图 5.3.5 所示。只要直流电压的值落在三角波最小值和最大值之间，整形电路就可以输出一个 PWM 信号。

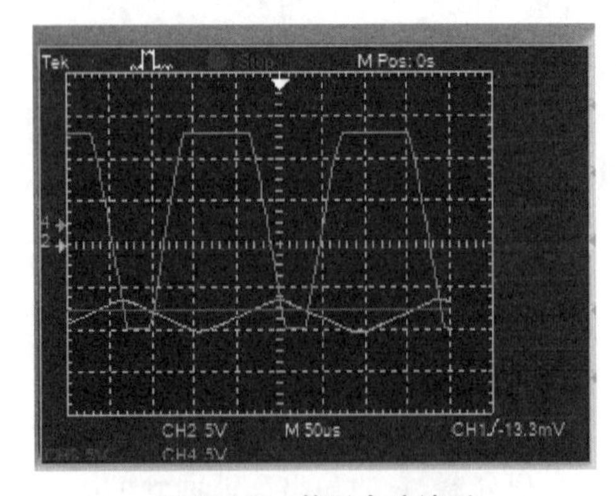

图 5.3.5　整形电路波形

2. PWM 控制的 LED 恒流源驱动电路

LED 色彩的恒定取决于驱动电流。在 PWM 定时控制电路后使用开关电路可以实现对 LED 亮度的控制，但如果电路仅用简单的三极管开关电路，当电路参数发生一些改变，比如电源发生扰动，造成驱动 LED 的电流发生改变时，色彩就会发生变化，影响视觉效果，所以需要使用一个恒流源驱动电路。

如何才能构建一个 PWM 控制的 LED 恒流源驱动电路呢？下面给出一个例子，如图 5.3.6 所示。从电路左边看起，Q_2是一个电子开关，这里的 PWM 序列使用的是负逻辑，即当 PWM 控制信号高电平时，Q_2输出为低电平，导致 Q_1 截止，恒流源不工作，LED 熄灭；当 PWM 控制信号低电平时，Q_2输出为高电平，三极管 T 导通，LED 工作，工作电流由恒流源驱动电路中的电阻 R_2与三极管 T 的 B、E 极的导通压降 U_{BE}确定。假设 PWM 控制信号为低电平，恒流源驱动电路正常工作时，如果流过 LED 的电流突然增大，电阻 R_2上的电压上升，则三极管基极输入电流增大，导致三极管的集电极电流增大，电阻 R_1上的电压增大，A 点电位下降，Q_1的控制电压变小，流过 LED 的电流变小，形成了负反馈，维持了电流的恒定；反之亦然。

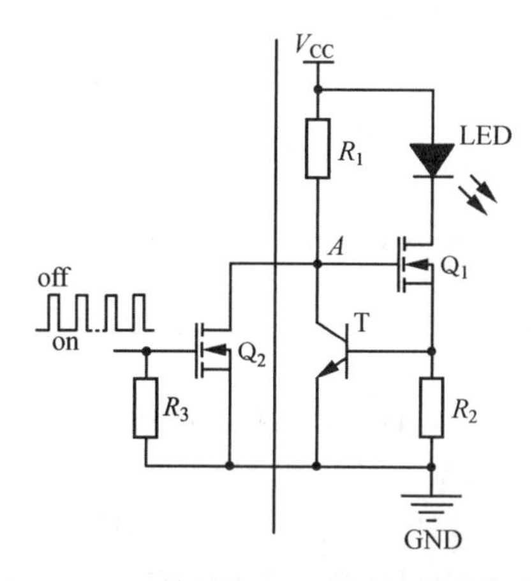

图 5.3.6　PWM 控制的 LED 恒流源驱动电路实例

这个电路中 R_2的选择取决于设计中期望让多大的电流流过 LED。R_2与三极管的发射结并联，根据欧姆定律，很容易得出 R_2的取值。R_1的取值范围通常为 10～50 kΩ，R_3的值通常取 10 kΩ 左右。Q_1、Q_2取普通的开关场效应管，T 取普通的 NPN 硅管。

该恒流源的计算公式为 $I=\frac{U_{BE}}{R_2}$，其中 U_{BE}为三极管 T 的发射结压降，约为 0.7 V。

5.4　信号分离装置

【设计任务】

设计并制作信号分离装置，如图 5.4.1 所示。一台双路输出信号源输出 2 路周期信号 A 和 B(频率范围为 20～100 kHz,且 $f_A < f_B$;峰峰值均为 1 V),经增益为 1 的加法器产生混合信号 C,信号 C 通过分离电路分离出信号 A′和 B′。要求信号 A′和 B′相对信号 A 和 B 的波形无失真,A′和 A、B′和 B 的波形在示波器上能连续稳定同频显示。具体任务如下:

(1) 设计一个加法器,实现对频率范围为 20～100 kHz 的周期信号(正弦信号、三角波信号)的合成。

(2) 设计一个分离电路,能够将任务(1)中的两个周期信号从合成信号中分离出来。

(3) 在以上两个任务的基础上,如果输入的两个周期信号均为正弦信号,且 f_B 是 f_A 的整数倍,设计分离电路,使得输出信号的初始相位差可以设置。(可选做)

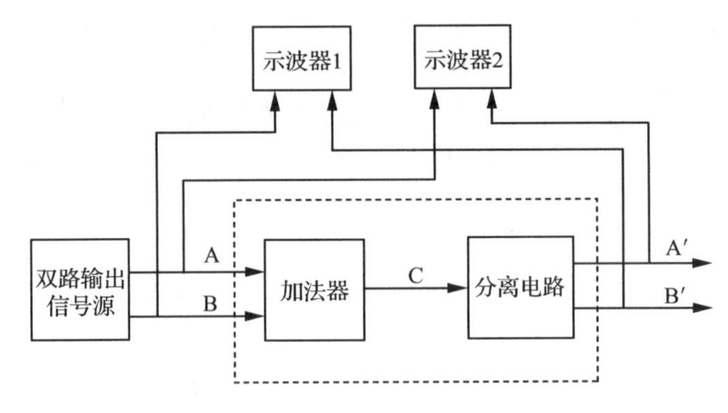

图 5.4.1　信号分离装置框图

【设计思路】

这是 2023 年全国大学生电子设计竞赛的赛题,要求设计一个能够将多个信号分离的装置,这些信号的频率范围、波形和幅度都有明确的要求。具体来说,就是要求从一个混合信号中得到两路不同频率的信号,并且这些信号的频率范围为 20～100 kHz,峰峰值均为 1 V。

为了实现这一目标,首先需要设计增益为 1 的加法器,再设计一个分离电路用以分离输入信号 A 和 B,并能处理不同频率和波形组合,包括正弦波和三角波,以及控制输出信号 B 与 A 的初相位差。

这个装置集信号混合、采集、频谱分析、滤波和信号再生于一体,它的设计是一个复杂的工程问题。该装置的设计可分为硬件设计和软件设计两部分。

1. 硬件设计

• 加法器:用于将输入的两路周期信号 A 和 B 进行混合,生成混合信号 C。

• 分离电路:可使用滤波电路来实现信号的分离。电路使用带通滤波器对混合信号 C 进行处理,以分离出原始信号 A′和 B′。在频率接近的情况下,可以采用具有陡峭边沿的椭圆形滤波器来提高分离效果。

• 放大滤波电路:用于进一步提升分离后的信号幅度,并进行必要的滤波处理。

2. 软件设计

• 快速傅里叶变换(FFT):利用微处理器如单片机、FPGA 或 DSP 对采集到的数据进行 FFT 分析,识别信号类型和频率。

• 频谱分析与数字滤波:通过频谱分析确定信号类型后,使用数字滤波方法对信号进行处理,确保分离后的信号与原始信号无失真。

• 相位控制:在设计任务(3)中,可以通过设置相位偏移来调整信号B′与A′的初相位差,范围为0～π。

图5.4.2给出了该装置的一种设计思路。首先,该装置要能够实现两路周期信号的合成,这需要设计一个加法器电路完成这部分功能。其次,该装置要能完成对合成信号的分离,通过频谱分析来确定信号的种类,然后重构识别到的信号,通过单片机或FPGA采集合成信号,再用软件对采集的信号进行处理,获得重构信号的频率和幅度。最后,再根据具体的相位设置要求输出重构信号。

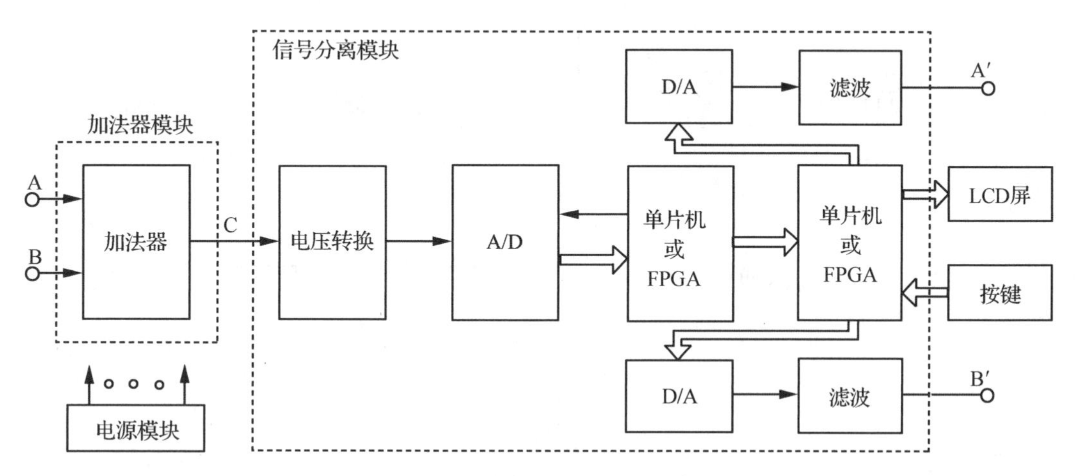

图5.4.2　分离装置系统结构框图

【设计内容】

按照设计任务的要求,完成电路设计、制作并调试,撰写完整的设计报告。本节根据图5.4.2给出了加法器电路、电压转换电路、信号分离电路的一种设计方案,以供参考。

1. 加法器电路

加法器的主要作用是将两路信号进行叠加求和,以实现将信号A和B混合成信号C,加法器电路如图5.4.3所示。图中的运算放大器为NE5532,该芯片具有较低的输入偏置电流、较高的增益精度、较高的共模抑制比和较宽的带宽,能够提供稳定和准确的放大性能,以满足设计需要。

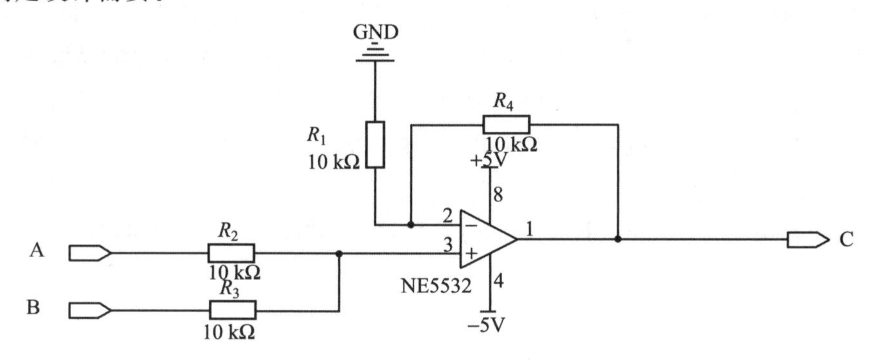

图5.4.3　加法器电路

2. 电压转换电路

对合成信号进行分离，仅通过硬件电路实现，难度和复杂度很高，故采用软硬件结合的方式，将合成信号经过 A/D 转换，采集到单片机或 FPGA、DSP 中，进行频谱分析。由于处理器系统都是由单电源供电，因此要将加法器电路产生的双极性信号转换为单极性信号，满足处理器系统的 A/D 转换器极性、输入电压范围的要求。电压转换电路如图 5.4.4 所示，输入信号 u_i 即为图 5.4.3 加法器电路的输出信号 C，输出信号 u_o 的电压变化范围为 0～3 V，是图 5.4.5 中的输入信号 C′。

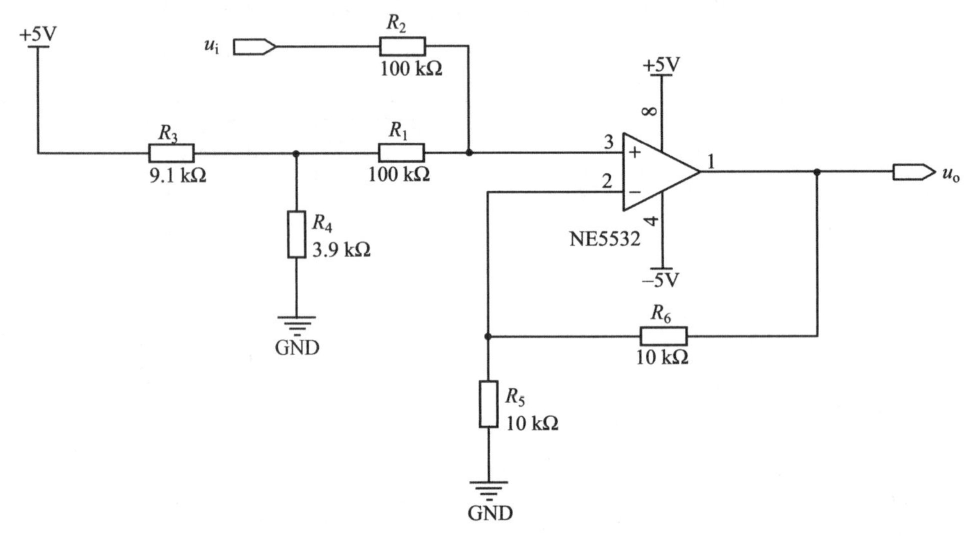

图 5.4.4　电压转换电路

3. 信号分离电路

由于数字信号处理技术的发展，信号的频谱分析、信号的滤波都可以使用软件实现。本设计方案使用 STM32 处理器系统作为主控芯片，根据数据手册要求，连接晶振、电阻、电容等元器件构成最小系统，再外接按键和液晶屏等输入/输出外设，即可完成硬件电路部分的设计。为了降低软件逻辑的复杂度，电路采用两个 STM32 处理器系统，一个用于频谱分析，另一个用于重构周期信号。

软件部分的工作框图如图 5.4.5 所示。合成信号 C 经过电压转换电路后的输出信号 C′通过 STM32 的模拟输入管脚接入单片机，经过 STM32 处理器系统自带的 12 位 A/D 转换器外设转换成数字信号，再利用其自带的浮点数运算单元进行 FFT 运算，得到信号的频谱数据。对频谱数据进行处理，可以得到合成信号中的两个周期信号的频率及波形类型，再根据设计任务中 $f_A<f_B$的条件，确定信号 A、B，将信息显示到液晶屏上，同时根据按键输入，确定 A、B 的初始相位，将信号 A、B 的频率、类型及初始相位通过串口发送给另一个 STM32 处理器系统，利用单片机自带的 D/A 转换器将软件生成的数字信号转换成离散信号 A′和 B′进行输出。

如果希望输出信号 A′和 B′有着更小的失真，则还可设计一个低通滤波器接在单片机的信号输出端。

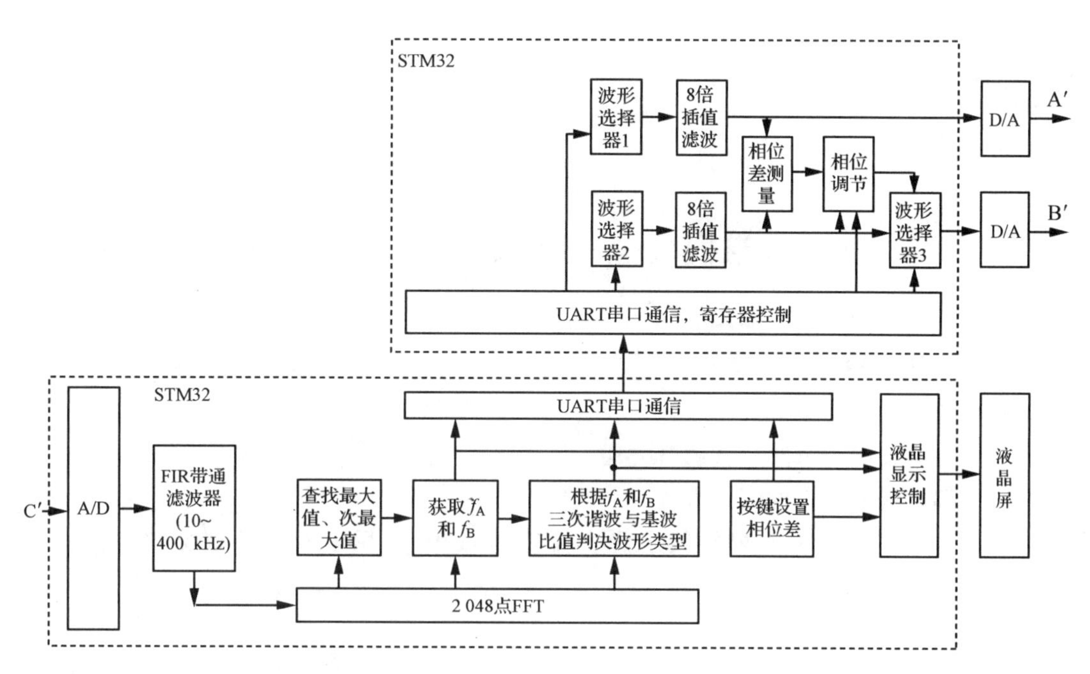

图 5.4.5 软件部分工作框图

附录

实验报告模板——以“戴维南定理”为例

一、实验目的

• 熟练掌握戴维南定理。

• 熟练掌握等效电路参数测量方法。

• 掌握电源外特性的测试方法。

• 熟练掌握电路板的焊接技术和直流稳压电源、多用表及其他仪器仪表的使用方法。

二、实验原理

简述本次实验电路的原理。实验原理的文字要精简，给出实验要验证的定理描述，验证的方法，涉及的参数，公式或方法，不需要进行具体计算。

范文：

任何线性有源二端网络都可以用一个独立的电压源（戴维南电压源）和一个串联电阻（戴维南电阻）来等效替代，而不改变网络对外部负载的影响。这个等效电路在电压源和串联电阻的共同作用下，与原网络对任何外部负载的电压和电流响应是相同的。附图1所示为戴维南定理的等效原理图。

实验通过将一个较为复杂的含有电源的电阻网络用一个戴维南等效电路代替，观察网络的外接负载特性，来验证戴维南定理的正确性。其中，需要实验获得戴维南等效电压源的电压和戴维南等效电阻。

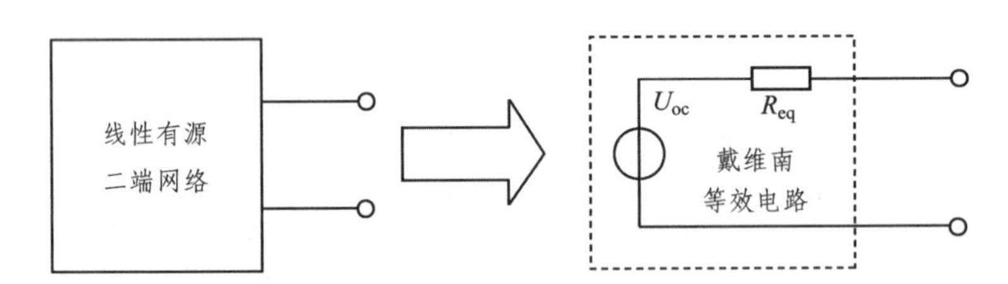

附图1　戴维南定理的等效原理图

1. 戴维南等效电压源的电压 U_{oc}

在原线性有源二端网络的负载断开的情况下，计算或测量两个端点之间的开路电压 U_{oc}，这个电压就是戴维南等效电压源的电压。

2. 戴维南等效电阻 R_{eq}

在原线性有源二端网络的负载断开的情况下，改变原网络中的独立电压源为短路（原

网络中的独立电流源为开路)，然后理论计算两个端点之间的等效电阻，这个电阻就是戴维南等效电阻 R_{eq}，它也可以通过多用表测量两个端点之间的电阻值来获得。

三、实验仪器及元器件

实验报告里之所以要写实验仪器及元器件，是为了说明实验是真实且可复现的。所以实验用到的仪器型号要写具体，元器件的电路参数也同样要写清楚。

范文：

鼎阳 SPD3303D 直流稳压电源，鼎阳 SDM3055X-E 台式多用表，通用板一块，1.8 kΩ、2.2 kΩ、220 Ω、330 Ω 电阻各一只，270 Ω 电阻两只，10 kΩ 电位器一个。

四、实验步骤与数据记录

实验步骤须根据下面给出的要求逐一进行描述，包括电路的搭建过程、测量步骤、测量数据等。记录数据时需要描述清楚其测试条件(如信号电压、频率，电阻阻值，电容容值等)，如果表格中没有，需要在表格外补充。

范文：

1. 仿真操作步骤（实验前）

(1) 在 NI Multisim 软件中测量如附图 2 所示电路的开路电压、短路电流和等效电阻，并填入附表 1 中。

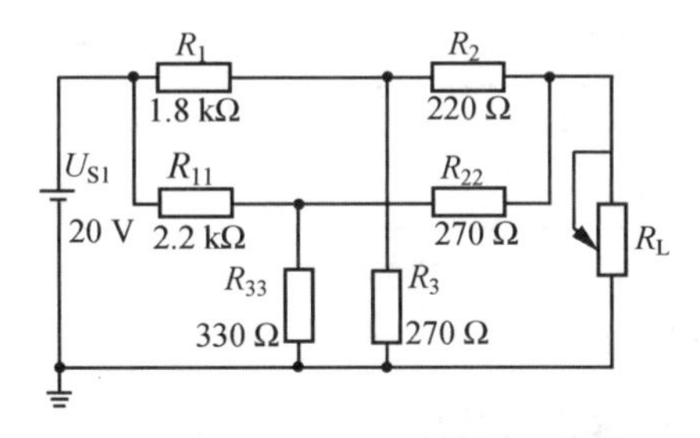

附图 2　戴维南定理实验电路

附表 1　原电路的电路参数(实验前的仿真)

开路电压 U_{oc}/V	短路电流 I_{sc}/mA	等效电阻 R_{eq}(计算值)/Ω	等效电阻 R_{eq}(测量值)/Ω
2.609	10.42	250.4	250.4

(2) 在如附图 2 所示的电路中，改变负载电阻的阻值，使用仿真分析方法获得电路的负载电压和负载电流，并填入附表 2 中。

(3) 根据附表 1 仿真的数据在软件中绘制如附图 3 所示的验证电路。

(4) 在如附图 4 所示的等效电路中，改变负载电阻 R_L 的值，使用仿真分析方法获得电路的负载电压和负载电流，并填入附表 2 中。

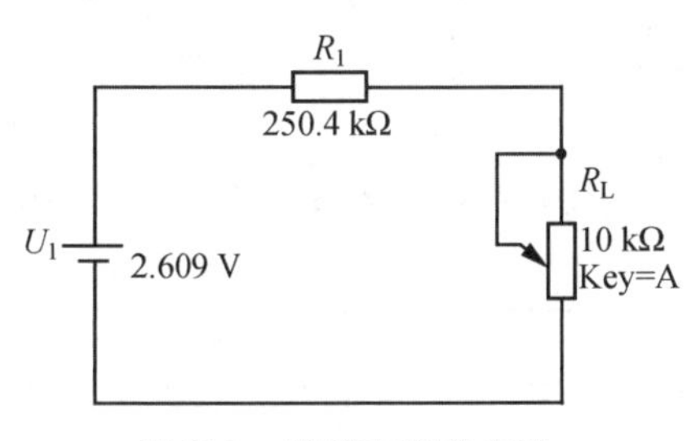

附图 3　戴维南等效电路

附表 2 电路外特性测量数据(实验前仿真)

负载电阻/Ω	负载电压/V		负载电流/mA	
	原电路	等效电路	原电路	等效电路
300	1.422	1.422	4.74	4.74
600	1.841	1.841	3.07	3.07
900	2.041	2.041	2.27	2.27
1 200	2.158	2.158	1.80	1.80
1 500	2.236	2.236	1.49	1.49
1 800	2.290	2.290	1.27	1.27
2 100	2.331	2.331	1.11	1.11
2 400	2.362	2.362	0.98	0.98
2 700	2.387	2.387	0.88	0.88
3 000	2.408	2.408	0.80	0.80

2. 实验操作步骤

(1) 根据如附图 2 所示的电路原理图选择电阻,并用多用表测量电阻的实际阻值,填入附表 3 中。

附表 3 实验中用到的元器件实际值

电阻标号	R_1	R_2	R_3	R_{11}	R_{22}	R_{33}
阻值/Ω	1 801.5	219.6	267.4	2 187.4	268.8	325.5

(2) 根据如附图 2 所示的电路原理图在通用板上搭建电路。附图 4 是制作完成的戴维南定理实验电路。其中 U_{S1}、R_L 要从外部接入电路中。

(a) 正面

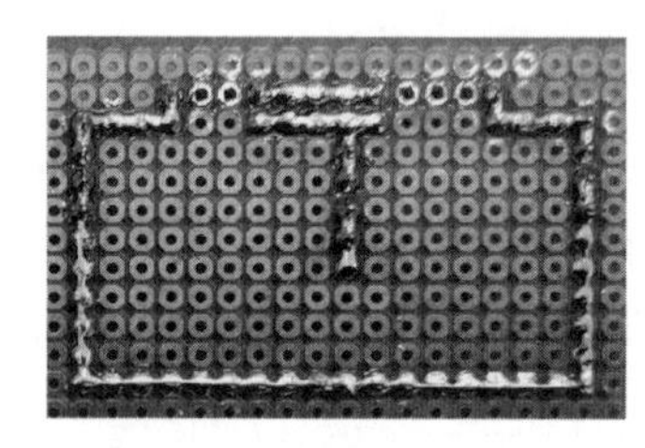

(b) 背面

附图 4 制作完成的戴维南定理实验电路

(3) 测量如附图 4 所示电路的开路电压、短路电流和等效电阻,并填入附表 4 中。

附表 4 原电路的电路参数(实测)

开路电压 U_{oc}/V	短路电流 I_{sc}/mA	等效电阻 R_{eq}(计算值)/Ω	等效电阻 R_{eq}(测量值)/Ω
2.616	10.47	249.9	248.7

(4) 根据附表 4 得到的开路电压和等效电阻,在通用板上制作等效电路,如附图 5 所示。开路电压由直流稳压电源提供,等效电阻可通过调节通用板上的电位器得到,负载电阻要从外部接入电路。

(a) 正面

(b) 背面

附图 5　制作完成的戴维南定理等效电路

(5) 在如附图 4 搭建的原电路中,改变负载电阻 R_L 的值,用多用表分别测量原电路的负载电压和负载电流,并填入附表 5 中。

(6) 在附图 5 搭建的验证电路中,改变负载电阻 R_L 的值,用多用表分别测量等效电路的负载电压和负载电流,并填入附表 5 中。

附表 5　电路外特性测量数据(实测)

负载电阻/Ω	负载电压/V		负载电流/mA	
	原电路	等效电路	原电路	等效电路
300	1.428	1.434	4.72	4.78
600	1.838	1.858	3.05	3.09
900	2.045	2.059	2.27	2.28
1 200	2.155	2.178	1.80	1.81
1 500	2.228	2.255	1.49	1.50
1 800	2.292	2.309	1.27	1.28
2 100	2.326	2.350	1.11	1.12
2 400	2.364	2.383	0.98	0.99
2 700	2.388	2.408	0.89	0.89
3 000	2.404	2.429	0.80	0.81

3. 仿真操作步骤(实验后)

重复仿真操作步骤(实验前),根据附表 3 记录的电阻实际值,重新仿真,并将数据填入附表 6、附表 7 中。

附表 6　原电路的电路参数(实验后的仿真)

开路电压 U_{oc}/V	短路电流 I_{sc}/mA	等效电阻 R_{eq}(计算值)/Ω	等效电阻 R_{eq}(测量值)/Ω
2.588	10.405	248.7	248.7

附表 7　电路外特性测量数据(实验后的仿真)

负载电阻/Ω	负载电压/V		负载电流/mA	
	原电路	等效电路	原电路	等效电路
300	1.415	1.415	4.72	4.72
600	1.829	1.829	3.05	3.05
900	2.027	2.027	2.25	2.25
1 200	2.143	2.143	1.79	1.79

续表

负载电阻/Ω	负载电压/V		负载电流/mA	
	原电路	等效电路	原电路	等效电路
1 500	2.220	2.220	1.48	1.48
1 800	2.273	2.273	1.26	1.26
2 100	2.314	2.314	1.10	1.10
2 400	2.345	2.345	0.98	0.98
2 700	2.369	2.369	0.88	0.88
3 000	2.389	2.389	0.80	0.80

五、数据分析

这一部分主要是根据实验要求，对相应数据进行绘图分析(如电压-电流、电压-频率等的关系图)、误差判断等操作。

本实验的数据分析包含两部分：戴维南等效电路参数的计算与比较、电路外特性曲线的绘制与比较，具体做哪些分析，可以参照下方的说明。

1. 戴维南等效电路参数的计算与比较

(1) 根据"电路分析"课程中所学的电路分析方法，选取一种方法，联立电压、电流方程，使用附表 3 测出的电阻阻值，求解出负载端的开路电压，再求出电路的等效电阻。

(2) 与附表 4 的数据进行比较，利用公式 $\gamma=\frac{|\text{实测值}-\text{理论值}|}{\text{理论值}}\times100\%$ 计算误差。讨论计算法和测量法测得的相对误差的大小，分析误差来源。

2. 电路外特性曲线的绘制与比较

(1) 根据附表 5 中的数据，分别绘制实测电路的外特性曲线(负载特性曲线)，横坐标为电流，纵坐标为电压，其中每张图中包含原电路和等效电路的外特性曲线。

(2) 根据附表 7 中的数据，分别绘制仿真电路的外特性曲线(负载特性曲线)，横坐标为电流，纵坐标为电压，其中每张图中包含原电路和等效电路的外特性曲线。

(3) 观察仿真和实测得到的外特性曲线的特点，其是否符合理论中负载电阻电压与负载电阻电流之间的函数关系，从绘制的曲线中挖掘与戴维南定理有关的一些信息，比如曲线的形状说明了什么？斜率代表了什么？与两个坐标轴的交点代表了什么？

(4) 比较实测电路外特性曲线图中两条曲线的分布，分析两者存在误差的原因。

六、实验总结

对实验进行总结，包含实验的结论、实验结果与理论误差的原因分析、实验中遇到的问题及解决方法等。

范文：

本次实验的结果完全验证了戴维南等效电源定理。

下面从三个方面对本次实验做一个总结。

1. 误差来源分析

本次实验的误差均在1%以内，说明实验数据正确，实验方法合理。实验误差可能源自以下两个方面。

(1) 测量精度的不同。在实验中,根据实测得到的戴维南等效电压源的电压和等效电阻搭建等效电路时,使用直流稳压电源产生电压源的电压,使用电位器调节等效电阻的阻值,实际产生的两个参数值和原电路参数值之间会有误差,造成原电路、等效电路的外特性曲线不重合。

(2) 电阻标称值和实际值不同。在进行电路仿真时使用的是电路上给出的标称值,而实际制作电路时,电阻值和标称值存在差别,造成实测数据与仿真数据存在误差。

2. 实验中出现的问题和解决方法

(1) 在测量开路电压时发现其和仿真数据不一致,对电路进行检查,发现有一条支路的跳线帽没有连上,导致该支路是断开的。

(2) 在绘制外特性曲线时,不知道该选择何种工具软件进行绘图。通过请教老师和网上搜索,找到了适合用于绘图的工具软件,从而完成了曲线的绘制。

3. 实验思考

(1) 实验预习对实验的重要性。如果没有预习,测量数据时没有任何指导,就无法对测量结果是否正确进行判断。

(2) 电路的制作和调试技能对实验能否顺利完成非常重要,如果电路搭建错误,又不会调试,就会浪费很多时间。

(3) 在实验报告中需要多次使用工具软件进行制表、制图,故必须掌握不同的工具软件的使用方法,做到学以致用。

设计报告模板——以“电压转换电路”为例

一、设计背景

在这里给出这个设计的应用背景,回答为什么要设计这样一个电路。因为教材没有给出这方面的回答,所以大家需要通过查找资料,举一些例子来说明该电路的应用场景。

范文:

在学习模拟电路课程内容时,我们注意到有些电路采用双电源供电,有些电路采用单电源供电。在实验课程中,我们也会遇到同样的问题。双电源供电的电路电压输出范围为$-U_m \sim U_m$,单电源供电的电路电压输出范围为$0 \sim U_{max}$。电路的输入、输出信号可能是直流电压,也可能是交流电压,但都不能超出给定的电压范围。两种供电方式下,只要电路中的有源元器件的静态工作点选取合适,电路都能正常工作。

如果一个复杂电路包含了双电源供电电路和单电源供电电路,两部分电路的输入、输出电压范围不匹配,这时就需要设计一个电压转换电路,使前一级的输出电压通过电压转换电路后符合后一级的输入电压范围。

二、设计任务

在设计任务里不仅要有电路需要完成的功能,还需要给出电路的设计指标,如对于精度的要求。

范文：

本次设计的任务为设计一个电压转换电路，将非对称的0 V以上的交流信号转换为一个正负半周对称的交流信号。具体要求为：将一个0～5 V的交流信号转换为－1～1 V的交流信号。要求转换结果的误差不超过±0.1 V。

三、设计思路

设计思路是要表达你对任务是怎么考虑的。方法是：可以通过查阅资料，找到能够实现这方面功能的电路，弄清楚工作原理，用50～100字简述一下设计架构。可以先写一段文字，然后给出一个系统框图。

当设计还处于设计思路阶段时，并不需要具体的电路参数和元器件，只需要知道大致的设计方向。

范文：

将一个0～5 V的交流信号转换为－1～1 V的交流信号，首先需要给原信号加一个直流偏压，使其范围为－2.5～2.5 V，然后将该信号变化范围缩小至原来的$\frac{2}{5}$，得到－1～1 V变化的信号。

要改变信号的直流偏压，可以使用减法器电路，在原信号的基础上叠加－2.5V直流偏压即可实现。电压的衰减则可以利用放大器电路，只要将放大倍数取为0.4倍即可实现。本次设计的系统框图如附图6所示。

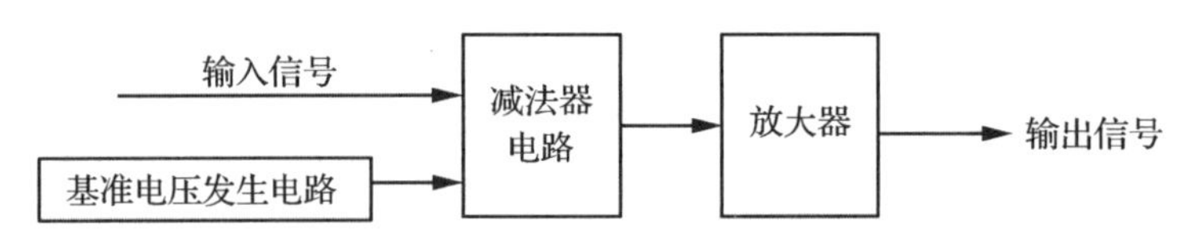

附图6　电压转换电路的系统框图

四、设计方案

这个部分是设计报告中最重要的部分，标题也可以用“具体设计”“模块设计”等。先给出一段引言，然后根据设计思路中给出的系统框图，对其中的每一个模块给出具体设计，包括关键元器件介绍、具体模块的电路设计（工作原理和电路参数等）。

1. 关键元器件介绍

关键元器件可能包含一个或多个。如果有多个，则需要在这一部分中再给出一级小标题，逐个进行介绍。每一个关键元器件要指出在哪个部分用到，选择的型号是什么，这个型号的元器件有什么特点（从外观、引脚、技术指标几个方面加以介绍）。每个关键元器件的介绍所用篇幅不要太长，占三分之一页即可。

对于“电压转换电路”设计而言，实验中用到的关键元器件是运算放大器，因此可以对实验中用到的具体型号的运算放大器进行介绍。

2. 具体模块的电路设计

(1) 电路工作原理。

电路工作原理介绍一般要有文字、推导公式、电路原理图。原理图里可以没有具体参数,只有元器件的名称。

(2) 电路参数选择。

根据设计任务中所给出的设计指标,利用公式给出电路中各元器件的参数。

五、设计仿真

使用 NI Multisim 软件进行仿真,给出仿真结果。

六、调试与结论

在进行实物制作时需要有调试电路部分,分析调试中遇到的问题,并给出结论。如果只有仿真,可以叙述仿真中遇到的问题,并给出解决方案。

注意:设计报告一定要有结论。文章要前后呼应,结论部分不能少。可以用一段话交代你的设计采用了何种方案,完成了哪些技术指标要求的设计任务。如果设计还有不完善的地方,可以分析原因,给出进一步改进的建议。(50～200 字)

七、总结

写出你对于本次设计的体会。

参考文献

[1] 许凤慧. 信号与系统实验[M]. 北京：机械工业出版社，2023.

[2] 葛玉敏. 电路分析基础习题解析与实验指导[M]. 北京：人民邮电出版社，2024.

[3] 陈雪勤，林红，孙兵，等. 电路与信号系统实验教程[M]. 苏州：苏州大学出版社，2023.

[4] 周敏彤，蒋常炯，苏梓豪. 电子实验技术基础[M]. 苏州：苏州大学出版社，2021.

[5] 罗杰，谢自美. 电子线路设计·实验·测试[M]. 5版. 北京：电子工业出版社，2015.

[6] 钟洪声. 电子电路设计技术基础[M]. 成都：电子科技大学出版社，2012.

[7] 冯长江，郎宾. 实验电子学[M]. 北京：清华大学出版社，2022.

[8] 吴祥. 测试技术[M]. 南京：东南大学出版社，2014.

[9] 孙慧霞，窦永梅. 电子线路实验及课程设计指导[M]. 西安：西安电子科技大学出版社，2020.

[10] 张金泉，梁丽勤，盖君雪，等. 电路与电子技术实验[M]. 西安：西安电子科技大学出版社，2020.

[11] 华永平，陈松. 电子线路课程设计：仿真、设计与制作[M]. 南京：东南大学出版社，2002.

[12] 邱关源. 电路[M]. 6版. 北京：高等教育出版社，2022.

[13] 郑君里，应启珩，杨为理. 信号与系统引论[M]. 北京：高等教育出版社，2009.

[14] 管致中，夏恭恪，孟桥. 信号与线性系统：上册[M]. 6版. 北京：高等教育出版社，2015.

[15] 程佩青. 数字信号处理教程[M]. 4版. 北京：清华大学出版社，2013.

[16] Oppenheim Alan V, Willsky Alan S, Nawab S. Hamid. 信号与系统[M]. 刘树棠，译. 北京：电子工业出版社，2014.